ウェブに夢見るバカ

ネットで頭がいっぱいの
人のための96章

ニコラス・G・カー

増子久美
菅野楽章 訳

青土社

ウェブに夢見るバカ

ネットで頭がいっぱいの人のための96章

目次

序章　シリコンヴァレーに生きる　9

第一部　ベスト・オブ・ラフ・タイプ

倫理のないウェブ2.0　22
マイスペースの空虚さ　30
セレンディピティを生み出す機械　34
カリフォルニアの王者たち　40
ウィキペディアンの分裂　43
ブログ中につきご勘弁　47
代謝する存在　50
「セカンドライフ」の抱える大問題　52
あなたを見て！　56
デジタル式小作制　58
スティーヴのデヴァイス　61
ツイッター・ドット・ダッシュ　63
コードのなかのゴースト　68

アリスのアバターに訊くしかない　70
ロング・プレイヤー　72
ネットは忘れるべき？　79
創造のための手段　82
ヴァンパイア　83
灌木の陰でゴミを食らう　85
ソーシャル的賄賂　87
チューリングテストを出し抜いたセックスボット　90
見通しのよい世界を検証する　92
「ギリガン君のSOS」のウェブ　95
コンプリート・コントロール　101
デジタル化情報はすべからく集中すべし　106
復活　110
ロック・バイ・ナンバー　112
ヴァーチャル・チャイルドを育てる　115
iPadラッダイト　118
「いま」性　122
チャーリーがぼくの「認識の余剰」を噛んだ！　124

シェアを資本主義にとって安全なものにする　127
引喩の本質はグーグルではない　130
局所的情報過多と環境的情報過多　135
「グランド・セフト」的注意力　139
精神の重力としての記憶　145
媒介《メディア》はマクルーハンである　150
フェイスブックのビジネスモデル　157
薄気味悪いユートピア　158
背骨のないもの　161
未来のゴシック　163
イノヴェーションのヒエラルキー　169
取り込め。編集しろ。焼け。読め。　175
生き急ぎ、若く死に、美しいホログラムを残す　182
オンライン、オフライン、そのあいだのライン　184
グーグルグラスとクロードグラス　189
校舎を焼き尽くす　191
知的マシンの倦怠《けんたい》　194
映った姿　197

最後に笑うはグーテンベルク？　199
探し求める者たち　204
汚れなきＡＩの永遠の陽光《エターナル・サンシャイン》　208
マックス・レヴチンのわたしたちのためのプラン　210
エフゲニーのちょっとした問題　214
二点間の最短の会話　216
家のように居心地がいい場所　220
チャコール、シェール、コットン、タンジェリン、スカイ　227
ブッダとつましく暮らす　230
職場における自己定量化　231
わたしのコンピュータ、わたしのドッペルツイッター　234
アンダーウェアラブル　237
バスに乗って　239
終わりのないはしごという神話　244
わたしを紡ぐ織機　249
下界と天界のテクノロジー　251
父親のアウトソーシング　254
計測を測る　256

ホットなスマートフォン　258
デスパレートなスクラップブックたち　261
制御不能　264
われらのアルゴリズム、われわれ自身　267
かげりゆく牧歌的生活　273
知っているという思い込み　278
風をファックする　281
圧縮された時間　284
音楽は万能の潤滑油　289
愛の統一理論を目指して　293
♡と心　298
退屈した者たちの王国では、片手で操作する無法者が王である　301

第二部　ツイートによる50のテーゼ　307

第三部　エッセイと批評

炎とフィラメント　316
グーグルでバカになる？　319

静寂を求めて叫ぶ　334
読者の夢　339
生命、自由及びプライバシーの追求　349
ハマる　355
母なるグーグル　360
ユートピアの図書館　363
マウンテンヴューの若者たち　378
蔡倫の子どもたち　387
過去形のポップス　394
湿地の草をなぎ倒す愛　399
スナップチャット候補者　423
ロボットがこれからも人間を必要とする理由　433
ロスト・イン・ザ・クラウド　438
ダイダロスの使命　443

謝辞　461
訳者あとがき　465

ノラとヘンリーへ

序章　シリコンヴァレーに生きる

それは、睡眠導入剤による作用で垣間見た悪夢のようだった。マーク・ザッカーバーグの顔をしたジャッカルが一頭、仕留めたばかりのシマウマにのりかかって、そのはらわたをむさぼり喰っていた。だが、わたしは眠っていたわけではない。そのイメージが脳裏に浮かんだのは白昼で、二〇一一年春に公表された「自分で殺した動物の肉しか食べない」とのフェイスブック創業者の談話がきっかけだった。「フォーチュン」誌に語ったところによると、ザッカーバーグは新たな「個人的な挑戦」をはじめたところで、まずは生きたままロブスターを茹でた。次にニワトリを絞めた。さらに食物連鎖をたどり、ブタを殺し、ヤギの喉を切り裂いた。ハンティングに遠征し、バイソンに銃弾を撃ち込んだ。彼は「持続可能な生き方について多くのことを学んでいる」と言っていた。

わたしはなんとかしてジャッカル男のイメージを記憶から消し去った。だがどうしてもぬぐい去れなかったのは、その若手起業家の新たな趣味のなかに、何らかのメタファーがあるのではないかという思いだった。それに焦点を合わせ、その欠片をつなぎ合わせられたなら、長いあいだわたしが捜し求めてきたもの、わたしたちが生きるこの不可解な時代へのより深い理解が得られるのではないだろうか。肉食獣としてのザッカーバーグとは何の表象なのか？　真っ赤に茹《ゆだ》ったロブスターの爪にはどんな意味が挟み込まれているのか？　それにあのバイソン、アメリカの動物のなかでも最も象徴的であろうあの生き物は？　何かがつかめそうだった。少なくとも、その話を元にそれなりのブログ記事をひねり出すことはできると思った。

結局その話については書かなかったが、他にはたくさん書いてきた。ブログをはじめたのは二〇〇五年前半で、誰彼となく「ブロゴスフィア〔ブログの作る世界やコミュニティ〕」を話題にしているようなころだった。ドメイン登録サービス会社GoDaddyで軽く検索すると、roughtype.comのドメイン名がまだ利用可能（ポルノグラファーの連中らしからぬ手落ち〔ラフはポルノの一ジャンルを指す用語〕）だったので、ブログ名を「ラフ・タイプ」に決めた。その呼び名は、当時の推敲の甘いにわか作りのオンライン記事にぴったりに思えた。ブログを書く行為は、その創生期以来、ジャーナリズムの一端を担うものとされ――いまはその特性を失っているが――当時はまったく新しい最先端の文筆活動のように受け止められていた。ブロゴスフィアを取り囲むようになった形容詞「対話型メディア」とか「集団意識」などの集産主義者たちのはったりは、的外れである。ブログは気まぐれな個人的な産物にすぎない。公の場に書かれた日記であり、書き手がその時々に、読み、目にし、考えたことについて解釈を垂れ流すものである。ブログ流儀のパイオニア、アンドリュー・サリヴァンは、「言いたい放題言うだけ」と指摘する。そのやり方は、そんな未熟で、感情が渦巻くウェブの落ち着きのなさにぴったりだった。投稿は批判的な印象主義、あるいは印象に基づく批判であり、バーで酒を飲みながら議論を闘わせるような即時性があった。〈投稿〉ボタンを押しさえすれば、ワールド・ワイド・ウェブ（WWW）に記事が載せられ、誰でも読めた。

無視されもした。「ラフ・タイプ」初期の読者数は微々たるもので、いまにして思えばありがたいことだった。わたしは言いたいことすらわからずにブログをはじめていた。喧々諤々の論争のさなか、ただぶつぶつ呟いているだけだった。そうして二〇〇五年夏、ウェブ2.0の時代が訪れた。二〇〇〇年のドットコム企業破綻から昏睡状態だった商用インターネットは復活し、らんらんと目を剥き、飢えきっていた。マイスペース、フリッカー、リンクトイン、新たに参入したフェイスブックなどのサイトは、シリコンヴァレーにふたたび金を呼び込みはじめた。いわゆるオタク連中はふたたび金を稼げるようになっていた。だが、産声を上げたばかりのソーシャルネットワークは、躍進するブロゴスフィアや永遠に討議し続けるウィキペディアとともに、新たなゴールドラッシュの到来を告げるかのようだった。それらは、彼らの大げさな宣伝を信じるなら、メディアとコミュニケーションにおける民主的革命の先駆け――社会を恒久的に変える革命となり得る。新たな時代の幕開け、ハドソンリバー派［十九世紀中期の米国風景画家の流派、自然を緻密に描くことで神に近づこうとした］に匹敵する夜明けである。

こうしてブログ「ラフ・タイプ」は、主題を得た。

アメリカの地で生誕し育まれた宗教のなかでも最大の――「エホバの証人」よりも大きく、「末日聖徒イエス・キリスト教会」をも凌ぎ、「サイエントロジー」すらも越える――もの、それはテクノロジーへの信奉である。ピッツバーグ市民、ジョン・アドルファス・エズラーは一八三三年、聖典である『全人類の到達可能な楽園』を著し、これを高らかに宣言した。彼の提唱する「機械的使命」の成就により、アメリカ合衆国は新たなる「エデンの園」に、「富溢れる国」に生まれ変わるという。そこは「終わりなき祝祭、歓喜の集い、新しい経験や喜び、有益な仕事」に恵まれ、当然ながら「さまざまな形状や外見を持つ多種の野菜」が収穫される。一九世紀から二〇世紀にかけて同様の予言が数多く流布し、批評家であり歴史家のペリー・ミラーが書いたように、「テクノロジーの権威」の語るヴィジョンに、人びとは真のアメリカの栄光を見出していた。わたしたちは、ジェファーソン大統領のような農地改革者やソローのような森を愛する環境保護論者に関心を寄せたりもするが、信頼を置くのはエジソンやフォードやゲイツやザッカーバーグである。わたしたちを導いてくれるのは、科学技術者なのである。

サイバースペースは、身体から遊離した声と軽やかな分身に溢れ、創始期から神秘的に見えた。その現実離れした広大さは、アメリカの精神的希求と美辞麗句のための器となってきた。カリフォルニア州立大学教授の哲学者マイケル・ヘイムは一九九一年、「神の叡智をシミュレーションするのに情報の欠斤からつくられた仮想現実よりいい方法はない」と書いた。一九九九年、グーグルがメンロパークのガレージからパロ・アルトのオフィスに移ったその年、エール大学のコンピュータ科学者デイヴィット・ジェランターは、「コンピュータの第二波がやって来る」と予言し、「コンピュータ上の宇宙を漂うサイバーボディ」という霧のようなイメージと「非の打ち所のない大庭園のように美しく配置された情報の集積」で溢れかえる世の中を予見した。ウェブ2.0の到来で、千年王国の信奉者らの口をきわめた修辞は、とどまるところを知らなかった。「見よ」と、二〇〇五年八月号の「ワイアード」誌は巻頭を飾る特集記事で宣言している。「わたしたちは、神の恵みの力ではなく、ウェブの「参加するための電力」によって「新たな世界」に突入した。わたしたち自身の手による、「ユーザーによって作り上げられた」楽園となる。歴史のデーターベースは消去され、人類が再起動される。「あなたとわたしはまさにこの瞬間に生きているのだ」」。

大変革は今日まで続き、永遠のテクノロジーの楽園は地平線上で果てしなく光り輝いている。金貸しまでもが未来志向に目をギラギラさせて群がっていた。投資家のマーク・アンドリーセンは二〇一四年、「ツイートストーム」と称する熱狂的なツイートの数々を放ち、コンピュータやロボットが間もなく「肉体が要求する制約」からわたしたちすべてを解放するだろうと主張した。彼は、ジョン・アドルファス・エズラー（およびカール・マルクス）に呼応するがごとく、「史上初めて」、人間がその本質をありのまま存分に表現できるようになる、と訴えた。「われわれはなりたいと思う何者にもなれる。人間が努力すべき主要な分野は、文化、芸術、科学、創造性、哲学、実験、探究、冒険となるであろう」。唯一彼が除外したもの、それは野菜だった。

そのような予言は、奔放な金持ちらの戯れ言として一笑に付されるかもしれないが、彼らこそが世論を形成してきたのである。彼らが広めているユートピア主義的なテクノロジー観、革新とは本質的にテクノロジーに関わるものだという見方に煽られ、人びとは批評能力を棄て去り、シリコンヴァレーの起業家や資本家が儲けのために文化を再構築できる状況を生み出している。もし、本当に科学技術者らが富み溢れる世界、労働も困窮もない世界を作り出しているのであれば、彼らの利益は社会的利益と区別がつかないはずである。彼らに立ちはだかり、その動機や戦略に疑問を投げかけることさえ、自滅的行為となる。至福の到来を遅らせるばかりとなる。

シリコンヴァレー界は、大学やシンクタンクの理論家たちから学術的なお墨付きを受けている。政界にまで広がる知識人は、右はアイン・ランド［小説家、思想家。「客観主義」を提唱。著書は多くの若者の思想形成に影響を与えた］主義者から左はマルクス主義者まで、コンピュータネットワークを解放のテクノロジーとして描いている。仮想世界は、社会や企業や政治の抑圧からの避難場所となる。起業家らが市場で富を追求しようが、ボランティアが市場外で「社会的生産」に精を出そうが、それが人びとの自発性を高め、創造力の枷を外し自由にする、と彼らは主張する。「この新たな自由」について、法学教授のヨハイ・ベンクラーは、二〇〇六年に出版し話題を呼んだ著書『ネットワーク富論』で次のように述べている。「この新たな自由は、実質的にこの社会をよくするだろう。それは、個々人の自由の新たな側面であり、よりよい民主主義的参加の基盤として、批判的かつ自省的文化をさらに育む媒体として、そしてますます情報依存が高まるグローバル経済において、至る所で人間性の能力開発向上を実現するメカニズムとして機能するだろう」。これを革命と呼ぶのは決して誇張ではない、と彼は言う。

ベンクラーや賛同者らに悪気はなかったが、想定が悪かった。ウェブの創生期というものをあまりにも買い被っていた。そのころはまだ商業化の枠組みや社会的な位置付けが不確定で、ごく一部の人たちしかユーザーではなかったネットワークによって集中管理し、厳格に監視する情報システムで人びとの活力をかき立てることが、いかに少数のビジネス、企業オーナーらを富ませることになるのかを見抜けなかった。確かにネットワークは多くの富を生み出したが、それはアダム・スミスの論じた類のもので、ごく僅かの者の手に集中し、広く行き渡ることはなかった。ネットワーク上に出現した、いまやわたしたちの暮らしと精神に深く根を張る文化は、猛烈な生産と消費とを特徴とする——実際スマートフォンはすっかりわたしたちのメディア機器となっている——が、現実にわたしたちにはなんの権限もなく、意志を反映することすらできない。それは娯楽と依存の文化である。これは情報交換における効率的で普遍的なシステムを否定しているのではない。そのシステムの本質を覆い隠す神話を否定しているのだ。

そして、そのシステムが利益を供与するには、現在の形態でなければならないとする仮説を否定しているのである。

経済学者のジョン・ケネス・ガルブレイスはその晩年、「罪とされない詐欺」という言葉を作り出した。嘘あるいは半分しか事実ではないことが、権力者の必要性や観点に沿うことから事実として提示されることを表している。作り話は反復されることで一般常識となる。「それを用いるほとんどの者は、犯罪としての認識を欠くので罪とはならない」のだという。「特定の利益を求めて口を閉ざすから詐欺となるのだ」。コンピュータネットワークを解放の原動力だとする考えは、罪とはされない詐欺なのである。


わたしは機械類が大好きだ。コンピュータの前に初めて座った一〇代の時、二トンのメインフレームプロセッサーに接続されたかさばるモノクロの端末に衝撃を受け興奮した。そしてPCが手に届く価格になるや否や、身辺はベージュ色の箱とフロッピーディスクと、かつて「周辺機器」と呼ばれていた物で溢れた。コンピュータは様々な用途を持った道具である反面、謎だらけの難問でもあった。その仕組みを知ろうと言語やロジックを学び、限界を探ろうと時間をかければかけるほど、さらなる可能性が開けていった。道具の最高峰に立つものらしく、それは魅力的で好奇心に応えてくれた。そのうえ楽しかったから、ヘッドクラッシュも致命的なエラーもちっとも苦にはならなかった。

一九九〇年代初頭、ブラウザを初めて使い、ウェブの門が開かれるのを目の当たりにした。幅広い領域を網羅し、ルールがないに等しいそれの虜になった。だがすぐに、一儲けしようとする輩が乗り込んできた。領域は細分化され、小型ショッピングモールと化し、データバンクの金銭価値が上がるにつれ、奪い尽くされていった。興奮は冷めなかったが、わたしは適度に用心深くなった。侵入者がウェブ接続を介して自分のコンピュータに忍び込んだ気がしていた。自分自身で制御可能な道具だったものが、他者に制御された媒体へと変化していった。コンピュータスクリーンは、すべてのマスメディアがその傾向にあるように、ひとつの環境となり、取り巻き、囲い込むものとなり、最悪の見方をすれば、檻と化しつつあった。遍在するスクリーンを制御した者は、もしそのやり方が認められたならば、同じように文化をも制御するのは間違いなさそうだった。

「コンピューティングはもはやコンピュータを扱うことだけを意味しない」。マサチューセッツ工科大学のニコラス・ネグロポンテは、一九九五年のベストセラー著書『ビーイング・デジタル』で主張した。「それは生きることを意味する」。世紀の転換により、シリコンヴァレーはガジェットやソフトウェアを超えるモノを売るようになった。イデオロギーを売りはじめたのである。その信条はアメリカのユートピア的テクノロジー理想主義の伝統のなかに組み込まれていたが、さらにデジタルの要素が加わった。シリコンヴァレー人は猛烈な物質主義者だった——数値で計測できないものには意味がない——が、それでいて物質主義に嫌気がさしているのだった。彼らの見解では、世界の諸問題は、効率の悪さや不平等、病気や死に至るまで、わたしたちの身体性から生じており、体というものが鈍く、柔軟性に乏しく、老いていくものだという点に起因していた。すべての問題の万能薬とは、仮想性——コンピュータコードで社会を再発明し、取り戻すこと——だった。彼らはわたしたちに、原子ではなくビットで組成された新たな楽園を構築するだろう。形ある物はすべてそのネットワークに溶出していく。わたしたちはそれをありがたがるはずだったし、実際多くの場合はそうしてきた。

この仮想現実を通じた再生への渇望というのは、批評家で作家のスーザン・ソンタグが著書『写真論』で評したところの「アメリカ人の現実に対する不寛容さ、機械を手段とする活動の嗜好」の現代的なあらわれである。自分で書いていない台本に沿って世界が進むことはわたしたちにとって耐えがたいことだ。わたしたちがテクノロジーに望むのは、自然を操るばかりでなく、それを所有し、電灯のスイッチやカメラのシャッターボタンを押す、アクセルを踏む、ただそれだけですむ製品としてパッケージにすることである。わたしたちは自分たちの存在をプログラムし直すことを熱望しており、そのためにはコンピュータはいままでで最強の手段である。わたしたちはこの試みを、英雄的行為、異星人の暴虐に対する反逆として捉えようとしている。だがそれはまったくの間違いだ。不安が生んだ策にほかならない。その背後には、厄介な原子の世界がわたしたちに逆襲してくるという恐怖が潜んでいる。シリコンヴァレーが売り、わたしたちが買うのは、超越の手段ではなく、撤退の手立てである。スクリーンが提供するのは避難場所、つまり予想しやすく扱いやすく、何といっても、意のままにならない物質世界よりもはるかに安全な媒介世界なのである。その仮想に群がるのは、現実のわたしたちへの要求が過剰だからだ。

「あなたとわたしはまさにこの瞬間に生きている」。あの「WIRED」の記事――タイトル「われわれはウェブだ」――は、二〇〇五年秋にかけて高まったインターネット復活への熱狂として頭を離れなかった。記事には苛立ちを覚えたが、同時に触発もされた。その年の一〇月第一週、わたしはPower Mac G5の前に座り、考えをまとめはじめた。そして月曜日の朝、書き上げたものを「ラフ・タイプ」にアップした。それは「倫理のないウェブ2.0」という大げさに題した短いエッセイだった。驚いた（そしてもちろん嬉しい）ことに、ブロガーらが貪食細胞のようにその記事に群がった。数日間で何千ものビューを数え、続々とコメントが届いた。

というわけで、わたしの戦いがはじまった――その相手をどう呼べばいいのだろう？　候補は山ほどある。デジタルの時代、情報の時代、インターネットの時代、コンピュータの時代、つながり合う時代、グーグルの時代、絵文字の時代、クラウドの時代、スマートフォンの時代、データの時代、フェイスブックの時代、ロボットの時代、ポストヒューマンの時代、などなど。名前をつけるほど、これらの中身が希薄になっていく気がした。いずれにせよ、ブランドマネージャーの才覚が発揮できる時代だとは言えるだろう。わたしは単に「いま」と呼ぶことにする。「いま」を題材にした主張を通じて、つまりこれらのページに記された主張によって、ささやかで俗世的なものかもしれないが、わたしは自分なりの新事実を発見した。わたしがテクノロジーに求めるもの、それは新たな世界ではない。求めているのは、世界を探索し楽しむための手段だ。一昔前に詩人ジェラード・マンリ・ホプキンスが描いた、身の周りに「相反するもの、原来のもの、余分なもの、不思議なもの」が溢れるこの世界において。

いま使っているワードプレスの履歴を見ると、わたしは「ラフ・タイプ」にこれまで一六〇八件の投稿を上げていた。このなかから気に入っている七九本を選び出し、本書『ウェブに夢見るバカ』に載せた。二〇〇五年の「倫理のないウェブ2.0」ではじめ、最後は二〇一五年の「退屈した者たちの王国では、片手で操作する無法者が王である」とした。これらの投稿を補完するものとして、ほぼ同時期に書いた一六のエッセイとレビューを入れた。そのあいだに、ツイートっぽい考えや思いつきを五〇の格言として補足した。これらの多くは独立した記事だが、編さんすることで過去一〇年を網羅する年代記となる。願わくば、主流とは異なる多彩なものが生まれるきっかけになってほしい。いまやわたしたち全員がシリコンヴァレーに生きているのかもしれないが、それでもまだ亡命者として考え、行動することはできる。わたしたちはまだ、シェイマス・ヒーニーが詩篇「曝されて」で書いた〈内なる逃亡者〉であろうと願うことができる。

死せる一頭のバイソン。銃を手にした億万長者。おそらくその象徴するものは、はじめからわかっていたのだ。

完璧は存在しない。
それを理解することは人間の知性の勝利だ。
それを所有しようと望むことは最も愚かで危険なことだ。
——アルフレッド・ド・ミュッセ
『世紀児の告白』

最も不自由な魂は西へ向かい、自由を叫ぶ。
——D・H・ローレンス
『アメリカ古典文学研究』

第一部　ベスト・オブ・ラフ・タイプ

倫理のないウェブ2.0

二〇〇五年一〇月三日

WWWは、その発足以来常に、人びとにほとんど信仰心に近い憧れを抱かせてきた。当然ではないか？ 物質的世界を超越したいと望む者にとって、ウェブはおあつらえ向きの「約束の地」だからである。インターネット上では、わたしたちはみな肉体を持たず、記号として記号の世界で記号に語りかける。ウェブ理論の初期研究は、その多くが一九六〇年代以降にカリフォルニアで起きたニューエイジ運動に関わるか、影響を受けた思想家らによるものだが、差し迫った魂の解放の予感に充ち溢れたものであった。彼らはサイバーワールドへの参入を、個人と社会からの呪縛を解く過程、連鎖する思考や共同体、自意識からわたしたちを解き放つ、己の貧弱な身体を超越させる旅と捉えていた。啓発された至福の王国で自在に浮遊するネット市民になるのだ、と。

しかし、一九九〇年代後半にウェブが成熟するにつれ、デジタルによる覚醒の夢は消え去った。現実のネットは、考察の場というより商取引の場であり、共同体というよりショッピングモールだった。そして二一世紀が幕を開けたが、もたらされたものは新しい時代ではなく、世俗の欲望がバブルのように絶えず沸き上がっては弾ける、落胆するばかりの凡庸な世界だった。いつの間にか、夢の殿堂は両替商に乗っ取られていた。インターネットは様々なものを変容させてきたが、わたしたちの本質を変容させることはなかったのだ。

新たなるニューエイジ

高次元の意識への渇望は、ITバブルが弾けても消えることはなかった。ウェブ1.0はスピリチュアルな昇華のためのペーパーウェアであったかもしれないが、いまやわたしたちは、誇大に宣伝されたアップグレード版、ウェブ2.0を手にしている。「ワイアード」誌のライター、スティーヴン・レヴィは、テクノロジーの発信者として影響力を持つ人物ティム・オライリーの最新の紹介記事のなかで、「集合意識という考え方は、インターネット上で証明されつつある」と述べている。さらに、「今日のインターネットは、一九七〇年代にわれわれがエサレン研究所［心理学、アート、ボディワーク、スピリチュアルな実践などを行う総合宿泊研修センター］で議論していたことと非常に似通っている。それがテクノロジーに媒介されることだけは予測できなかったが」とするオライリーの話を引いた。そのうえでレヴィは、「インターネット――いわゆるオライリーが提唱するウェブ2.0とは、真にヒューマン・ポテンシャル・ムーブメント（人間性回復運動）を継承発展させるものになり得るのか？」と反語的に問いかけている。

レヴィの記事は、「WIRED」誌二〇〇五年八月号でケヴィン・ケリーが綴った「われわれがウェブだ」という熱狂的な記事の影響を受けている。「ホール・アース・カタログ」の発行編集を担い、後に「ワイアード」誌の創刊に携わったケリーは、ヒッピーとハッカーの仲介人、カリフォルニア北部のユートピア的理念を発信する世代間を瞬時につなぐ人間光ファイバーである。ケリーは最近の特集記事のなかで、インターネットの近年の歴史を一〇年前のネットスケープの株式公開からたどり、ネットは人間という存在に「神に似た不気味な」視点を与える「魔法の窓」となっていると結論づけた。「天使といえどもこれほどまでに人類を俯瞰できるかは疑わしい」。

加えてそれは、ほんの「手始め」にすぎないという。ケリーによれば、間もなくウェブは、人間に神の視点にとどまらず、その力をも授ける、としている。「インターネットやそれに付随するあらゆるサービス、スキャナーから人工衛星に至るありとあらゆる周辺機器のチップや関連製品、さらにグローバルネットワークに取り込まれた何十億もの人々の意識をも網羅する巨大コンピュータ」のオペレーティングシステムになると言う。「このとてつもなく大きい〈マシン〉はすでに基本形ができあがっている。この先一〇年のうちに、それはわたしたちの感覚や身体だけでなく、意識をも統合する拡張したものに進化するだろう」。わたしたちは生まれ変わっている、もしくは少なくとも作り変えられている。「どの惑星の歴史においても、ひとつの巨大な〈マシン〉を作り上げるため、そこの住人が初めて無数の部品をつなぎ合わせる時が一度だけくる。後にその〈マシン〉はより進化するだろうが、それが誕生するのは一度限りである。わたしたちは、いままさにこの瞬間に生きているのだ」

これは解説ではない。歓喜の声明である。

アマチュアのカルト

精神の超越を求めることに異論はないし、それが日曜日のミサ通いであれ、マハリシ・マヘーシュ・ヨーギーに超越瞑想の指導を乞うのであれ、液晶画像を凝視するのであれ自由だ。各々のできるところで天の恵みを集めるのだ。もしそこに、より高次の意識があるならば、その時はなんとしてでも到達しようではないか。わたしが問題としているのは、わたしたちがウェブを宗教的観点で捉えたとき、つまり、精神的超越という個人的な願望をそこに投影したとき、もはやウェブを客観的に見ることはできないということである。必然的に、ネットを倫理的権力と見なし、不完全な人間がつぎはぎしてまとめ上げた生命のないハードウェアとソフトウェアの集合体とは思わない。まともな者であれば、倫理のない、テクノロジーの寄せ集めを崇拝しようとは思わないだろう。

そうしてウェブ2.0が表すものすべて――参加、集団主義、仮想現実、アマチュア主義――は、議論の余地のないよいものとなり、培養され、褒めそやされ、人類が叡智に近づいた証拠の象徴となるのである。しかし、本当にそうなのか？ 反論の余地はないのか？ もしかすると、ウェブ2.0の社会や文化に対する影響というのはよいものではなく、本当は悪いものなのではないか？ ウェブ2.0を意識を高める力と見なすことは、そのような問いに耳をふさぐことである。

議論の本題に入ろう。ウェブ2.0に関する何を読もうとも、輝かしい「参加の時代」の宣言としてのウィキペディアを褒めそやす記事を嫌というほど目にするはずだ。ウィキペディアはオープンソースの百科事典で、編さんに寄与したい誰でもが、新たに項目を追加したり、すでに記載されている内容を編集したりすることができる。ティム・オライリーは、ウィキペディアは「コンテンツ作成の根本的な変革」だと明言する。ウェブ1.0モデルのブリタニカ百科事典オンライン版をはるかに越えたというわけだ。ケヴィン・ケリーにとってウィキペディアとは、いかにしてウェブがわたしたち個々人の頭脳を壮大な集団の意見へとまとめ上げていくかを示すものだ。例の巨大〈マシン〉の先駆けとなるものである。

理論的には、ウィキペディアは優れたものである。もしウェブが本当にわたしたちを高次元の意識に導いてくれるのであれば、当然そうでなければならない。にもかかわらず現実には、ウィキペディアはあまりよいものとは言い難い。もちろん、役には立つ。わたしもあるテーマについて概要をつかみたいときはよく使う。しかし、載っている事実が不確かなうえ、記述は往々にしてお粗末だ。事例として、ウィキペディアに記載されているビル・ゲイツの経歴を一語一句違えずに抜粋した下記を参照して欲しい。

ゲイツはミランダ・フレンチと一九九四年一月一日に結婚した。夫妻には三人の子ども、ジェニファー・キャサリン・ゲイツ（一九九六年四月二六日生まれ）、ローリー・ジョン・ゲイツ（一九九九年五月二三日生まれ）、フォーブ・アベル・ゲイツ（二〇〇二年九月一四日生まれ）がいる。

一九九四年、ゲイツはレオナルド・ダ・ヴィンチによる「レスター手稿」を取得する。二〇〇三年時点でシアトル・アート・ミュージアムに展示されていたものである。

一九九七年、ゲイツはシカゴ在住アダム・クイン・プレッチャーによる奇妙な強盗事件の被害を受ける。ゲイツは後の裁判で証言した。プレッチャーは一九九八年七月に有罪判決を受け、懲役六年の刑を言い渡された。一九九八年二月、ゲイツはノエル・ゴディンにクリームパイを投げつけられた。二〇〇五年七月、彼は著名な弁護士、ヘーシャム・フォーダに弁護を依頼する。

「フォーブズ」誌によると、ゲイツは二〇〇四年のジョージ・W・ブッシュの大統領選に献金した。政治資金の調査団体センター・フォー・リスポンシブ・ポリティクスの報道では、ゲイツは二〇〇四年の選挙期間中に、五〇を越える選挙運動に少なくとも合計三三万三三五ドルの資金を献金した。

わかり切った指摘で申し訳ないが、これはもっともらしい情報をごたまぜに切り貼りしただけのゴミである。

次はウィキペディアのジェーン・フォンダの生い立ちに関する記述である。

若い頃のあだ名、レディ・ジェーンを本人は嫌っていたと言われる。一九六四年、共産主義のロシアを旅し、ヘンリーの娘として心から歓迎してくれた現地の人びとに感銘を受けた。一九六〇年代の中頃、パリ郊外の農場を購入し、改装して私的な庭園とした。一九六六年、アンディ・ウォーホルのファクトリーを訪ねた。一九七一年のオスカー受賞について、父親のヘンリーは言った。「これほど長くこの業界にいるわたしを差し置いて、わが子が先にオスカーを受賞するなんて、どういうことだ?」。ジェーンは、一九六八年五月二九日の「ライフ」誌の表紙を飾った。

幼い頃から父親とは疎遠で、青年期を通じて批判的であったが、一九八〇年、父と共演するために脚本「黄昏」を購入——彼が逃し続けたオスカー受賞を願ってのことだ。彼は受賞し、その代理でオスカーを受け取った彼女いわく「人生で最高の晩だわ」。監督で最初の夫であるロジェ・ヴァディムはかつて彼女ついてこう言った。「ジェーンと暮らすのは最初は難しかったよ…。彼女には多くの、何て言うか、『独身特有の癖』があった。几帳面すぎる。常に時間と戦っている。くつろげない。いつも何かしていなければならないんだ」。ヴァディムはこうも言った。「ジェーンにも物事を極限まで突き詰めたいという生来の願望があるのさ」。

これは最悪だが、残念ながらウィキペディア総体のお粗末さを表すほんの一例である。言っておくと、この集合知の希望の光とも言えるこの試みはいまにはじまったことではない。すでに五年近くが経ち、そのあいだに数千という熱心な寄稿者により書き直されてきたのである。ここまで来たらもうはっきり問おう。「集合知」における「知」性は、いったいいつになったら明確な形を取りはじめるのか。偉大なるウィキペディアが「よい」とされるのはいつなのか？　あるいは「よい」は、共同参加のオンライン百科事典のような新興現象には当てはまらない時代遅れの概念なのか？

ウェブ2.0を推進する者たちは、アマチュアを尊び、プロに不信感を持つ。それは、ウィキペディアへの手放しの称賛からも、オープンソースソフトウェアや集産主義者の創造性に対する崇拝の数多の例からも読み取れる。だがおそらく、アマチュア主義偏愛が何よりも顕著に示されているのは、彼らが嘲笑気味に「主流メディア」と呼ぶものの代替手段としてブログを推奨していることだろう。オライリーは次のように言う。「主流メディアは個々のブログを競争相手と見ているのかもしれないが、本当に恐れるべきことは、ブログ界総体との競争である。これは単にサイト間の競争ではなく、ビジネスモデル同士の闘いなのだ。ウェブ2.0の世界は、ダン・ギルモアの言う『メディアとしてのわたしたち』の世界、つまり陰で糸引く一握りの者ではなく『元視聴者』が何が重要なのかを判断する世界でもあるのだ」

わたしはブログが好きだし、ブログを書くのも好きだ。しかし、ブログコミュニティの限界と欠陥に目をつぶるわけではない。内容が表層的で、報道よりも見解の表明に力点が置かれ、意見は反復され、イデオロギー的偏向や過激主義に対抗するよりそれらを煽る傾向にある。これらの批判はすべてそのまま、主流メディアも向けられるし、そうあらねばならない。とはいえ、主流メディアには、持てる力を最大限に発揮すれば、ブロガーができること以上のことが、そう、もっと重要なことができる。嫌われがちな「陰で糸引く連中」は、徹底した報道や調査に資金提供することができる。実を結ぶまでに何ヶ月も何年もかかり、ときには失敗に終わることもあるジャーナリスティックな調査の費用を肩代わりすることができる。個人事業主としてインターネット界では生き残れないが才能はある者たちを雇い報酬を払うことができる。品質を保つための編集者や校正者、事実調査員といった裏方を雇うことができる。同一ページ内に相反するイデオロギーを載せることができる。ブログを読むか、もしくは「ニューヨーク・タイムズ」紙、「ウォール・ストリート・ジャーナル」紙、「アトランティック」誌といったものを定期購読するか、どちらか一方の選択を迫られたら、わたしは後者を選ぶ。アマチュアよりも専門家を取る。

もちろん、そんな選択を強要されるのはまっぴらごめんだが。

無料の代償

ブログの文字制限が迫ったので、遅まきながら核心に入ろう。インターネットは、創造的な仕事の経済学を、あるいはより広義に言うなら、文化の経済学を変えつつある。そしてそれはある意味で、わたしたちの選択肢を増やすより、逆に制限しているとも言える。ウィキペディアは、多くの点でブリタニカ百科事典に似ているだろうが、専門家ではなくアマチュアが作っているので無料である。そして無料であることは常に「よい」とされる。となれば、百科事典の執筆や編集で生計を立てるような清貧の者たちはどうなるだろうか？　撤退するしかない。同じことが、ブログやその他無料のオンライン記事や映像が、旧来の新聞や雑誌と競い合ったときにも起きる。当然のことながら、主流メディアはブログコミュニティを競争相手と見ている。たしかに競争相手ではある。そして、競合の経済学の内にあっては、優位な競争相手であろう。近ごろ主流新聞社での解雇が目につくが、それはほんのはじまりにすぎないのかもしれず、そうした解雇は嘆くべきことではあっても、それで事足りとすべきではない。ウェブ2.0に対する陶酔の視線の奥に潜むものは、アマチュアが覇権を握ることである。これ以上の恐怖を、わたしは想像できない。

ケリーは「われわれがウェブだ」において、「創作と普及の手軽さからいって、オンライン文化こそが文化である」と書く。彼が間違っていることを望むが、彼が正しい、あるいは先行き正しくなることに恐怖を覚える。

好むと好まざるに関わらず、ウェブ2.0は、その前身であるウェブ1.0がそうであったように、倫理とは無関係だ。テクノロジーの集合体――〈マシン〉ではなく、単なる機械――であって、生産と消費の形と経済を変えるものでしかない。結果がよかろうが悪かろうが関知しない。わたしたちに高次元の意識をもたらそうが低めようが関知しない。文化を磨こうが鈍らせようが関知しない。黄金時代に導こうが闇の時代に引きずり込もうが関知しない。そうであるなら、ユートピア的な美辞麗句を棄て去り、そのありのままの姿を見ようではないか。そうあって欲しいという願望ではなく。

マイスペースの空虚さ

二〇〇六年三月二〇日

大人が若者文化の扉に耳をあてると、雑音を何らかのサインだと勘違いしてしまう――そして多くの場合、サインを完全に聞き逃してしまう。だから、メディアブロガーのスコット・カープは、いま流行りのSNS「マイスペース」を覗いたあと、恐ろしさのあまりのけぞった。彼に言わせれば、そこは「ものすごく不穏な場所」で、「性的な含みのあるものや、露骨に性的なもの」がはびこっている。犯罪行為の兆候も見られる。「人間性が剥き出しになっている」。

さて、わたしもアカウント登録してみよう。

カープの投稿で興味深いのは、彼のマイスペースへの反応ではなく、彼のマイスペースへの反応への彼自身の反応だ。倫理的批評――直感に基づいた批評――をしながらも、彼は揺れている。「わたしはマイスペースやウェブ2.0などを倫理的に批評するつもりはない。それはわたしの仕事ではない」と彼は言う。そしてもう一度、強調して言う。「繰り返そう。これは倫理的批評では断じてない。実際的なビジネス上の批評だ」。賢い逃げ方だと思う。倫理的批評はクールじゃない。それは、ネット上での信頼を失墜させる何よりの方法だ。

とはいえわたしは、その動揺が気に入った。リアルなのだ。実際的なビジネス上の批評は、それに比べて、無理やり書かれた感じがする。たとえばこんな具合だ。「「ソーシャルメディア」が大流行しているかもしれないが、「社会《ソサエティ》」がもっとも機能するのは、アナーキーとファシズムのあいだにおいてである。どちらか極端なところまで行かせたら、醜くなる。そして醜くなれば、広告を売るのは難しくなる」。これは機械的《オートマティック》な文章であり、陳腐であるか、さもなくば間違っている。醜さにはエッジがあるし、エッジは広告主が求めているものだ。パリス・ヒルトンは、卑猥な動画がネット上に流出したとき、CM契約を失っただろうか？　もちろんそんなことはない。それまで以上にCM契約に恵まれるようになった。

多くのブロガーがカープを叩いた。いらぬ不安を煽るな、ソーシャルメディアの正統性を疑うのか、と。MySpaceを自転車と比較する意見もあった。どっちも子どもに害を与える可能性があるだろう？それなのに何が問題なんだ？　もしかしたら記憶違いかもしれないが、わたしが子どものころに乗っていたバナナシートの自転車には、大きな転倒防止バーがついていて、とても健全な遊び道具だったと思う。それに乗って友達と近所を回ると、運動になったし、新鮮な空気を吸えたし、三次元のなかで物が見えたし、「自分の場所《マイスペース》」から逃れることができた。マイスペースはそれとは少し違う気がする。

ベンチャーキャピタリストでブロガーのフレッド・ウィルソンは、マイスペースに素晴らしい解放の兆しを見出す。

われわれは個人メディアの時代の幕開けにいる。ウェブがこの世界にもたらしたのは、読者が発信者となれる場である。われわれが目撃している（そして願わくは参加している）のは、メディアの個人化なのだ。それは数々の不思議な、驚くべき形で現れるだろう。わたしはそれを歓迎する。自分のために、子どもたちのために、これからの人生のために。

人は自分の聞きたい意見しか聞こえないものなのだろう。しかしわたしは、マイスペースを見ても不思議さや驚きがあまり感じられない。あるいは、ものすごい不穏さも。感じられればよいとは思いながらも、わたしが見出すのは、むなしくなるほどの画一性、交換可能な部品の巨大な集まりなのである。すべてが使い古しに思える。携帯電話のカメラで撮ったポン引きと売春婦の写真、陳腐な言葉に満ちたおしゃべり。ろくに表現することもない自己表現にこれほどの労力が注がれているのを見ると、悲しくなってくる。人間性が剥き出しになっているだって？　いや、これは個性という鍋のなかで煮られて味気なくなった人間性だ。

スコット・カープの投稿に対して、あるブロガーは、マイスペースの影響を、五〇年代のエルヴィスの腰振りのそれと比較した。当時も年寄りには理解できなかったし、いまもできない。しかし、マイスペースはエルヴィスとは似ても似つかない。どちらかというと、エルヴィスの物まね芸人が、ラスヴェガス・ストリップで、白いジャンプスーツを身にまとい、「ラヴ・ミー・テンダー」を口パクしている感じである。

わたしにとってマイスペースの何が恐ろしいかといえば、その危険性ではなく、その安全性である。

セレンディピティを生み出す機械

二〇〇六年五月一八日

　言葉はそれが必要になったときにわたしたちに与えられる。「セレンディピティ」という言葉は、いまから二五〇年前、一七五四年にわたしたちの言語にするりと入りこんだ。小説家のホレス・ウォルポールが、知り合いの外交官ホーレス・マンに宛てた手紙のなかで作り出したのである。ウォルポールは、「セレンディップの三人の王子たち」というペルシアのおとぎ話からインスピレーションを得ていた。その話に出てくる旅する王子たちは、ウォルポールの言葉を借りると、「探していないものをいつも発見する」のである。

　この言葉が普及するまでにはしばらく時間がかかった。ロバート・マートンとエリノア・バーバーは、共著書『セレンディピティの旅と冒険』のなかで、ウォルポールが作り出してから二〇〇年のあいだに「セレンディピティ」という語が活字になった例は一三五例しか見つかっていないと報告している。ところが、一九五〇年代後半以降、この語の使用が爆発的に増えた。歴史家で言語の調査もしているリチャード・ボイルによれば、一九五八年から二〇〇〇年のあいだに、この語は五七点の書籍のタイトルに使われ、九〇年代だけでも、新聞に一万三千回も現れているという。二〇〇〇年の英国の世論調査では、「セレンディピティ」が国民の最も好きな言葉に選ばれた。「英語圏はこの言葉に夢中になっている」とボイルは書いている。

どうやら半世紀前に何かが起きたようだ。そしてわたしたちはセレンディピティに鋭く反応するように――あるいはその必要性を感じるように――なったのだ。ふたつの悲惨な戦争のあとに訪れた平穏な時代と関係しているのかもしれない。あるいは、ビートニックやその子孫であるヒッピーの「太陽の光を入れろ《レット・ザ・サンシャイン・イン》」という感覚から派生したものなのかもしれない。

人気の言葉になるとすぐさま価値の低下がはじまった。あっという間に何だかよくわからない方向に向かい出し、やがて、マートンがバーバーとの共著のあとがきに書いているように、無意味な言葉になった。

多くの人にとって、セレンディピティという響きこそが、その比喩的な語源よりもむしろ定着しており、極端な場合、ディズニー的な喜び、満足、楽しみ、幸せの表現と大差なく使われているようだ。辞書を引いてみれば、一般的にserenade（セレナード）とserene（穏やか）のあいだに現れるこの語は、静かで落ち着いた印象をたたえているだろう。いずれにせよ、もはや意味上のギャップを埋めるニッチな言葉ではなくなった。「流行」の言葉は、「あいまい」な言葉になった。

ボイルはさらに近年の状況を伝えている。

一九九二年、女性用下着カタログの表紙で、「セレンディピティ」という言葉がこれといった説明もなしに強調的に使われた。一九九九年、俳優アレック・ギネスの自伝の書評で、彼の「セレンディピティ的な文章スタイル（お茶目で、ウィットに富み、エレガント）」が指摘された。二〇〇一年、ネット上で次のような文章が見られた。「セレンディピティ。愛が魔法のように感じられるとき、人はそれを運命と呼ぶ。運命にユーモアの感覚があるとき、人はそれをセレンディピティと呼ぶ」

さて、グーグルのCEOのエリック・シュミットは、数週間前の講演で、「グーグル・セレンディピティ」なる、「何をタイプすればいいか教えてくれる」サービスを作るという野望を明らかにした。シュミットの講演を聞いたすぐあと、わたしはセレンディピティ的にあるブログ記事に出くわした。その記事のテーマは——おわかりのとおり——セレンディピティで、執筆者は『ダメなものは、タメになる』の著者、スティーヴン・ジョンソンである。（書物もそれが必要になったときにわたしたちに与えられるものだ）。ジョンソンは、「サンクトペテルブルク・タイムズ」紙に掲載された、ウィリアム・マッキーンというジャーナリズム学教授の感情的な論説に苛立っていた。マッキーンの主張は、セレンディピティが「絶滅の危機に瀕した喜び」になっているというものだった。

わたしたちはこんなにも方向づけられた人間になってしまった。インターネットのおかげで、望みのものに狙いを定めることができる。検索エンジンにちょっとキーワードを打ち込めば——いらいらする検索結果やミスもたくさんあるとはいえ——まさに求めていたものが見つかる。これは能率的だが、つまらない。……すべてが時間の問題になっているのだ。だから多くの発明がわれわれの時間の節約を目指す――情報を探す時間、服を買う時間、テレビで何をやっているかチェックする時間。たしかに時間は節約されるが、本質が失われる。自分が何を求めているか知っているとき――あるいは知っていると思っているとき――何かを自分で発見するというスリルが失われてしまうのだ。

ばかな話だ、とジョンソンは不満を言う。

こういう主張はまったく頭にくる。こんなことを言う連中は本当にウェブを使っているのか？　わたしは、院生時代に図書館の書棚を見てまわっていたときよりも、はるかに面白く予想外のものをネット上で見つけている。……ハイパーテキストの結合性と、ブログコミュニティの新たなものへの探求欲のおかげで、ウェブは文化史上最も優れたセレンディピティの原動力となっている。……「Boing Boing」が最も人気のあるブログなのは偶然ではない――それが人気なのは、驚くほどランダムに記事が表示され、クレイジーで予測不能な道へ導いてくれるからだ。

それは違う、スティーヴン、と英語学教授のアラン・ジェイコブスは、ジョンソンのブログのコメント欄に書いた。マッキーンが正しく、あなたは間違っている、と。

わたしは学者としての立場で言うが、スティーヴンは――専門用語では何と言うのだろう？――

気が触れていると思う。いまのほうがセレンディピティがあると考えているなんて。紙の辞書や百科事典を頼りにしていたときは、自分が何を探していたか忘れてしまうことがしょっちゅうあった。ページをめくりながら、あらゆる種類の興味深い言葉や項目に出会い、そうなると別の興味深い言葉や項目を調べることになり、そのうちにまた別のこれまで見たことのなかった言葉や項目に気を引かれるからである。

控え気味にこのようなコメントを書き込んだ人もいた。「『Boing Boing』の豊富なリンクは、多様かもしれないが、「セレンディピティ」とは呼べない。ブラウザでそれを開いたとき、得られるものはわかっている。素晴らしいものへのリンクということだ。それは入念に管理されたランダムネスだ」

わたしはこのふたりの中間地点に立っている。ジョンソンは全面的に正しく、完全に間違っていると思う。ウェブは確かに世の中のセレンディピティの総量を増やしただろう。ネットがなかった時代に比べて、かなりたくさんのランダムなものに出くわすようになった。だから、そう、ウェブは「文化史上最も優れたセレンディピティの原動力」なのだろう。しかしわたしは、ネットサーフィンに「驚き」が足りないというマッキーンの意見に賛成してしまうし、ウェブは「入念に管理されたランダムネス」なのだというコメント投稿者の意見にはさらに共感する。機械であるエンジンを作り、セレンディピティを生み出すようになったら、セレンディピティの本質は滅ぼされてしまう。予期せぬものではなく、予期していたものになってしまう。セレンディピティを探してるって？　それならリンクをたどればいいだけさ！　セレンディピティはそれ自体が目的となる。素晴らしい見識や理解に導いてくれる思いがけない驚きではなく。セレンディピティはほかのどこかへの扉、入口であるべきだが、ウェブの世界では、冷蔵庫にバナナ形のマグネットで貼りつけられた安っぽい絵のようになっている。

わたしたちが目撃しているのは、「セレンディピティ」という言葉の、あるいはセレンディピティという概念そのものの品位を下げる最終ステージなのだ。最後に訪れるのは、グーグル・セレンディピティのお披露目だろう。そのとき、セレンディピティの短い旅と冒険は終わりを迎える。セレンディピティはパッケージ商品となり、注文すれば広告とともに届けられるようになるのだ。

二〇〇六年七月七日

グーグルは一風変わった経営体制を取っている。CEOエリック・シュミットが創業者のセルゲイ・ブリンおよびラリー・ペイジと権力を共有しているのだ。この三人体制の運営は長いこと、グーグルという企業の分厚いマントの下に覆い隠されていたが、今日、一筋の光が布目をくぐってもれて来た。「ウォール・ストリート・ジャーナル」紙が、ブリンとペイジが個人的に購入したボーイング七六七機の改造に関して、三者が協力しあっていたことを報じたのである。

「ウォール・ストリート・ジャーナル」紙がそのスクープ情報を得たのは、グーグルの社用飛行機改造のために雇われた企業向けジェット機デザイナー、レスリー・ジェニングズからだった。

ジェニングズ氏によれば、ブリン氏とペイジ氏からは「妙な要望がいろいろとあった」が、機内の天井からハンモックを吊すというのもそのひとつだと述べた。あるとき、論争するふたりを目にしたが、それはブリン氏のベッドを「カリフォルニア・キング」〔通常のキングサイズより幅が狭く長めで割高なベッド〕サイズにすべきかどうかであった。そこへシュミット氏が仲裁に入り、「ブリン、ペッドが何であれ、好きなのを自分の部屋に入れればいい。ペイジ、どんな種類のベッドでも好きなのを自分の寝室に入れればいい。さて、話を進めようじゃないか」と収めたという。別の時、シュミット氏はジェニングズ氏に言った。「パーティ用の飛行機だからね」。

グーグルは、報道機関がその共同創業者らのごく普通の質素な生活に光をあて報道することで、多大な宣伝効果を得てきた。内容は、例えば、ブリンとペイジが運転するのはトヨタのハイブリッドカープリウスであるといった実話がほとんどである。二〇〇四年のニュース番組20/20でバーバラ・ウォルターズは次のように報じた。「セルゲイ・ブリンとラリー・ペイジは、みなさんが一般に想像するような億万長者ではありません。実際、もしグーグルで億万長者と入力してみれば、高級車や自家用ジェット機、大邸宅、宝飾品、スーパーモデルのガールフレンドといったさまざまな映像が写し出されるでしょうが、グーグルのおふたりの生活にはそのいずれも見られないでしょう。ペイジ氏はプリウスに乗っており、その価格は二万一千ドルほどです。ブリン氏はたいていの場所にローラースケートで出かけて行き、いまでも賃貸住宅に住んでいます」。同年、BBCは、「間違っても豪勢な暮らしぶりとは言えないが、仲間たるソフトウェア界のリーダー、オラクル社長のラリー・エリクソン同様、ヨットと自家用ジェット機は完備」と報じ、ペイジとブリンは、「控えめで気取らない暮らしぶりである。スポーツカーさえ持っておらず、乗っているのはふたりとも、シンプルで環境に優しい車プリウスだと言われる」と書いた。昨年は「ビジネス・ウィーク」誌が大々的に報じた。「ひけらかそうが見栄を張ろうがグーグル社では意味をなさない…。グーグルプレックス［グーグル本社の愛称］における最高のステータス車とは、創業者のセルゲイ・ブリンとラリー・ペイジ両人が乗るハイブリッドカーのトヨタプリウスなのである」。「プレイボーイ」誌は、ブリンとペイジの二〇〇四年のインタヴュー記事の冒頭で、「億万長者らしからぬそのふたり。彼らは富の象徴で身を飾ることには興味がないようで、乗るのはどちらもガソリンと電気で動くハイブリッドカーのプリウスである」と紹介した。

プリウスはガソリン一ガロンあたり約五五マイル走行可能である。一方、ボーイング七六七機は、通常五時間のパーティフライトで、七五〇〇ガロンのジェット燃料を消費する。ベッドの大小によって変わる消費燃料など微々たるものだ。燃料消費の観点から、測れるほどの違いはない。

ウィキペディアンの分裂

二〇〇六年九月五日

コミューンとしての運命にしたがい、ウィキペディアは派閥に分かれはじめている。多くの派閥に。ウィキペディアンのセクトには――すべてを羅列するわけではないが――以下のようなものが含まれる。革新主義、執筆者主義、共有主義、共同体主義、ダーウィキニズム、百科全書主義、本質主義、到達主義、排他主義、エクソペディアン主義、即座主義、漸進主義、メタペディアン主義、便宜主義、更生主義、現状維持主義、管理主義、ウィキ平和主義。セクトの多くにはサブセクトがある。急進的現状維持主義と穏健的現状維持主義があれば、急進的革新主義と穏健的革新主義もある。各グループは、オンライン百科事典のあり方と運営方法に関して、独自の信念、独自のイデオロギーを持っている。

ウィキのセクトで最大のものは、圧倒的に、削除主義と包摂主義である。認識論をめぐって争うこれらふたつの集団は、ウィキペディアの運命を決める戦いの渦中にある。包摂主義の信奉者は、百科事典の幅に制約はあるべきでなく、ウィキペディアはどんな人が投稿するどんな項目も包摂するべきだと考えている。彼らに言わせれば、小さな町の小学校の記事は、スタンフォード大学の記事と同じように包摂する価値がある。少女のペットの亀の記事は、爬虫類の記事と同じくらい意味のあるものである。一方、削除主義の信奉者は、取るに足らないものなど、真面目な百科事典に適さないと思われる項目は取り除くのがいいと考えている。彼らにしてみれば、偉大なプロジェクトをくだらないもので汚したくないのだ。削除主義と包摂主義のあいだで中道を取る人はいない。

ウィキペディア自身は、ふたつの陣営をこう説明している。

削除主義とは、記事やテンプレート、その他のページを百科事典に受け入れるにあたって、明確で比較的厳密な基準を設けることに賛同するウィキペディアンに支持されている哲学である。この哲学にあまねく賛成するウィキペディアンは、基準を満たさないと思われる記事を除去、つまり削除を要求する傾向が強い。反対に、ウィキペディアにはほぼいかなる項目にも記事が書かれる場があるべきで、記事の投稿を禁止する基準は少ないか全くないほうがいいと考えるウィキペディアンは、包摂主義に賛成しているとされる。

包摂主義ウィキペディアン協会は、現在二〇七人が所属し、「ウィキペディアは紙じゃない」というスローガンのもとに活動している。デジタル百科事典のサイズに物理的制約はないのだから、取り上げる対象を制限する理由はない。どの記事が残るべきでどの記事が削除されるべきかを選ぶのではなく、それぞれの記事を最大限いいものにすることに力を注ごう、と彼らは言う。自分の蝶のコレクションについて記事を書きたいという人がいたら、そうすればいい。何でも載せられる場があるのだから、記事にするに値しないものなどない。それに対し、削除主義ウィキペディアン協会は、一四四人が所属し、「ウィキペディアはガラクタ置き場じゃない」をスローガンにしている。彼らからすれば、ウィキペディアは単なる記事の寄せ集めではなく、全体として見るべきものである。重要でない項目を摘み取ることは、総合的なクオリティを高めるのに欠かせない。本当に「特筆すべき」ものだけが百科事典への掲載を許可されるのだ。取るに足らないものを載せれば、プロジェクト全体の品位が下がる。

包摂主義者にとって、ウィキペディアは本質的にウィキ――知識を集める全く新しい形態、過去の慣習に縛られない形態の一例である。削除主義者にとって、ウィキペディアは本質的に百科事典――尊敬に値する伝統を持った、知識を集める確立した形態の一例である。イデオロギー的な分裂は、ウィキペディアに常に内在するアイデンティティ・クライシスの現れだ。当初から、この百科事典はふたつの相反する目標を追求してきた。誰もが編集できるオープンな百科事典と、優れた紙の百科事典に匹敵する真面目な百科事典。ウィキペディアが誕生して間もないころ、主に目新しいものとして見られていたときには、両者の緊張関係は見過ごされがちだった。特に気にする人などいなかった。しかし、ウィキペディアの人気が高まると――そして、クオリティの基準が上がったと考えられはじめると――緊張関係は極限に達した。オープンであることを目指す包摂主義者の思いも、真面目であることを目指す削除主義者の思いも、ともに立派なものだろう。しかしながら、ふたつの陣営の正反対の哲学が明らかにしているとおり、これらの目標は両立しないのである。削除主義者であると同時に包摂主義者となることはできない。

より深い次元で、この分裂はわたしたちの時代の根本にある認識論的危機の一例となっている。絶対主義と相対主義の争いということだ。削除主義は絶対主義である。彼らは、ある種の物事はほかの物事よりも意義深いと考え、さまざまな種類の知識のなかで、客観的な区別はつけられるし、つけるべきだと主張する。ジョン・ミルトンはジョージ・ジェットソン［テレビアニメ『宇宙家族ジェットソン』の主人公］より重要なのだ。一方、包摂主義は相対主義である。彼らは、ある種の物事が本質的にほかより重要であるということはないと言う。すべてその人の見方次第だ。ある人にとっては、ジョン・ミルトンのほうがジョージ・ジェットソンより重要だろう。しかし、別のある人にとっては、ジョージ・ジェットソンのほうが研究する価値がある。絶対的なものなどない。区別はすべからく主観的なのだ。

包摂主義と削除主義の対立は、理論的なレベルを超えている。ウィキペディアの記事は削除、復活、再削除が繰り返されており、何が残り何が消えるかの基準は、絶え間ない、しばしば激しい論争の火種になっている。削除主義の哲学が勝ったとしたら——わたしはそうなるのではないかと思っているが——包摂主義のウィキペディアは永遠に失われてしまうだろう。ペットのインコや高校のフットボールのコーチ、カナダの廃駅などの記事はサーバーから消され、見る価値や残す価値がないとして抹消される。ホイットマン［民主主義の詩人と言われた。一九世紀の米国の詩人。］的百科事典、すべてを網羅する事実や事実と思われるものに溢れたホイットマンの代表作『草の葉』がどのようなものか、わたしたちが知ることはなくなる。わたしは基本的に絶対主義寄りだが、これに関しては例外としたい。ウィキペディアはウィキペディアのままにしておこう。

ブログ中につきご勘弁

二〇〇六年十月一六日

ブログ。ブログ。これを五回続けて、できれば声に出して言ってみてほしい。ブログ、ブログ、ブログ、ブログ、ブログ。最悪の言葉じゃなかった？　咳き込む勢いじゃないと言えない。まるで大慌てで口から毒を、それも力いっぱい無理やり吐き出すみたいだ。ブログ！　この単語はほっかぶりして辞書の門番の前をこっそりすり抜けているに違いない。明らかに、こいつは何かまったく別のことを意味する言葉だ。たぶんそれは、俗っぽいスラングでかなり下品な身体の機能を示すものだったはずだ。

たとえば、「次のパーキングエリアで止まってくれる？　ブログが我慢できないの」

あるいは、「うちの赤ちゃんたら一晩中ブログしてて寝ないのよ」

あるいは、「ちくしょう、ブログにはまっちまったぜ」などなど。

そしてなぜかそれは、糞まみれの宿命から遁走し、勝手に他人の車に乗り込むダニみたいに、文学の道を探求し続けているのだ。誰が悪いって？　ウィキペディアによれば、ピーター・マーホールズがその容疑者だ。一九九七年一二月一七日にジョーン・バーガーという男が「web（ウェブ）log（ログ＝記録）」という用語を使ってはいるが、「その「web log」を茶化して we（われわれは）blog（ブログ）に変え、一九九九年の四月から五月に、自分のブログ Peterme.com のサイドバーに表示した張本人がマーホールズである。これはあっという間に名詞、動詞のどちらにも使われるようになった」。馬鹿げた暇つぶしのおかげで、いまやわたしたちは束になって悩まされているというわけだ。ありがとよ、ピーター・マーホールズ。

ずいぶん不公平なものだ。こんな忌々しい呼称を背負わされた執筆形態なんてどこにもない。「わたしは作家です」とか、「わたしはレポーターです」、あるいは「わたしはエッセイストです」と称したとしても誰もこっけいだなんて思わない。なんだったら、「わたしは広告のコピーライターです」とすら言ってもかまわないだろうし、そこそこ偉そうに聞こえる。だが、「わたしはブロガーです」はどうだ？　たとえ独り言でつぶやいたとしても、陰でせせら笑うのが聞こえてくるだろう。

想像するんだ。自分はブロガーで、ある愛しい人と結婚の約束をし、その愛しい人の愛しい両親のところへ初めて挨拶に訪れている。両親の家のリビングのソファに座り、フルート・グラスでシャンパンをちびちび飲んでいる。

「それで」と両親が口を開く。「仕事は何を？」

とたんに恥ずかしさでいっぱいになる。「ブロガーです」と言おうとするも、声にならない。言葉が喉に引っかかって出てこない。うろたえ、仕方ないので遠回しな言い方をする。「まあ、物書きみたいなことを、えっと、ちょっとした批評を、たとえば、インターネットで公開しています」

「ちょっとした批評？」

「はい、そうです、批評です」

「何に関して？」

「ええと、主には、他の批評についての批評です」

「素晴らしい」

どんどん泥沼にはまっていくが、抜け出すことができない。

「ええ。たいていは何らかのニュース記事をきっかけに、わたしや他大勢の人たち、つまり他の批評家らがそれに関するコメントを寄せます。まさにそこからどんどん広がって行きます。つまりですね、こんな風に考えてみてください。ここに新しいニュース記事があり、そこからたくさんのマッシュルームがどんどん生えていく。いわばわたしはそんなマッシュルームのひとつなんです」

現実に目を向けよう。「カビ菌《ファンガス》」って言葉でさえも「ブログ」よりは聞こえがいい。実際、もしブログという単語の響きを変える機会をもらったなら、わたしはそれを「ファング」と名付けるだろう。確かにこれも滑らかさでは手本にはならないが、少なくとも排泄器官ではなく、よりセクシャルな趣のある響きだ。「わたしはファングする」。「わたしはファンガーです」。何の引っかかりもなく唇を通り過ぎる。

しかし、「わたしはブロガーです」はどうだ? 申し訳ない。とてもじゃないけど無理だ。懺悔しているようにしか聞こえない。病院の地下室やバプテスト教会の窓のないリノリウム床の部屋で、見知らぬ人たちに取り巻かれて座って何かつぶやいているみたいだ。そしてあなたは、両手で顔を覆い泣きじゃくりはじめる。すると隣に座ったふくよかな女性があなたの背中に手を置いて言う。「大丈夫。ここにいるわたしたちはみんなブロガーだから」。

代謝する存在

二〇〇六年一〇月二一日

今日の「ワシントン・ポスト」紙に、グーグル本社の化粧室に関する暴露記事が載っている。「同社の敷地内のすべての個室トイレに、日本製のハイテクな暖房便座が設置されている。流すだけで物足りないなら、扉に付いたワイヤレスのボタンでビデ洗浄と温風乾燥を使うこともできる」。そのボタンの横に画鋲で留められた、気晴らし用であろう一枚の紙には、「数週間おきに内容が変わるギークっぽいクイズ」が書かれていて、「コードのデバッグに関する技術的なこと」を問うている。

これで思い出すのは、ダニー・ヒリス――高名なコンピュータ科学者で、並列処理の研究でグーグルのコンピュータシステムの下地を作った――が人類について語ったこのような言葉だ。

われわれは代謝する存在、つまり、歩き回る猿である。また同時に、知的な存在、つまり観念と文化の集合体である。両者は共進化してきた。お互いがお互いのためになるからだ。だが、根本的には異なるものである。われわれの価値、人間のよいところは、観念的な面にある。動物的な面ではない。

数年前、グーグルの創業者たちがまだ気楽に自分たちの真の野望を語っていたとき、セルゲイ・ブリンはある記者にこう言った。「世界中の情報をすべて自分の脳に、あるいは自分の脳よりも賢い人工脳に直接組み込んだら、いまよりも間違いなく幸せになる。そこに達するまでに、カバーすべき領域がたくさんあるが」。そして、間違いなく、自分の脳より賢い人工脳があれば、もはや歩き回る猿にとらわれている必要はない。

この日本製トイレはたしかに優れたものだが、過渡期の装置であるということを忘れてはならない。グーグルが本当にヴィジョンを達成したとき、グーグルプレックスにはもはやトイレがまったく必要なくなっているのである。

「セカンドライフ」の抱える大問題

二〇〇六年十一月五日

セカンドライフの商業戦略が急減速した。コピーボットという名称の新しいソフトウェアは、仮想世界の住人が他の住人が作ったものをそっくりコピーできてしまうツールである。これを用いて無断コピーされた商品が、とめどなく広がるおとぎの国でデジタル小物ショップを営む多くの起業家の生活を脅かしはじめたのだ。セカンドライフの住人であるカリアンドラス・ペンドラゴンは、怒れるアバターのひとりとしてニュースレター「セカンドライフ・インサイダー」に次のように書いた。

各商品を宣伝して売り込み、RL（リアルライフ）の収入をSL（セカンドライフ）での創作から得るという夢を生きている人びとが、その収入源がいまにも無に帰するかもしれないという悪夢に悩まされている。それは大企業も同じことで、自社製品を愛らしく再生するためなら一〇〇万ドルまでも金をかけてきたのに、トムやディックやハリエットと名乗る輩がその作品をびた一文支払わずに剥ぎ取って、独自の商品として売っているのを発見することになるのだ。

非物質的な世界にいようとも、わたしたちは物質主義者であり、所有することに貪欲である。

「セカンドライフ・ヘラルド」によれば、事態が悪化したのは昨夜、「怒りに駆られた一団」がセカンドライフ住人のジフォース・ゴーのコピーボット営業所を取り囲んだときだった。一団は、ゴーが「セカンドライフを崩壊させている」と怒声を上げげた。身の危険を感じたゴーは店を閉め、土地を売り払った。その後、怒りと不安に駆られた多数の住人たちは、騒然とする集会で、セカンドライフ幹部のロビン・リンデンに一斉に詰め寄り、「大規模な著作権侵害について、今後いっさいの懸念を払拭する手立てを講じるよう求めた」。

いまではセカンドライフを運営するリンデン・ラボ社により公式に禁じられているが、ロイター社のSL事務局レポーター、アダム・ルーターによれば、コピーボットは、リブセカンドライフという名のグループが「リンデン・ラボ社支援のオープンソースプロジェクト」として作成したという。抗議の声が膨れあがり、グループはコピーボットのソースコードをサイトから削除しようとした。だが時すでに遅し。コピーボットそのものがコピーされていた。ソースコードはSLExchange市場で売られており、「広く流布する可能性が高まった」とロイター社は報じた。ボットを売る住人のプリム・レヴォルーションは、アダム・ルーターそっくりのクローンを作って、このソフトの威力を実証してみせた。そしてコピーボット利用の正当性を主張して言った。「クローンとボットのアイディアは最高だよ。さっそく新しい商品を増やすつもりだ、自動で踊るクラブのゴーゴーダンサーみたいなやつをね」

セカンドライフを研究しているニューヨーク州立大学バッファロー校情報センターのケヴィン・リムは、コピーボットを『スター・トレック』の架空装置レプリケーターにたとえ、「求められる分子構造がファイルにある限り、生きもの以外はなんでも作り出すことができる」と述べた。リムの解説によれば、「そんなマシンの発明後は、われわれが知るところのいわゆる通貨というものは機能を停止している。誰もが何でも望むものを作れる（複製できる）能力を得たことで、われわれが知るところの資本主義は死滅し、そして完璧なマルクス主義哲学の新たなる夜明けが連邦に訪れた」

コピーボットの破壊的なエネルギーが解き放たれたのは、大企業がセカンドライフに次々と参入し、潜在的経済力を探りはじめたまさにその瞬間からである。「ビジネスウィーク」誌は、「抜け目のないCEOたち」が仮想世界に入り浸るようになっているが、それはひとえに、「将来的な協働環境として浮上する可能性」を信じているからだという。IBM社のCEO、サミュエル（サム）・パルミサーノは誇らしげに「わたしは自分のアバターを作っている」と述べた。記事によると、パルミサーノは実際ふたつのアバターを持っている。「お気楽サムとお堅いサムとがね」。だけどもし、コピーボットで武装したアナーキストがパルミサーノのアバターの片割れのところへやって来て、複製を作ったとしたらどういう事になるのか？　自分のクローンを作って後世に残すのはCEO連中の夢かもしれないが、誰かにクローンを作られて、その仮想の彼に他者が侵入し、悪事を働いたり大混乱を起こすのに使われたとしたら、落ち着いてなどいられるだろうか？　自分のコピーがGストリング一枚で空を舞ったり、金属製のばかでかい模造男根を抱えて仮想ポルノショップから出てくるのを見てのほほんとしている産業資本家なんて想像もできない。

コピーボット論争は、さらなる深刻な危機がセカンドライフ（さらにはウェブ全体）に訪れることを示唆しているようだ——まさにヴァーチャル・ランドの本質たる、アイデンティティをめぐる闘いである。セカンドライフは、独自ルールで運営する自由奔放な夢想家のコミュニティのままに生き残れるのか、あるいは商用運転となり、広告や演出されたPRイベントで溢れかえる仮想ショッピングモールと化すのか？　コピーボットは、セカンドライフを破綻へと追い込む脅威の模造装置となるのだろうか、あるいはコミュニティの精神を堅持した共有装置たり得るのだろうか？

あなたを見て！

二〇〇六年一二月一七日

「タイム」誌の一九四六年五月六日号は、馬のブリーダーとしても有名な化粧品業界の大物、エリザベス・アーデンを表紙に取り上げた。雑誌が店頭に並んだ日、アーデンのサラブレット二二頭がシカゴの馬小屋の火事で死んだ。この悲劇によって、みなが思っていたことが裏付けられた。大手週刊誌の表紙に写真が載ると呪われるのである。神は、滅ぼすと決めた人を、まず「タイム」誌の表紙に登場させるのだ。

今週、「タイム」誌は冷酷な手を使い、わたしたち全員にそのジンクスを負わせた。二〇〇六年の「今年の人」の発表があり、選ばれたのは「あなた」だったのである。その選択をヴィジュアル化するために、「タイム」誌は画面部分が鏡になったコンピュータを表紙に載せた。見てごらん、あなた自身が見えるだろと言わんばかりだ。

このありがたくない名誉をわたしたちにもたらしたものは何か？ もちろん、ウェブ2.0である。「タイム」誌のリック・ステンゲル編集長は、インターネットの恩恵を受け、「ユーザー作成コンテンツのクリエイターと消費者が、アート、政治、商業の形を変えている」と書いている。彼らは「新たなデジタル民主主義に積極的に関わる市民」である。表紙の鏡は、「わたしたちではなく、あなたたちが、情報化時代の形を変えている、という考えを映し出している」。

ウェブ2.0は偉人論《グレートマン・セオリー》をぶっ壊している、とレヴ・グロスマンは特集記事に書いている。たしかに、「二〇〇六年に起こった多くの痛ましく恐ろしい出来事」――戦争から地球温暖化、プレイステーション3の品不足まで――は偉人たちが引き起こしたものだが、「違うレンズを通して二〇〇六年を見てみれば、別の話が見えてくるだろう。それは争いや偉人の話ではない。いまだかつて見たことのないスケールで展開されているコミュニティとコラボレーションの話である。……少数の者から力をもぎ取り、見返りもなしにお互いを助ける多数の者の話である。それは世界を変えるだけでなく、世界の変わり方をも変えるだろう」。ウェブ2.0は「真の革命」なのだ。

表紙に関連するものでは、ほかにも、ユーチューブの創業者、チャド・ハーリーとスティーヴ・チェンのプロフィールが載っており、「タイム」誌はふたりを「オンライン世界の新たな創造主」だと称えている。創造主？　レヴ・グロスマンに教えてあげたほうがいいかもしれない。偉人論はいまも健在じゃないか、この「タイム」誌で、と。

しかし、実際のところ、この号で最もとらえどころのない思想を含んでいるのは表紙そのものである。ウェブ2.0によって、「人びとは、コンピュータの画面を見て、向こうからこちらを見ているのは誰なのだろうと心から考えることになる」と、グロスマンは書いている。表紙は彼の言葉に皮肉な展開を与え、文化の徹底的な個人化をだいぶ暗いものに見せている。表紙のコンピュータの画面をじっと覗き込むと、向こうから見ているのはあなたなのだ。独我論の世界では、どんな孤独な女の子でも偉人なのである。

デジタル式小作制

二〇〇六年一二月一九日

ソーシャル・ウェブから笑顔の絵文字を剥ぎ取ると、そこには悲哀に満ちた泣き顔の真実が残される。すなわち、生産手段を大衆の手に渡しつつも、そこで作られたものの所有権を奪うことで、インターネットは、大衆の無償労働の経済価値をごく少数の手のなかに集約する、非常に効率的な構造を提供しているという事実だ。

ウェブサイトへの訪問者数についてのブログ「Read Write Web」の新たな分析では、この点が強調されている。ここ数年来のウェブ・コンテンツの爆発的な増加にも関わらず、サイトへのアクセスはこれまで以上に特定のものに集中しているように見受けられる。二〇〇六年一一月のページビュー総体では、上位一〇件のサイトが実に四〇パーセントを占めており、二〇〇一年一一月の三一パーセントを大きく上回っている。そのような集中が顕著に読み取れるのは、ウェブのドメイン数が二九〇万から五一〇万へと、ほぼ倍増した時期である。

だが、その数値からは事の全容を読み取ることはできない。アクセスの集中は、主流のふたつのソーシャル・ネットワーキング・サイト、マイスペースとフェイスブックが主たる要因で、両サイトを合算すると、一一月のページビュー総数のまさに一七パーセントに達する。これらマイスペースやフェイスブックのようなサイトのコンテンツは、会員によって作られている。内容を更新し、メッセージを送り、写真を投稿し、ビデオや歌をアップロードしているのは、その構成メンバー自身である。もし、各会員の「存在」——会員らの貢献の総計——を独立したサイト（それはある意味でそうだ）として計算した場合、アクセスの集中はないことになる。各ソーシャルネットワークには、何万という個人が作成する多種多様なコンテンツがあるからだ。

言い換えれば、実際に集中しているのは、オンライン上のコンテンツではなく、そのコンテンツの貨幣価値なのである。マイスペース、フェイスブック、ユーチューブ、トリップアドバイザー、その他多くのインターネットビジネスは、生産手段を分け与えても、その成果に対する所有権は握ったままでいられることをよく知っている。ソーシャルネットワークの会員は、ただ単に自分たちの考えや関心事、意見を他の会員と「シェアしている」と考えているだろうが、実はそのネットワークを運営する企業のために働いているのである。イェルプにレストランの評価を書き、アマゾンに本のレヴューを載せる何万という人びとは、その労働に対する報酬を得ないが、個々人が作り出したコンテンツは、企業の価値ある資産となる。

これは現代に特有な一種の小作制である。南北戦争後のアメリカ南部のプランテーション所有者のように、ソーシャルネットワーク企業は、各会員にヴァーチャルな領地の小区画を与え、そこで会員たちは、文章や写真などの投稿を通じて、オンライン上の自分の存在を深める。しかる後にソーシャルネットワーク企業は、広告（または頻度は低いが、定期購読や販売品）を通じて、会員の労働力に対する経済的価値を収穫するのである。このデジタル式小作人は基本的に幸せだが、それは彼らの関心事が自己表現や社交にあり、金儲けにはないからである。そしてまた、一人ひとりの貢献がもたらす経済的価値はないに等しいからである。これらの個々の貢献が大量に――全世界的なウェブの規模――に集積された場合に限り、ビジネスは儲けとなるのだ。見方を変えれば、支配者らが貨幣経済圏で幸せに仕事をしているあいだに、小作人らはアテンション・エコノミー〔注目や関心が集まることで価値が生まれ、交換財となり得るという概念〕圏で幸せに仕事をしているのである。この観点からすると、デジタル王国のアテンション・エコノミーは、現実世界の貨幣経済から分離しては成り立たない。アテンション・エコノミーは貨幣経済に安価な労働力を供給する単なる媒体でしかない。大勢が仕事を分かち合い、限られた者がその利益を分かち合うための。

スティーヴのデヴァイス

二〇〇七年一月一〇日

コンシューマー・エレクトロニクス・ショー（CES）［アメリカ家電見本市］をたったひとりで魅了し、衆目を一身に集めたスティーヴ・ジョブズが味わったに違いない快感は計り知れない。サンフランシスコで開かれたマックワールドでアップル社の「革命的携帯電話」――iPhone（！）と称するガジェット――が紹介された昨日、興奮状態のプレス報道で、ラス・ヴェガスに起きていた他の事件はいっさいかき消された。二時間のジョブズの流ちょうなプレゼンテーション内、台本から外れたのはほんのわずかだったが、そのときの話は印象深かった。クリッカーが作動せず、舞台裏のスタッフが不具合を直しているあいだ、ジョブズはウォッズとともにテレビ信号を妨害する小型装置を作ったときの思い出を語りはじめた。それをカリフォルニア大学バークレイ校に持ち込み、テレビ番組「スター・トレック」を観ていたエリート学生らにいたずらしてやったという逸話である。

ジョブズはそれからまったく変わっていなかった。いまだに妨害信号を送り続け、そこからまたとない快感を得ている。

ジョブズのプレゼンテーションと、前日CESで行われたビル・ゲイツのそれを比べるのは面白かった。テーマ的には、ゲイツの話は去年CESで話したこととの繰り返しだった。誰も望んでいない「デジタル生活様式」をいまだに売り込んでいた。昨年は、キッチンの隅々までコンピュータスクリーンを設置し、家族一人ひとりの動きを追跡したり、朝のコーヒーをすすりながらビデオ映像を複数同時に眺めたりできるというものだった。家の主を、艦橋で任務にあたった「スター・トレック」のキャプテン・カークとして想定していた。今年のものはそれに輪をかけ奇妙だった。ゲイツは賛美歌でも歌うようにWindows Home Serverを披露し、わたしたちはネットワーク管理者になる以上のことを望んでいないのだと暗に訴えた――今度はキャプテン・カークではなく同シリーズのキャプテン・スコッティが登場した。続けて披露したのは、四方八方の壁がコンピュータスクリーンで覆われた未来の寝室の模型だった。それは精神衛生の面からは少々倒錯的に感じられた。

ゲイツはシステムを設計したがっている。ジョブズはツールを作りたがっている。

実際ジョブズは、今日のウェブ2.0の精神――つまり、プラットフォーム、オープンシステム、平等主義、そして生産者と消費者の垣根をなくすことを至上とする価値観――にまったくもって無関心だった。以前iPodがそうであったように、iPhoneはキング・ジョブズが支配する小さな要塞である。完全に自己完結している。ただひとりのエリートのために演出されたイベントである。その他の者たちはみな、五〇〇ドルでチケットを購入すれば自由に入場できるが、ショーの進行中はずっと自分の席に座っているよう要求される。ユーザーが作り上げるコンテンツ？　冗談だろ！　ユーザーには電池の交換すらも許されていないのに。ジョブズの世界では、ユーザーはユーザーであり、クリエーターはクリエーターなのであって、両者は決して相見えることはないのだ。言うまでもなく、それこそがiPhoneがiPod同様、精妙なデヴァイスたる所以である。スティーヴ・ジョブズはアマチュアの製品には興味がないのである。

ツイッター・ドット・ダッシュ

二〇〇七年三月一八日

というわけで、電子メール、インスタント・メッセージ、携帯メールを通り抜けて、ついにわたしたちはツイッターの世界へとたどり着いた。この林のなかでは小鳥たちがさえずり、それは映画『ブルー・ベルベット』の終わりに現れるあのコマドリにも似て、澄み切った大気のなかにいると、自分の姿がくっきりと見えてくる。

ツイッターは、ウェブ2.0における電報である。モールス信号装置同様、メッセージはごく短い文に限られる。電報は市場の意向——文字ごとに課金されるため、すぐに高額になる——により制限があったのに対し、ツイッターはコード化の鉄則による制限が課される。一回のメッセージあたり一四〇文字までである。ツイッターのメッセージボックス内に文字を入力しはじめる——ツイッター用語で「つぶやく」——とカウンターが動き出し、残りの文字数を教えてくれる（この文は一四一文字あった。収まりきらなかった。フォークナーやプルーストは、ツイッタラーとしてはさぞかし苦労しただろう）。

とはいえ、限定されるのは個々のメッセージの長さだけである。メッセージ送信は無料のうえに、投稿の頻度に制限はないので、思う存分つぶやける。電報はいったん立ち止まって自問する必要があった。「これで送っていいか？」。一方ツイッターはつぶやきかける。「なんだって送りゃいいのさ！」。加えて、いくらでも多くの読者にツイートを送れる。ツイッターは、ブログを分断し、さらにそれをばらして断片にする。携帯メールがメディアになったのだ。

それを通してわたしたちはいったい何を発信している？　日々のたわいない出来事や思いつき。ツイッターランドのなによりも重要な問い──「あなたはいま何をしていますか？」、あるいは文字数をはしょって「何してる？」──に対するその瞬間ごとの答えだ。ツイッターはナルシズムの媒体と言える。自分がショーの花形スターであるばかりでなく、身の回りで起きた出来事すべてが、いかにそれがささいなことでも、どれもが大見出しとなり、メディアイベントとなり、注目を集めるニュース速報となる。水銀が琥珀になるのである。

もううんざりだって？

尊敬すべきブロガー、デイヴ・ウィナーは、「ニューヨーク・タイムズ」紙のフィードを作り、新聞のヘッドラインをツイッター経由で流している。まるで物事がことごとく、その一四〇文字に収まる軽薄さと同等であると証明しようとするかのようである。「ツイートにぴったりのあらゆるニュース」をデイヴはつぶやく。

飼い犬がラグにおしっこした！;-)　（一〇秒前）

バグダッドで起きた自爆テロで一七人が死亡（二分前）

なんてこった、ダブル・スタッフ・オレオを一四個も食っちまうなんて（三分前）

「ツイッターは自分の意識の流れを表すもの」とあるユーザーは書く。かつては精神の私的領域で起こっていたものが、いまではポップコーンのように大衆という器のなかに放り込まれる。自分を見世物にしてつぶやき実況することが本職となっている。君の研究もここまでだ、さようならジャン・ボードリヤール［フランスの哲学者、思想家。著書に『シミュラークルとシミュレーション』などがある。］。

ウェブ2.0のその他多くのサービス同様、ツイッターは子どもじみた言葉でそれ自体とユーザーとをすっぽり包み込む。わたしたちは会話する成人でもなければメッセージの送り手ですらない。わたしたちはツイートつぶやく高音用スピーカー《ツィーター》。ピーチクさえずるツイッター。さえずりツイートする大まぬけ《ツィット》。舌っ足らずのトゥイーティー・バード、なのである。

見にゃんだ！　ニャーちゃん見にゃんだ！（三〇秒前）

見にゃ、ニャーちゃん見にゃ！（一分前）

ナルシズムはニヒリズムのユーザーインターフェイスである。ツイッターのような技巧的で俗受けするサービスのおかげで、わたしたちは自己陶酔に浸りながらも、文末に顔文字をつけて発言の無意味さをほのめかし、自満げな自分と距離を置くことができる。「俺は俺が大好きだ！　ま、冗談だけどさ！」

とばかりに。

ソーシャルネットワーキングの最大とも言えるパラドックスは、ナルシズムをコミュニティへの吸着剤として利用していることだ。オンラインではみな孤独で、オンラインコミュニティは孤独な人たちの集まりだ。（「コミュニティはコミュニケーションにより解体され、吸収される」byボードリヤール）。このコミュニティは、現代人の尽きることのない渇望を癒すためソフトウェアが無から組み上げた、記号とピクセル画像からなるシミュレーションである。それほどまでに何を望んでいる？　自らの存在の実証？　いや、それですらない。演ずべき役割があることの確認、である。他のソーシャルメディア同様、いやそれ以上に、ツイッターは、哲学者のジョン・グレイの言葉を借りるなら、「無意味からの避難所」となり得るのだ。

耳にしたイヤホンから細くて白いコードをたらして道を歩いていても、Ｇａｐのショーウィンドウでカジュアルウェアの展示を見ていても、スターバックスでピアスを付けたバリスタが淹れたチャイ・ラテをすすっていても、自分が現実の存在であることがいまひとつ実感できない。だが、仮想の仲間である読者に向け、自分が通りを歩き、ショーウィンドウを眺め、お茶を飲んでいることを一四〇文字のメッセージで伝えると、にわかに自分が現実のものとなる。自分には語ることがある。役割を演じている。自分には何らかの意味がある。たとえ歪んだ鏡に映る大勢の人間の虚像のひとつにすぎないとしても。

「我ツイートす、故に我あり」と人が言ったが、それは違う。「我ツイートす、我なきを恐怖す故」なのである。

物質世界のほうが模倣の様を呈しているので、わたしたちは模倣の世界で現実感を追い求める。少なくともそこでは、その模倣自体が現実に存在するものだと確信できる。少なくともそこでは、現実と非現実の境界がわからなくなる心配はない。少なくともそこでは、何かしらすがりつくものが見つけられる、たとえそれがまったくの虚構であったにしても。

コードのなかのゴースト

二〇〇七年四月四日

先月、アマゾン・ドット・コムは、人間を組み込んだ自動データ処理システムへの広範な特許を認可された。それは人工頭脳の取り決めに類するもので、アマゾンのMechanical Turk（機械仕掛けのトルコ人の意）クラウドソーシング・サービスの根幹を支えるものである。ソフトウェアのプログラマーはTurkを使い、コンピュータでは処理が難しくとも人間には容易な、たとえば写真のなかのオブジェクトを識別するなどのタスクをプログラム内に書き込むことができる。そしてプログラムの進行中、「人材の投入」が要求された時点で、そのタスクはTurkのウェブサイトに掲載され、人びとが少額賃金で請け負う。そこで入力された内容はその後、プログラムを続行するコンピュータに戻される。Mechanical Turkは、要するに、人材をコード化するものだ。

その特許に含まれるのは、アマゾンの説明によれば、「機械と人とのハイブリッド情報処理システムで、コンピューターでは処理が難しい特定のタスクで人間が手助けをして、より効率的に一連の情報処理を行えるようにするもの」であるという。このシステムは応用される分野が指定されており、音声認識、テキスト分類、画像認識、画像比較、音声比較、口述筆記、音楽サンプルの比較などが含まれている。アマゾンはまた、「当業者は、この技術の応用範囲はここに具体的に示されたものに限定されないことがわかるだろう」と言及する。

特許は、システムが「人が作業するプロセス」のスキルとパフォーマンスを評価する仕組みについて、かなり細部にまで踏み込んでいる。一例を挙げれば、システムが労働者を「大卒、高くても高卒、高くても小学校卒業、（もしくは）公的教育なし」に沿って分類するなどである。他にも、特定のサブタスクを実施するために、「最低でも複数の評価基準を満たしたと認定される複数の人間」に振り分け、その後入力された個々のデータを統合する仕組みも明記されている。

特許はアマゾンによる見事なヘッジ戦略のように見える。そのうち人がコンピュータの下働きのせいで忙しくなり、オンラインで本や商品を買う暇も金もない時代が来るかもしれない。そうなったとしても、アマゾンは、ポストヒューマンの世界の雇用エージェントとして、べらぼうな手数料が稼げるのだろう。

アリスのアバターに訊くしかない

二〇〇七年四月二二日

Red Light Center――裸になったアバターたちが、わたしたち人間には夢想するしか術のない体位で交わるオンラインの世界。今週金曜日にはデジタルの麻薬が導入され、この仮想世界での淫行の幅は大いに広がった。「テクノロジー・レビュー」誌の報道によれば、コミュニティの会員はすぐにも「ヴァーチャルなテクノダンスパーティーに潜り込み、ヴァーチャルなエクスタシーを味わい、ヴァーチャルなマリファナをふかし、ヴァーチャルなマジック・マッシュルームまでも頬張る」ことができるという。

なんとまあ斬新なことで。

Red Light Center の運営会社、Utherverse 社のCEOブライアン・シュスターによれば、サイトは娯楽目的の疑似ドラッグを公共サービスとして提供しているという。仮想世界でこれに耽《ふけ》ることによって、現実世界での薬物への欲望を減退させる、とのことである。

仮想環境に入れば、［同調］圧力から手を出すのは、本物のドラッグではなく仮想ドラッグになる。したがってユーザーは、実際のドラッグの持つリスク抜きに、社交におけるドラッグの使用を模索する場を手に入れることができる。現実世界での利用から社会的な圧力を切り離すことによって、ユーザーは同調圧力に対処する真に革命的な方法を手に入れたのだ。ネガティヴな結果抜きに、同調圧力に屈してみることができるようになる。加えて、ユーザーは、これらの仮想ドラッグの効果が驚くほどリアルだ伝えている。ユーザーが本物のドラッグをまったく使わずに、仮想ドラッグの社交における恩恵を受け、それを使うことで楽しめる限り、実際のドラッグを使うありがたみは薄れる。

もし本当にハイになっていたなら、この発言も意味をなしている様に聞こえるだろう。

仮想ドラッグの発想にはある対称性がある。仮想現実の概念が初めて生まれた一九六〇年代終盤、それはドラッグ文化と深く結び付いていた。コンピュータによって達成される意識の拡張は、一粒の麻薬から生じた幻覚とさしたる違いはないと考えられていた。いまやサイバースペースでラリることもできるなんて。これで一周したような気がする。考えてみろ、アバターが幻覚を起こしたら、見るのは現実世界に決まっている。

なんてこった。わけわからん。

ロング・プレイヤー

二〇〇七年五月二〇日

週末に、デイヴィッド・ワインバーガーの新著『インターネットはいかに知の秩序を変えるか？――デジタルの無秩序がもつ力』を読みはじめた。だが、あまり進んでいない。実のところ、九ページの終わりまでしか行ってなく、そこで音楽に関するこんなくだりにぶち当たったのである。

何十年とわたしたちはアルバムを買ってきた。それは芸術的な理由からだと思っていたが、実際には、物理世界におけるコストの問題があるせいだった。長時間《LP》のアルバムに曲をまとめることで、制作、マーケティング、流通のコストを抑えられる。製造、出荷、棚入れ、分類、アルファベット順整理、棚卸しをするレコードの枚数を減らせるからである。音楽がデジタル化されるとすぐに、音楽の自然な単位は曲だとわかった。そうしてiTunesが生まれ、一〇〇〇レーベルの三五〇万曲が種々雑多に集められた。レコード会社の重役から許可を得る必要もなく、誰もが音楽を売りに出せる。

音楽の自然な単位が曲だって？　そうか、ベートーヴェンをぶっとばして《ロール・オーバー・ベートーヴェン》、チャイコフスキーに知らせてやろう。

この短いくだりには多くの憶測が含まれていて、その大半が間違っている。とはいえ、ハーヴァード大学のインターネット研究員であるワインバーガーは、インターネットの解放神話と呼びうるものを、この数行の文章にたしかにうまくまとめている。この神話のもとになっているのは、全面的な歴史修正主義である。それによればデジタル以前の世界——物質的、経済的制約が非常に大きい世界——が存在し、ウェブはわれわれをそこから解放している。かつて奴隷だったわたしたちは、いまでは自由の身になっている。奇怪にねじれた話だが、デジタルの世界は、現実世界の「人工」に対し、「自然」を表すものなのである。

わたしは本を放り出し、あれこれ考えはじめた。そして、悲しくも放置されていたターンテーブルのカバーの上のものを片付け、枚数が減った厚紙ジャケットのLPのコレクション（キャビネットの棚に、アーティストのアルファベット順に並べてある）から、中傷の的になっている、昔の「長時間アルバム」をひとつ引っ張り出してみた。選んだのは『メインストリートのならず者』である。より具体的に言えば、『メインストリートのならず者』のC面にある不自然な曲のまとまりだ。傷がついて少し曲がった、しかしまだ再生可能な、ビニールの黒く薄い板の端を慎重に持ち——デジタル以前の世界の物質性に猛烈にノスタルジーを感じているわたしを誰もうらやんだりはしないだろう——、中心軸にそっと載せ、盤を回転させた。

『メインストリートのならず者』に馴染みがない、あるいは邪道なデジタル形式——ひとつの面しかないプラスティックのCD、音域が削られたiTunesの種々雑多な曲の山——でしか知らない人のために、ローリング・ストーンズが一九七二年に発表したこの二枚組の名盤の四つの面のなかで、C面が最も奇妙でありながら最も重要だということを説明させてほしい。この面は、文字通り、幸せ《ハピネス》にはじまり、象徴的に、魂の暗夜で終わる。（今日では、ミック・ジャガーに魂の暗夜があったというのは想像しがたいかもしれないが、陰惨な七〇年代の初めには、ブライアン・ジョーンズの死やマリアンヌ・フェイスフルの薬物過剰摂取、オルタモントの悲劇で負った傷が彼の心の奥底にまだ生々しくあり、注射針とスプーンでも、新たな女の子でも振り払えない、存在の苦しみを感じていたのだと思う。）

　しかし、ワインバーガーの主張について考える上で最適なのは、真ん中の数曲だろう。恍惚状態で死を笑うキース・リチャーズの「ハッピー」と、自暴自棄で光を遮るジャガーの「レット・イット・ルース」のあいだに、地下室で酔っ払ったような粗雑な三曲――「タード・オン・ザ・ラン」、「ヴェンチレイター・ブルース」、「彼に会いたい」――があるが、これらのサウンドは、孤立していて、落ちこぼれのようだ。仮にこのアルバムを曲単位に分け、種々雑多なiTunesの山に放り込んだとしたら、これらはおそらく跡形もなく消えてしまうだろう。つまり、誰が「タード・オン・ザ・ラン」を独立した曲として買うというのか？　しかし、アルバム『メインストリートのならず者』というコンテクストで考えると、これらの三曲は、驚くべき、豊穣さを獲得するのである。必要不可欠になる。曲というアイデンティティを超え、より大きなものの一部になる。芸術になる。

　『メインストリートのならず者』をはじめ、いろいろな長時間の曲のまとまり――『リボルバー』、『アストラル・ウィークス』、『フォーエヴァー・チェンジズ』、『血の轍』、『ロンドン・コーリング』、『マーマー』、『ティム』、『ビー・サウザンド』（このリストは、ありがたいことに、どこまでも続く）――を聴くと、LPの二〇数分の一面は、物理世界のコスト問題の無様な副産物などではなく、むしろ「音楽の自然な単位」なのだと考えたくなる。個々の曲と同じくらい、自然な単位なのだと。

直径一二インチで、一分間にゆっくり三三回転する、長時間収録のビニール盤は、現在でもわりと新しい技術だと言える。（音楽の録音という試みが何度か失敗したあと、そもそもわりと新しい技術なのである。）一九三〇年代前半に、長時間収録の媒体を作ろうという試みが何度か失敗したあと、一九四八年に、現代的なLPが、コロムビア・レコード（ウィリアム・ペイリーの巨大企業CBSの一部門だった）の当時の社長、エドワード・ウォーラーステインによって世に出された。それまでレコードの主流は、約半世紀にわたって、七八回転だった。脆い、一〇インチの、シェラック盤で、ひとつの面に三、四分しか録音できないものだった。

レコード会社重役であり、ずるがしこいウォーラーステインは、長時間収録の媒体を開発し、多くの曲を一枚のディスクにまとめることにした。一、二曲の名曲が聴きたい顧客に、聴きたくもない駄曲を何曲も買わせ、会社を潤わせるために。そういうことだったのか？　いや、違う。ウォーラーステインが長時間レコードを開発したのは、クラシック音楽の演奏をきっちり表現できるフォーマットが欲しかったからである。言うまでもなく、七八回転の三分という短い断片ではまったくだめだった。

一九七〇年に亡くなる前、ウォーラーステインは、コロムビアの優秀なエンジニアのチームをいかにせき立て、現代的なレコードアルバム（およびそれをかけるための機器）を開発させたかを振り返っている。エンジニアたちはまず、一面に八分の音楽を記録できるレコードを作った。ウォーラーステインは感心せず、「すぐに「うーん、これは長時間レコードではないな」と言った」という。彼は、多くのクラシック作品の分析から、長時間レコードは一面に最低でも一七分の音楽を入れられなければいけないと結論を出していた。片面一七分の盤が二枚あれば、約九〇パーセントのクラシック作品に対応できる、という計算だ。さらに一、二年懸命に取り組んだ末に、エンジニアたちはウォーラースティンの目標に到達した。

つまり、長時間レコードは、レコード会社の利益と顧客の不利益のためにポピュラーソングをまとめて売ろうという商業的な考案品ではなかったのだ。人びとがクラシック音楽をよりよく聴けるようにと丹精込めて生み出されたフォーマットなのである。実のところ、クラシック音楽に適したメディアを完成させようと専心したコロムビアは、金になるポップミュージックのマーケットの大半をライバルのRCAに持って行かれるという犠牲を払った。そちらは当時、競合フォーマットとして、四五回転の七インチシングル盤を開発中だった。

その後、LPと四五回転の標準をめぐる争い――「スピードの戦い」と呼ばれた――が少しあったが、技術的な歩み寄りで円満に解決し、両方のフォーマットが成功することになった。レコードプレイヤーが、三三回転のアルバムと四五回転のシングルのどちらにも（そして、しばらくのあいだは旧式の七八回転にも）対応するように設計されたのである。四五回転では比較的安く個々のヒット曲が買え、LPではいくぶん値が張るが長い作品が手に入る。ポピュラー音楽もすぐにクラシックに続いてLPを採用した。ミュージシャンやレコード会社は、売り上げを最大限上げると同時に、ファンにお気に入りのアーティストの曲をより多く届けたいと考えていた。ポップスのLPが登場しても、欲しくもない曲を買わされるということはなかった――四五回転を買うことで好きな曲を選んで手に入れることができた。L

Pは人びとの選択の幅を広げ、求められている音楽をそれまで以上に多く提供した。

長時間レコードが生まれた結果、「自然な」曲が不自然なアルバムに詰め込まれるようになったと主張するワインバーガーは、そのことをまったく逆に理解している。LPが登場したことで、購入できるポピュラー音楽の曲数が爆発的に増えた。また、ポピュラー音楽が驚くほど創造的になった。ソングライターやバンドは、この新しい拡張フォーマットを有効に使い、長さを芸術に昇華した。その結果、四五回転の素晴らしいシングルが世に出ただけでなく、LPの緻密に構成されたアルバムが見事に花開いた。ただ時間を埋めるためだけの捨て曲も多かったか？　もちろんそうだ。それはいつだってある。

ワインバーガーは、LPは商品の供給を抑えるためのレコード業界の策略で、「製造、出荷、棚入れ、分類、アルファベット順整理、棚卸しをするレコードの数を減らら」すのが目的だという主張においても、事実を逆に理解している。アルバムフォーマットは、シングルフォーマットとともに、レコードの数を――そして結果的に、販売経路を――大きく増やした。膨大なレコード音楽を世に放った。当時のレコードの主要な競争相手がラジオであったことを思い出すべきだろう。そちらではもちろん無料で音楽が提供されていた。レコード会社がラジオと張り合うための最良の方法――唯一の方法――は、制作するレコードの数を増やし、ラジオ局が電波に乗せられるよりもはるかに多い選択肢を顧客に与えることだった。長時間レコードは、最終的に、買い手に多くの商品を提供しただけでなく、アーティストに多くの表現手段をもたらしもした。誰もが得をしたのである。マーケットの制約などでは到底なく、LPの物理的なフォーマットは、買い手の選択を刺激し、さらに重要なことに、創造性を刺激した。誰が『メインストリートのならず者』や『ブロンド・オン・ブロンド』、『今宵その夜』を曲単位に分けるだろう？　愚か者だけだ。

しかし、LPを見境なく曲単位に分け、デジタルの曲ファイルの「種々雑多な山」に放り込むことこそ、ワインバーガーがわたしたちに喜んで受け入れさせようとしていることなのである。長時間アルバムへの数十年にわたる隷属状態から、ある種の解放が訪れたのだと言って。レコード会社の重役たち――ここ数年、彼らは自らの冷笑的な姿勢と愚かさを見事に証明している――を擁護せずとも、ワインバーガーが自らのイデオロギー的な主張のために歴史をねじ曲げていることは見てとれる。ばらばらのデジタル形式の曲に重点を置くことで、新たな音楽の創造性が花開くだろうか？　わからない。宝石の山を手にするかもしれないし、ガラクタの山を手にするかもしれない。おそらくはその両方を手にするだろう。しかしわたしにはっきりわかるのは、ビニール盤の長時間アルバムもビニール盤のシングルも、わたしたち全員が感謝すべき発明だったということである。アルバムの時代が終わったからと言って勘違いしてはならない。

個々の曲が「自然な音楽の単位」だという話は空想だ。自然はそこにはない。

ネットは忘れるべき?

二〇〇七年八月二六日

「ニューヨーク・タイムズ」紙は最近、検索エンジン最適化信者となった。そのためいま、その膨大なアーカイブに蓄積された古い記事も含め、同紙の記事は以前より頻繁にウェブ検索の上位に表示されるようになった。しかし、この戦略は予期せぬ弊害を生み出している、と同紙の読者編集長クラーク・ホイトは書く。

長らく埋もれていた、人びとに関する間違った、時代遅れな、あるいは不完全なものが息を吹き返し、不愉快な事態を引き起こしている。誤報や続報のない昔の記事がいきなり突出して表示されるため、辱められている、失業する、あるいは就職できない、さらには顧客を失う不安がある、と平均して一日に一件の苦情の声が寄せられるのだ。

ホイトは、ニューヨーク市の元職員、アレン・クラウスという、新しい上司とのもめ事が原因で一九九一年に辞職した男性の話を引き合いに出した。それを報じた短い記事は、彼の退職と同時期に彼の所属部署で起きた詐欺事件の調査とを、事実に反して、結び付けていた。「タイムズ」紙がその事件について書いた記事の内、「厚生局職員、取り調べによる辞職を否定」と大見出しを付けられたものがあり、グーグルでクラウスの名前を検索するとその見出しがトップに表示されてしまうのだ。クラウスは、当然、辞任から一六年も経ったあとになって再び自分の名声が汚される事を快く思っていない。

多くの人が似たような窮地にあり、「タイムズ」紙に（おそらく他紙や雑誌にも）連絡を入れ、アーカイブから名誉毀損にあたる記事を削除するよう求めている。同紙は、過去の記録を書き直すなどという厄介なことはしたくないので、機械的にそのような要求は拒否している。同紙のある編集者はホイトに、記事の削除は、「ソビエト連邦政府の写真から革命家トロツキーを消し去るようなものだ」と言った。

しかし、もし「タイムズ」紙が検索エンジン最適化技術を用いて記事を検索結果の上位に押し上げようとするのならば、その過去の報道の誤り、歪曲、手落ちによって人びとの生活や評判を傷つけないことを保障する倫理的義務はないのだろうか？　同紙の編集者たちはこの問題について議論を重ねており、いくつかの件では誤りが立証された時点で、古い記事への訂正を載せた、とホイトは記している。

同紙の苦境は、執拗だが順応性のあるウェブ上の記録に関するより大きな課題を浮き彫りにしている。ハーヴァード大学の公共政策学教授、ビクター・マイヤー・ショーンベルガーは、新聞社は「社内のアーカイブから一部の情報を、まさに人間のように、「忘却」するようプログラムすべきである」とホイトに語ったという。

古代から、人間は基本的に重要な事柄だけを記憶し、取るに足らないことは忘れてきた、と彼は言う。コンピュータの時代はそれを根底から覆した。いまでは、たとえ些細だろうが重要だろうが、大昔のことだろうが最近のことだろうが、完了したことだろうが変遷した事態だろうが、ありとあらゆるものが永遠に残る。彼の論理に従えば、「タイムズ」紙は、ニュース記事のような、膨大な苦情が寄せられるものに関しては、少なくとも一般からのアクセスに対し、比較的短い期間内に期限切れとなるようプログラムしてしかるべきだろう。重大性の高い記事は、長めに、あるいは無期限に設定すればよい。

報道機関やその他企業は、検索エンジン最適化――通称SEO――を活用し、積極的にウェブ上の記録を操作している。従来は見つけ出すのが困難になるにつれて次第にあいまいになっていっていた情報をウェブに「記憶させる」ようプログラムしている。ウェブに記憶という能力を与えるならば自然に昔のことを忘れるようにプログラムするべきだろう。情報を消去するのではなく、情報によっては漂うに任せる、言わば、ウェブの意識の後方へと向かうようにするべきではないだろうか？

創造性のための手段

二〇〇七年一〇月一四日

今日、「アトランティック」誌の最新号をぱらぱらめくっていたら、発明家で事業家のレイ・カーツワイルのこんな有意義な話に出くわした。「創造のための手段は、いまや民主化されている。たとえば、安価でも高解像度のビデオとパーソナルコンピュータがあれば、誰でもクオリティの高い長編映画をつくることができる」。ごもっとも。鉛筆の発明が、誰でもクオリティの高い長編小説を書けるようにしたのと同じように。それに、うちのガレージのあのノコギリが、わたしにクオリティの高い等身大の整理ダンスを作れるようにしてくれているのとまったく同じように。

ヴァンパイア

二〇〇七年一〇月二三日

人は、密接に関わりを持った相手について多くのことを知るためには、充分に聡明でなければならず、また関心を注がねばならない。彼女について。あるいは彼について。しかし、生きている人間について、それがいかなる人間であろうとも、知ろうとすることは、その者から人生を搾取しようとすることである……。それは吸血鬼のような搾取者の誘惑であり、それが知識ということなのである。

——D・H・ローレンス

ある怪物が大衆文化に侵入すると、その獣性にはほぼ必ず、社会が共有する恐怖が投影され、根底にはあっても、まだ大衆の意識として表面化していない不安が浮き彫りになる。現在、アメリカで最も人気を博している映画は、『30デイズ・ナイト』というヴァンパイア映画である。ステファニー・メイヤーのヴァンパイアシリーズ小説『トワイライト・サーガ』はミリオンセラーを記録した。フェイスブックのゲームで最もよく遊ばれているのは「ヴァンパイアーズ」で、それは友人の血を吸うことでポイントを稼ぐ。どこもかしこもヴァンパイアだらけなのである。

ヴァンパイアにまつわる物語は、大昔から強い影響力を持ち、その起源は少なくとも四千年前まで遡る。ある研究者は、「それぞれ異なる伝説には文化的な違いが見られるが、ヴァンパイアものには決定的な特徴がひとつある。それは、ヴァンパイアが血を吸うこと。他人の血を吸うことで自分の命を永らえる」と述べる。ヴァンパイアは、怪物のなかでは珍しく、暴力に訴えるのではなく、人を惑わして目的を遂げる。「ヴァンパイアは身体をずたずたに引き裂くことも、めった切りにすることも、心臓を突き刺すこともしない。招き入れるよう誘導し、たいていの場合、餌食となる者が身につける十字架を自ら取り去るよう諭し、小さく巧みに彼女の首筋を咬《か》む。愛のひと咬み、つまり死の口づけをして、自分が生き延びるために必要な血を吸うのである」。犠牲者は進んでその身を差し出す。彼女たちは度重なる訪問が続いてからようやく、「自分を失う不思議な体験」に気づきはじめるのだ。

今日のインターネット界の巨人らの戦略は、ヴァンパイア的と言うのが最もふさわしいのかもしれない。彼らの最たる目的は、わたしたちを「知る」ことであり、わたしたちの情報という生き血を自分たちのデータベースに送り込むことである。その渇望は抑えることができない。彼らが生き延びるためには、わたしたちの隠されている生活と願望の一つひとつを吸う必要がある。そしてわたしたちはこの誘惑を嫌がりはしない。それらの企業を歓迎し、自宅や暮らしに招き入れる。それは、彼らの手土産、与えられる利便性を求めるからだ。しかし、うなじを差し出すまさにそのとき、わたしたちはあの自分を失う不思議な体験を味わう。空虚になり、自分の輪郭がぼやけはじめているのを感じる。

灌木の陰でゴミを食らう

二〇〇七年一〇月二八日

今日の「オブザーヴァー」紙に書かれていたのは、プライバシー権の代弁者ニック・ローゼンによるコンピュータ制御の監視をすり抜けるための実用的な提案だった。ちなみにわたしが「実用的」と書くときは本気じゃないのであしからず。

ローゼンの勧める携帯電話の購入方法はこうだ。「かつて一度も足を踏み入れたことのない町の監視カメラのないエリアまで行き、ホームレスに頼んでプリペイド式携帯電話を買ってもらう。そうすれば、どの店舗のカメラにも自分の映像は記録されない。匿名の携帯電話も手に入る」。

公益事業者による追跡を避けるためには、電気、ガス、水道の利用を止め、「ソーラーパネルと雨水」で暮らす。「世の中には何万という人びとが、人里離れた小屋で、キャラバンを組んで移動しながら灌木の陰で、あるいは草原で集団生活をしながら移設可能なパオで、電気も上水も下水設備もなく暮らしている」とローゼンは言う。

食糧を得るためにも、もし監視を避けたいのであれば、「システムがおよばない場所で買う」必要がある。食糧雑貨品を露天で物々交換して手に入れるか、あるいはスーパーマーケットのゴミ箱から回収した食べ物だけで生きる「常勤ゴミあさり軍団」に加わる。

ローゼンが記事の終盤で認めるように、彼の提案の多くはこっけいにしか映らないはずだ。そこがポイントなのだろう。わたしたちは自分の暮らしをマーケターやスパイにあまりにもさらけ出しているので、この後におよんでの抵抗はばかげたことと思えるのだ。いま「自給自足」を目指すことは、移動式パオで暮らし、棄てられたキャベツの傷んだ葉を囓《かじ》って生きる対抗的諜報活動団員、秘密工作員になるのとほぼ同じことなのである。

ソーシャル的賄賂

二〇〇七年一一月六日

「百年に一度、媒体《メディア》は変化する」。少年プログラマーから一大思想家へと転身したマーク・ザッカーバーグは今日、ニューヨーク市で開かれた「フェイスブック・ソーシャル・アドバタイジング・イベント」でこう言明した。その通りだ。千年、二千年前を振り返れば、世紀ごとに規則正しく媒体が大きく変化しているのがわかる。洞窟壁画は百年続き、その後に狼煙による信号の時代が訪れ、それも百年、そして当然ヨーデルによる伝達も百年、それから印刷機がちょうど百年前に発明され、今日この日、フェイスブックが百年ごとの聖火を受け取り、それを手に走り出した。ザッカーバーグは言った、「次の百年間は、広告における変化が起こる。今日それがはじまるのだ」

そうだ、今日が次の広告百年の初日となるのだ。

わたしはザッカーバーグが「媒体《メディア》」と「広告《アドバタイジング》」のふたつをいっしょくたにしてしまうやり方が好きだ。それは雑音をはねのける。単純化する。主流メディアにとらわれている年寄りどもはほっておけ。論説は記事形式の広告だ。媒体とは、われわれのスポンサーからのコマーシャルなんだ。

マーケティングは対話的、広告活動は社交的である、とザッカーバーグは言う。そこにはブランディングに結び付かない親交はなく、金銭的利益を生み出さない友情はなく、ひとつの価値交換も伴わないキスはあり得ない。「フェイスブック広告の機能」について、プレスリリースではこう説明している。「ソーシャル広告は、メンバーの友だちのソーシャルアクションを連動させ、たとえば商品の購入やレストランの評価といったように、広告主の趣意に沿う行動を促します」。ザッカーバーグがソーシャルグラフ［ネット上の人間の相関関係やその結び付きを表す図表］と称するものの正体は、実はソーシャル的賄賂の土台となるものなのだ。

フォーチュン五〇〇社［「フォーチュン」誌が年に一度発表する、米国および海外企業の各売上上位五〇〇社のリスト］には、フェイスブックの新たなサービスを利用する企業が名を連ねる。大手のコカ・コーラもそうだ。

コカ・コーラ社は、ブランド商品のスプライトを新しいフェイスブックページで特集し、ユーザーに「Sprite Sip」というアプリケーションを自身のアカウントにインストールするよう促す。ユーザーは、アニメのSprite Sipキャラクターの作成や設定、それを使っての会話が可能となる。アメリカ国内の消費者向けには、スプライトの二〇オンス入りボトルのキャップ裏に記載されているPINコードを入力して特別な機能やアクセサリーを手に入れることで、よりその体験を楽しめるようにする。Sprite Sipのキャラクターを介して、フェイスブック上の友だちと交流することもできる。それに加えて、Sprite Sip専用のフェイスブックページを新たに作って一連のソーシャル広告を打ち出し、口コミの影響力を活かし、広くフェイスブックユーザーへアプリケーションを浸透させるよう努める。

わたしを誘ってちょうだい。あなたについて行くわ。

なんて見事なシステムなんだ。まず信頼して個人情報をあずけてくれる顧客を作る。それから、その顧客データを広告主に売り、それに加えて顧客をその広告の媒介者に仕立て上げる。それでその見返りとして顧客がもらえるものは？　仲間と交流するのに使えるSprite Shipのアニメキャラクターがひとつ、というわけだ。

チューリングテストを出し抜いたセックスボット

二〇〇七年一二月八日

ロシアの詐欺師連中が、CyberLoverと称する人工知能をウェブにまき散らしている。それはチャットルームで恋人になるふりをして、好色な紳士たちを誘惑し、犯罪に利用するための個人情報を聞き出すものである。驚くことに、ソフトウェアは巧妙にもターゲットに本物の人間である――セックスポット［色っぽい女性］であり、セックスボットではない――と信じ込ませているらしい。「CyberLoverのチャット機能は非常に優れており、被害者は「ボット」と、現実の女性とを区別できなくなっている」と、メディアサイトCNETはセキュリティー研究者たちの調査を引き合いに報じた。「ソフトウェアは処理も素早く、三〇分で最大一〇人と新たな関係を成立させている」

人工知能判定テストはついにほかでもないセックスマシーンに出し抜かれ、真の人工知能が生まれたのだろうか？　たしかにこのボットは人間を騙すことが出来たが、この飛躍的発展は、バリー・ボンズのホームラン記録のように、注釈を付けなければならないだろう。研究によれば、性的興奮状態に入ると、人間の知力は急激に低下するからだ。CyberLoverがドーピングをしているとまでは言わないが、他の人工知能候補に比べて格段に優位なのは明らかだ。

セックスボットの成功にはひとつの大きな教訓がある。もし人工知能を人間の知能を凌ぐまでにしようとするなら、ふたつの選択肢がある。機械をより賢くするか、人をよりふぬけにするかだ。後者が「技術的特異点《シンギュラリティ》［コンピュータの知能が人間を超える現象、またはその瞬間］」への最短の道であろうことをCyberLover は暗示している。

見通しのよい世界を検証する

二〇〇八年一月三一日

イングランド南西部に位置するバロウ・ガーニーの住民たちは、自分たちの村をデジタルマップから削除するよう求めている。バロウ・ガーニーは、世界中の数多くの町と同じように、GPSシステムのナビに機械的に従う運転手の車とトラックで溢れている。ふたつの地点を結ぶ最短ルートはときに、かつては静かだった地域やへんぴな集落のど真ん中を横切る。

新世代のデジタルマップは、事態をさらに悪化させる可能性がある。それは直接インターネットに接続し、交通渋滞や事故、道路工事に関する情報をリアルタイムでドライバーにストリーム配信する。Dash Expressというその種の新システムが、ラスベガスで今月開催されたコンシューマー・エレクトロニクス・ショーで披露された。新たなテクノロジーが「交通渋滞に永久に終止符を打つ」であろうとの触れ込みだ。

そうなれば最高だが、果たしてそうであろうか。わたしたち全員が、道路状況について同じ程度に正確で、同じ程度に最新の情報を持つとすれば、おそらくわたしたちは一様に似た対応を取るだろう。交通渋滞が生じている場所を避けようと一斉に動けば、別の地点で渋滞を引き起こす。情報が一律に伝達されることなどほとんどなかった昔を懐かしむ日が来るかもしれない。

これは情報の透明性に関する問題である。誰かが知っていたことをわたしたち全員が知った場合、集中を避けるのはそれまで以上に難しくなる。最高の波を探すことに命を賭けているサーファーに訊けばよくわかる。かつてはお気に入りのスポットを秘密にし、人が少ない場所で黙々と波乗りを楽しめた。だがここ数ヶ月のあいだに、人里離れた海岸線に「サーフ・カム」と呼ばれるビデオカメラが次々と設置され、ネット経由でその映像がストリーミング配信されはじめた。カメラのおかげで、かつては隔絶されていた海辺には、新米サーファー連中が群れをなすようになった。それが「サーフ・カムへの怒り」となって爆発した。本格的なサーファーたちは、情報の透明性の潮流を変えるかもしれないとの望みを胸に、見つけたカメラをことごとく叩き壊すようになったのである。

そんな器物破損行為で胸がすくかもしれないが、無駄である。ひとつ残らずカメラを破壊しようが、またその場所に新しく設置されるだけのことである。ストリーミング配信可能なものはなんであれストリーミング配信されるのだ。

インターネットが可能にした情報への手軽なアクセスにはよい面もたくさんある。崩されて然るべき壁のいくつかは崩されつつある。それと同時に、情報の透明性は、いままで優位とされてきた勇ましさや辛抱強さや工夫といったものを無下にしてもいる。隠れた浜辺の沖で最高の波を発見した果敢なサーファーは、マウスを数回クリックしただけで同じ波を見つけられる怠け者の群れに肘で押しのけられる。職場までの近道を見つけようと、地図を調べ、脇道を探し回る勤勉な通勤者は、ある日突然、GPSが導いた群れの渋滞に巻き込まれる。

見通しの悪かったもののすべてが透けて見えるようになるにつれ、私たちの内なる勇敢さは、未知の領域に向かって突き進もうとする意欲を失ってしまわないだろうか。ありとあらゆる秘密が、一ビットのあいだに一般常識になることの利点とは、いったい何であろうか？

「ギリガン君ＳＯＳ」のウェブ

二〇〇八年五月一四日

ひたすら削除に尽力する者たちの努力もむなしく、あいまいで難解、さらに短命という Wikipedia の確かたる栄光は続いている。他のどこを探しても、アニメキャラクターやビデオゲーム、古いソフトウェア言語、ＳＦのなかにしか存在しない機械の性能などについて、これほど丹念に書かれた記述は見られまい。いずれにしても、ウィキペディアは、真実追究に没頭する青臭い男どもの病的なまでの脅迫観念でできた記念碑である。性的衝動がこれほどまでに雄弁だったことはない。

わたしのお気に入りはなんといっても、一九六〇年代の連続コメディドラマ「ギリガン君ＳＯＳ」の全容を見事に記した項目である。そこでは番組そのものを余すところなく網羅しているだけでなく、登場する漂流者一人ひとりの独立した記載もある。ギリガン、船長、教授、メアリー・アン、ジンジャー、サーストン・ハーウェルⅢ世、ハーウェル夫人――同様にそれぞれを演じた役者たち、不運なミノウ号。さらにはこれを元に制作された続編のテレビ映画にも及び、一九八一年の最高傑作「ギリガン君とハーレム・グローブトロッターズ」も含まれる。そのなかでも特に素晴らしいのは、シリーズ九八話の全エピソードの注釈付きリストで、色分けされた「訪問者、動物、夢、竹細工発明」の説明まである。

この現象はウィキペディアだけにとどまらず、さらに広範に及ぶ。ウェブにおいての「ギリガン君Ｓ

OS」は、ユーザー作成コンテンツの世界で絶大なる力を維持する。登場する七人のキャラクターをありとあらゆるドラマティックなあるいはエロティックな状況に配した膨大な数の二次創作作品。丹精込めて作られたユーチューブの映像や、永遠の問いである「メアリー・アンとジンジャー、どっちがかわいい？」を突き詰めた専用のフェイスブックページ。実のところ、もしウェブ2.0の名前を変えるよう求められたら、マスメディアのポップカルチャーの所産と、オンライン上の大部分のユーザー作成コンテンツとの共生関係を明確にするためにも、ギリガン君のウェブと名付けようと思う。

だから、数日前、ニューメディア研究者クレイ・シャーキーのウェブ2.0コンファレンスでの最近の講演原稿を読んで、わたしがどれほど面くらったか想像してほしい。ギリガン君SOSとウェブ2.0は、歴史の著しい変遷の中で実質的には抵抗勢力となっていたというのである。シャーキー教授は、わたしたちとは異なるウェブでサーフィンしているとでも言うのだろうか？

シャーキーにとって、「ギリガン君SOS」に代表されるテレビの連続コメディドラマは、「重要な意味を持つ二〇世紀のテクノロジー」だった。なぜか？　それは第二次世界大戦以降の数十年間、突如として人びとが得ることになった自由な時間をことごとく吸いつくしたからである。連続コメディドラマは、「実質的に一種の認識力の放熱板として機能し、さもなければ蓄積され、社会を過熱させたであろう思考を散逸させている」。シャーキーがここで言う社会の過熱の意味がいまひとつはっきりしないが、とにかくWWWと、その「参加の構造」の時代になってようやく、「思考の余剰」がわたしたちに急に何か生産的なことができる余裕を与え、ウィキペディアの記事を編集したり、オンラインゲーム「ワールド・オブ・ウォークラフト」一族のエルフのキャラクターで遊んだりできるようになったらしい。シャーキーは次のように語った。

「ギリガン君ＳＯＳ」のエピソードで、彼らが間もなく島を脱出するというときになってギリガンがへまをし、それがかなわないという場面を見たことがないだろうか？　わたしは見た。子どものころその場面を何度も見た。それは三〇分番組だったのだが、その三〇分間はいつも、ブログへの投稿も、ウィキペディアの編集も、メーリングリストへの投稿もしていなかった。さて、それをしなかった決定的な理由とは、そのどれひとつも当時は存在しなかったからだ。昔はそれしか選択肢がなかったからメディアの流れに乗るしかなかった。でもいまは違う。そしてそれは驚異的なことだ。地下室に座り込んでエルフになりきるのがちっとも面白くなくとも、体験的に言えるのは、地下室に座り込んでジンジャーとメアリー・アンのどちらがかわいいか決めようとするほうがもっとつまらないということだ。

シャーキーがここでやっているのは、長きに渡りユートピア的なふれこみをされてきたネットの解放神話を描き直す作業である。その神話は、ウェブ到来以前のわたしたちの生活（ＢＷ：Before Web）とありがたいウェブ到来以後のそれ（ＡＷ：After Web）とを明確に分けている。暗いＢＷの時代、わたしたちは受動的なカウチポテト族で、シャーキーに言わせれば、「昔はそれしか選択肢がなかったからメディアの流れに乗るしかなかった」。わたしたちは流木で、「メディア」が課す流れのままに漂っていた。みな、シャーキーの言うところのかび臭い地下室に囚われていた。神話は続く。ウェブはわたしたちを解放した。もうこれ以上受動的消費の流れに乗ることを強いられない。わたしたちは「参加」ができる。「共有」ができる。「生産」ができる。テレビ画面からコンピュータ画面へと顔を振り向けたときに、首輪を外したのだ、と。

ウェブがメディアの構造を変えたことには誰も異論はないだろうし、そこから予期しない重大な問題も派生するだろう。よいものもあれば悪いものもあるだろうし、結果がどう出るかは何もわからない。しかし、BWの時代は、「思考の余剰」をもって何か「面白いこと」はできなかった——唯一の選択肢がテレビを見ることだったというシャーキーの見解はどうだ？　ばかげている！　クレイ・シャーキーなら一九九〇年以前、自分の時間はすべて地下室にこもって連続コメディドラマを見ていたのだろう（かなり疑わしい）が、わたしもその暗愚な時代を生きてきたのであり、総じて多くのことが起きていたように思う。

わたしも友人も「ギリガン君SOS」を見ていたか？　もちろん、見ていただろうし、充分楽しんでいた（シャーキーよりは少しばかり皮肉っぽく距離を置いていたが）。ブラウン管から配信される連続コメディドラマや同類のくだらない番組を見るのは、生活の一部だった。だが、生活の中心であったわけではない。わたしの知る大多数は、活発に「参加」し、「生産」し、「共有」し、おまけに、象徴的なメディア領域だけでなく、現実の物質世界でも活動していた。八ミリ映画を撮影し、バンドを組んでドラムやギターやサックスを演奏し、歌を作曲し、詩や小説を書き、絵を描き、写真を撮り現像し、漫画を描き、車を改造して速度を上げ、凝った風景の模型を作り精巧な模型鉄道を敷設し、本を読んで映画を観てレコードを聴いてそれについて夜を徹して語り合い、精神に変化をもたらす物質を試し、自発的に政治運動に参加し、個々の大義をもって抗議活動を行い、他にももっともっと多くのことをしていた。悪いが、単一のメディアが牛耳る流れにはまっていたのは、漂う哀れなゴミ片みたいな、偏屈で社会性に欠けるやつ以外いなかった。

トム・スリーは、シャーキーの近著（『みんな集まれ！　ネットワークが世界を動かす』の書評において、ネットの解放神話から光り輝く虚飾の数々を引き剥がした。その著書でシャーキーは、その聡明な頭脳で仮想コミュニティの社会的、経済的力学についてわかりやすく解説した。しかし彼は、スリーが指摘するように、ここでもまたBWとAWのあいだに過度にはっきりとした境界線を引くことで、ウェブへの情熱に耽溺《たんでき》している。

シャーキーはインターネットを考察し、多数のグループが形成されていると指摘する……世界は新たな集団志向で光り輝き、それはこれまでにない類のものだと結論づけた……シャーキーは、ベラルーシでのデジタル技術の活用によって生まれた新しい形の抗議活動について事細かに述べているが、たしかにそれは興味をそそる事例ではあっても、わたしたちに本当に必要なのは……意のままに使えるこのようなグループ形成の手段があり、イラクとの戦争で神話の崩壊が実証されたにもかかわらず、先の戦争と比較して、なぜここまで一貫した抗議行動が少ないのかを問うことである。いまの社会は、インターネットのおかげで、以前より民主的に、より協力的に、より協同的になっているというは紛れもない事実なのか？　わたしはそうは思わない。

スリーが示すように、歴史を振り返れば解放の神話は消え失せる。「ギリガン君ＳＯＳ」の初回テレビ放映は一九六四年から一九六七年で、その社会的受動性ばかりでなく、社会運動もまた注目すべき時代であったことは思い出して然るべきである。それは文化や芸術分野における探求や創作が活発な時代であり、加えて抗議活動も幅広く行われていた時代でもある。人びとはかなり大規模な――そして極めて現実的な――グループを結成し、公民権、反戦、フェミニスト、黒人至上主義、サイケデリック・ムーヴメントなど、ありとあらゆる種類の運動に参加していた。地下にこもってはいなかった。通りに出ていたのである。

もし「ギリガン君ＳＯＳ」や他のテレビの馬鹿話でひとり残らず無気力にされていたとするなら、一九六六年、一九六七年、一九六八年を的確に説明するにはどうすればいいのか？　つじつまが合わないのである。実際、一九六八年と二〇〇八年を対照させはじめると、結局、ウェブは社会運動のエンジンではなく、社会的受動性のエンジンなのではないかと考えるようになってくるだろう。それでも、と反論するのかもしれない。ウェブは、人びとの「参加」と「共有」への欲求をかき立て、政治的に、商業的に受け入れ可能な媒体へと送り込むじゃないか――わたしたちを役者にし、空想の種族の空想のエルフに変えるじゃないか、と。

ちなみにより重要な問いに答えておくならば、そりゃメアリー・アンさ。

コンプリート・コントロール

二〇〇八年九月三日

ザ・クラッシュの「コンプリート・コントロール」は、中盤に刺激的な瞬間がある。ミック・ジョーンズの軽快でアナーキーなソロの途中で、ジョー・ストラマーが「おまえはオレのギターヒーロー《ユーア・マイ・ギター・ヒーロー》だ!」と叫ぶのである。ここで、彼はふざけていると同時に本音も漏らしている。「コンプリート・コントロール」は、セックス・ピストルズの「アナーキー・イン・ザ・UK」やエックス・レイ・スペックスの「オー・ボンデージ・アップ・ユアーズ!」と並び、退廃を通して再生するというパンク精神を最も体現したもの。表向きにはレコード会社の権力に対する攻撃だが、クラッシュはこれを棍棒として振りかざし、目に見えるあらゆる制約、自分たちのファンに対する力までをも打ち壊している。ポップという機械の速度を、壊れてしまうほどまでに加速させ、ストラマーの叫びで曲のクライマックスを迎えるが、これはパンクの反抗運動全体のクライマックスかもしれない。ストラマーは、自らをオーディエンスの崇拝の客体であると同時に主体にすることで、ファンを消費者という定められた役割から解放する。ファンの行為を転覆の行為に変えることで、ファンの世界を転覆させる。バンドはファンで、ファンはバンドであり、両者が一体となって、制作者と消費者の大きな力学を超えたところに立つのである。

「おまえはオレのギターヒーローだ!」

ストラマーがよく理解していたように、それは無常の行為である。曲が終わると、魔力も消える。三分間、わたしたちは「コントロールする力を持つ」——あるいは、より正確に言えば、「コントロールできない状態になる」——が、それが過ぎると、定められたアイデンティティに再び支配される。一九七七年の後半にシングルが出たとき、わたしは友達とこの曲を何度もかけ、そのたびに期待が満たされ、幻影に浸れた。コントロール不能なものになりたかった。とはいえ、「コンプリート・コントロール」を聴くことは、すでに、ノスタルジーに浸る行為でもあると、わたしたちにはわかっていた。ジョン・サヴェージが『イングランズ・ドリーミング』に書いているとおり、この曲は「没落しゆくパンクの自由への賛歌」なのだった。

ストラマーは二〇〇二年に亡くなったから、ビデオゲーム「ギターヒーロー」の新作に収録されたこの曲を見るという悲惨な目には遭わずに済んだ。ゲームの色分けされたアニメーションの世界で、「コンプリート・コントロール」は完全《コンプリート》なパロディと化している。クラッシュの転覆の完璧な転覆であり、スコアを記録するメカニズムによって、アナーキーがルーティンに変わっている。いま、ストラマーが「おまえはオレのギターヒーローだ!」と叫ぶとき、それは広告行為、呼び売り商人のシニカルな客寄せ文句なのだ。ストラマーの叫びは、相互の解放の瞬間ではなく、ひどく気味の悪い瞬間になる。そのアイロニーはあまりにも大きいから、もはやアイロニーなどないと決め込み、「コンプリート・コントロール」はいつだってポップソングに過ぎなかったと自分に言い聞かせる以外に逃げ道はない。

「ギターヒーロー」の人気は、社会評論家のロブ・ホーニングを当惑させている。「もっとインタラクティヴに音楽を楽しみたいなら、ダンスをしたり、エアギターをしたりすればいいではないか。それに、ギターを持つことに魅力を感じるなら、実際に弾く練習をしてみればいいではないか。Xboxと「ギターヒーロー」を買うお金があれば、かなり立派なギターを買うことができる」。ホーニングは、どうやら、「プロシューマリズム」〔消費者が生産的行為も同時に行うこと〕のポイント、すなわち、創造性の消費行為への変容という広く崇められている現象がよくわかっていないようだ。プロシューマリズムの喜びとされるものを理解していないのだろう。彼はこう続ける。「「ギターヒーロー」は（ツイッターと同じように）旧世代にはまったく理解できないものであり、難しさを受け入れようとしない社会の大きな流れのひとつの現れだと感じずにはいられない」

ホーニングは、気晴らしになるとはいえ取るに足らない「ギターヒーロー」のような娯楽が、有意義な行いの安易な代替物になっていると説明するにあたり、政治理論学者ヤン・エルスターの著作を参考にしている。一九八六年出版の『カール・マルクス概論』のなかで、エルスターはシンプルな例を用い、才能を伸ばすという厳しい行いと物を消費するという楽な行いの精神的な違いを説明している。

ピアノを弾くこととラムチョップを食べることを比較してほしい。初めてピアノを練習するとき、それは難しく、苦しいほどだ。それに対して、初めてラムチョップを食べるとき、大半の人はそれを楽しむ。しかし、時が経つにつれ、これは逆になる。ピアノを弾くことが徐々に満足感を味わえるものになるのに対し、ラムチョップの味は、繰り返し頻繁に食べると飽き飽きしてくる。

エルスターはさらにこう話を広げる。

自己実現の営みは限界効用が大きくなっていきやすい。従事すればするほど、楽しめるものになるのである。消費については正反対のことが言える。消費から持続的な喜びを得るには、多様性が不可欠である。多様性は、一方で、自己実現の妨げにもなる。より満足感の大きい次のステージに進ませてくれないのだから。

これを受けてホーニングはこう述べている。「消費主義社会は、わたしたちに多くのものを与え続けており、幅広いものを提示するインターネットがこれを計り知れないほど加速させたことで、わたしたちの存在を豊かにしているように見える。……しかしその代償として、わたしたちは何かを習得したという感覚を抱くことがなくなってしまった。習得することが可能だ、あるいは目指す価値がある、という感覚を徐々にむしばんでいる」

理想の消費者の状態は永久に気が散っている状態だ。なんといっても、気を散らすことは大いにプログラム可能なものなのだから。ギターを買うことは可能性を開くことだ。「ギターヒーロー」を買うことはそれを閉ざすことである。ホーニングの記事にこのようなコメントを書いた人がいる。「個人的には、「ギターヒーロー」が生み出しているラディカルな変化は、音楽を客観的に計れる営み、わたしたちのプロテスタントの労働倫理に馴染みやすいものに変えたことだと思います。質的業績指標に重きを置く企業のやり方を音楽の領域に持ち込んで、ありきたりな主観的な楽しみを過去のものにしたんです」。

コントロールしているのは誰だ？

デジタル化情報はすべからく集中すべし

二〇〇八年一〇月一九日

「求心力とは」と、アイザック・ニュートンは書く。「物体を、ある中心となる一点に向かって引き、あるいは押し、あるいは何らかの方法でそのように仕向けようとする力である」。これこそ、いまウェブで起きている現象を表すのに最適だ。

二〇〇五年に遡るブログ開始当初、わたしは自分のブログがどう言及されているかをチェックしたり、書きたいと考えていたテーマに関する議論を追うため、当時人気だった検索エンジンテクノラティのサイトを日に何度も訪れていた。だが、この一年というもの、ブログ検索の習慣が変わった。テクノラティの補完としてグーグルブログ検索を使いはじめ、そのうちまったく無意識のうちにグーグルブログ検索一筋になった。いまとなっては、最後にテクノラティのサイトを訪れたのがいつだったのかさえ思い出せない。正直なところ、いまも残っているかさえわからない。

テクノラティの技術的な欠陥がこの原因のひとつだった。ブログ検索にはテクノラティのほうが確実だったかもしれないが、結果の表示が遅いことがたびたびあり、まったく出てこないときもあった。大量のトラフィックを処理するとなると、テクノラティはグーグルの供給力には太刀打ちできなかった。しかし、それは即応力や信頼性の問題だけではなかった。ウェブサービスを複合的に提供する企業として、グーグルはキーワードを一語入力すれば、そのサイトから容易に異なる検索が連続してできた。検索のたびにグーグルがすべての検索結果のページの上部に表示するさまざまな検索エンジンをクリックすれば、ウェブ検索をし、次にニュース記事を検索し、それからブログを検索できる。グーグルが一番無駄の少ない方法を提供してくれ、わたしはそれを選んだ。

今日このことを思い出したのは、人びとがオンラインフィードリーダーのブログラインに見切りをつけ、代わりにグーグルリーダーを使うようになっているとの記事を読んだからだ。促進力となったのは、ここでもまた、ブログラインの欠陥へのフラストレーションと、巨大企業グーグルによる適切かつより便利な対抗馬、その両方が関係しているようだった。

ＷＷＷが浸透しはじめた一九九〇年代を通じて、強力な遠心力を振るっていた。大手報道機関系列の軌道に周回するわたしたちを引き剥がし、情報宇宙のはずれへと放り出した。ヤフーなどの初期のポータルサイトやオルタヴィスタなどの初期の検索エンジンは、その欠点が何であれ（たぶんその欠点のせいで）、個人のウェブページやその他の取るに足らない目立たない、しばしば風変わりな情報源へとわたしたちを誘導した。当初のブロガーも、それらの珍しいサイトを探し出し宣伝して得意に思っていた。そして当然のことながら、大手報道機関系列はウェブへの移行が遅々として進まず、よって彼らの重力場は脆弱もしくはオンライン上にはまだ見あたらなかった。ひところまでは、ありていに言えば、ウェブには主流などなかった。小川やせせらぎ、ところどころにビーバーの棲む澱みがあるだけだったのである。

それは、人びとが周りを見渡し、ウェブは常に集中化に抗っていると納得することができた時代であった。しかし、その見方は、当時といえども幻想だった。ウェブの遠心力への抵抗勢力――人びとを情報の集まっている中央部に呼び戻そうとする求心力――は、着々と築かれていた。ハイパーリンクは、人気サイトの人気を増幅させるのに役立つフィードバックループを作っており、グーグルといった現代の検索エンジンがリンクやトラフィック、その他人気を測る指標を基にページをランク付けしはじめるようになると、それはさらに圧倒的な力を持つようになっていった。短命サイトにも光を当てていたサービスも、それらをふるい落とすようになった。外に向かっていた道は、カーブを描き再び中心へと向かいはじめた。

同時に、似たような理由から、規模も問題になりはじめた。それもかなり。主流報道機関系列はオンラインに引っ越し、ブランド名の入った魅力的な巨大プールを作り出した。検索エンジンやRSSが爆発的に広がり、彼らに富と技術的優位性――とりわけ群を抜くスピードと信頼――を築くための経験的知識を与え、常に顧客を惹き付け離さないことがその証となった。マスコミ界の勝者独り勝ち「ネットワーク効果」が根づいた（誰しも人が集まるところにいたいのだ）。そして当然、人びとは本来の怠け者へと戻り、未開の地から踵を返し、踏み固められた道をたどりはじめた。一回のグーグル検索で何千という結果が出てきたとしても、わたしたちはめったに最初の三件以上を確かめようとはしない。利便性と好奇心が争えば、たいがい利便性が勝つのである。

ウィキペディアは、ウェブの求心力における自己増強を示すひとつのよい例である。よく使われるオンライン百科事典は、人間の知識の集積というよりも人間の知識のブラックホールである。コピペによる言い換えの壮大な実践であるウィキペディアは（そもそも独自の考えを載せることは明確に禁じられている)、まずは他のサイトからコンテンツを吸い込み、次にリンクを吸い込み、その後検索結果を吸い込んでから、読者を吸い込む。そして「ノーフォロー」タグを付けることで、検索エンジンがその記事が参照するリンク先の評価を防止するため、検索結果におけるウィキペディアの覇権はどんどん強化される。光は入るが、出て行かないというわけだ。ウィキペディアについて語られないことのひとつは、小さな専門性の高いサイト、たとえばかの卓越したスタンフォード哲学百科事典などへのアクセスを吸い上げている点である。しかしそのようなサイトのほうが、取り扱うテーマについて多くの場合より優れた情報源なのである。いまやウェブコンテンツを作る際に外部リンクとしてウィキペディアは真っ先に参照されるが、それはウィキペディアが最高の情報源だからでなく、最も知られている情報源だからであり、基本的にそれで「事足りる」からである。ウィキペディアは怠惰な野郎ども——無論怠惰な女性たちを除けばということだが——しか貼らないリンクなのである。

クリス・アンダーソンのいうところのロングテール[主要な売上品以外の商品も品数を揃えることで全体の売上が上がる現象]のコンテンツは、いまもネット上に存在するが、ウェブにおける形勢逆転にはほど遠く、その尻尾は退化した器官の様相を呈している。切り落としてしまえ、気付く者などいやしない。ネット上で切り棄てられてゆくにつれ、万物は大きなほうへと引き寄せられてゆく。かくして、中心が覇者を握るのである。

復活

二〇〇九年二月一六日

「シンギュラリティ」――人工知能（ＡＩ）が人間の知能を超越し、人間を不必要とすると同時に不死の存在へと変えるとされる瞬間――は、「ギークの歓喜」と言われている。しかし、シンギュラリティの提唱で名高いレイ・カーツワイルにとって、それは笑い話ではない。「ローリング・ストーン」誌のインタビューでカーツワイルは、シンギュラリティに到達した時点で、生者を永遠に（その精神をコンピュータにアップロードすることで）存続させるだけでなく、死者をも（生の本質たる情報を再編成することによって）復活させられる可能性について述べている。生命はデータであり、データは死に絶えることがない。

カーツワイルにとって、未来のありようはきわめて確かなようだ。人工知能とナノテクノロジーの進化によってほどなく、蘇生装置、単に個人の面影だけでなく、それを生命ある存在として生み出せる一種のポラロイドカメラのようなものが創出される、と予見する。彼はとりわけ、愛する父親、カーツワイルがまだ二二歳の一九七〇年に死亡したフレデリックとの再会を待ち焦がれている。

穏やかな口調で、彼は復活の仕組みを説明した。「埋葬場所付近から父のＤＮＡをいくらか採集できるでしょう――そこにはたくさんの情報があります」と言う。「AIがナノボット［ナノテクノロジーを使った超小型ロボット］を送り込み、骨や歯を採取して複数のDNAを抽出し、それらをすべてひとまとめにします。その後わたしの脳や、父のことをまだ記憶している人びとから情報を集めます」……ナノボットにより多くの情報を与えるため、カーツワイルは父親の形見の品々を収めた箱を大切にしており、AIができる限り多くのデータを得られよう準備している。

DNAの鎖と記憶の鎖をねじり合わせて父を生き返らせたいというカーツワイルの夢は、あまりにも痛ましい。まるでエドガー・アラン・ポー、さもなくば、ジョイス・キャロル・オーツの作品のような、異世界的な、しかしおしなべてアメリカの切なる望みを描いた物語に思えてしまう。死とは、最も論理的な人間でさえも惑わしてしまうのである。

ロック・バイ・ナンバー

二〇〇九年八月一八日

人気ビデオゲームシリーズの最新作「ザ・ビートルズ：ロックバンド」の来月のリリースは、千年に一度とは言わないまでも、今年最大のカルチャー・イベントになろうとしている。このゲームは、「ニューヨーク・タイムズ」日曜版のダニエル・ラドッシュによる素晴らしい記事で取り上げられ、そこではポールとリンゴ、ジョンの未亡人、ジョージの未亡人、ジョージ・マーティンの息子のコメントも紹介されていた。アップル社は「ビートルズの音楽と神話をかつてないほどに没入して体験できるものになる」ことを願っているという。制作会社ハーモニック・ミュージック・システムズのCEOは、「わたしたちは、マスマーケットの音楽体験のあり方において、まさに文化が転換しようというところにいる」と言っている。ラドッシュはこう付け加える。「音楽ゲームをプレイするには、曲のさまざまな要素に集中する必要があり、それによって音楽の構成に関する深い直観的な知識が得られる」

一九五〇年代、「ペイント・バイ・ナンバー」キットが流行した。既製品のカンバスの、数字の書かれた場所に、決められた色を入念に塗ることで誰もが画家になれた。今日、わたしたちは「ロックバンド」という新たな商品を褒めたたえながら、低級なペイント・バイ・ナンバーを鼻で笑っている。しかし五〇年代には「ペイント・バイ・ナンバー」は絵のさまざまな要素に集中する必要があり、それによって美術の構成に関する深い直観的な知識が得られる」と言った人がいたに違いない。ペイント・バイ・ナンバーは、人びとを受動的な絵画の観察者という状態から解放し、没入的に、絵を描くという行為に参加させるものだと考えられていたに違いない。

一時的な流行品についてとやかく言うべきではない。それらは楽しいから流行品になるのである。それに、流行品はそれが流行った時代について重要なことをいつも教えてくれる。ブレネン・ジェンセンは二〇〇一年の「シティ・ペーパー」紙の記事にこう書いていている。「ペイント・バイ・ナンバーの中心にあるのはルールに服従するということである。実際、「ビーバーちゃん」［一九五七～六三年に米国で放送されたテレビドラマ。「男は仕事、女は家事」という家庭が舞台］、「アイク万歳《アイ・ライク・アイク》」、『灰色の服を着た男』［スローン・ウィルソンが一九五五年に発表した小説。五六年に映画化。当時の米国の新中流階級を描いている］に象徴されるアメリカの一九五〇年代のメタファーとして、この「デジタルアート」への熱狂ほど優れたものはないかもしれない。これは五〇年代を通じてうなりを上げていた。筆を持ったばかりの初心者に、「最初から美しい油絵が描ける！」と請け合って」。絵を描くことは、数字にしたがって行うと、「機械的な行為になる――インスピレーションではなく、手先の器用さの問題になる」。

「ロックバンド」は、ペイント・バイ・ナンバーの音楽版である。いわばミュージック・バイ・ナンバーであり、やはり器用さをインスピレーションの代わりとしている。一時的な流行品でもある。一〇年ほど後にこのゲームを振り返ったとき、わたしたちはノスタルジーと気恥ずかしさが入り混じった気持ちになるだろう。

しかし、ペイント・バイ・ナンバーと同じように、「ロックバンド」はメタファーでもある。わたしたち、ターゲットにされた一般大衆は、ビートルズのゲームを進めながら、蝋人形で再現された六〇年代へとタイムトラベルする。「エド・サリヴァン・ショー」の最新式の撮影スタジオから、サイケデリックな世界のくらくらするような心象風景、ヒッピーたちのフラワーチルドレン的なお花畑まで。これはペイント・バイ・ナンバー的歴史であり、カウンターカルチャーの反消費主義精神を、それを否定するために取り込んでいる。「ザ・ビートルズ：ロックバンド」はシミュレーションの、あるいは今日の言い方で言えば、仮想化の試みなのである。扇動的なシミュレーション——たとえば、キャンベルのスープ缶から安心できる中身を抜くことで消費者を消費行為から不安なほどに遠ざける、ウォーホルのポップアート——などとは違い、「ロックバンド」のシミュレーションはシニカルだ。わたしたちは、指示にしたがい、ルールどおりにプレイするだけでいい。ペイント・バイ・ナンバーは服従的だったが、「ロックバンド」は抜け目ない。

ヴァーチャル・チャイルドを育てる

二〇一〇年二月二一日

わたしのところには不安に駆られた親たちから日常的にEメールや携帯メールが届く。これはいまや子育てのひとつの中心的課題となりつつあるが、彼らは、自分たちの子どもがオンライン時代に適応できる人間に育つための方法を知りたがっているのだ。ヴァーチャル世界はわたしたちの暮らし、仕事、恋愛にますます入り込んできていて、そこで少しでも周囲の注目を集められるかどうかが、長期的に見れば、人生が上手くいくかどうかを決めている。そんな時代において、わが子がおいてきぼりをくらわないかどうか、心配しているのだ。これは当たり前である。こうした親たちは、自分の子孫がもし仮想現実《ヴァーチャル・リアリティ》に適応できなかったら、友人もほとんどなく、フォロワーもさらに少なく、社会的に孤立してしまうと思い込んでいる。動揺した若い母親が書いて寄こした。「自分らの書き込んだ近況が読まれなくても生きていると言えるでしょうか」。答えは、もちろん、ノー、である。リアルタイム通信でデータが溢れる世界では、双方向のやり取りがなければ、たとえ短期間であったにしても、わたしたちは自然と受動的になってしまい、存在しないのと同じになりかねない。より現実的なところでは、長期的に見ればオンラインスキルがなければ、若者は就職しづらくなってしまう。よくて何らかの単純肉体労働に就かざるを得ず、ディスプレイに接することなく戸外で働くはめになりかねない。最悪の場合は、アカデミアで働きながらテニュア（終身身分保持制度）がもらえないこともありえよう。

幸運なことに、わたしがヴァーチャル・チャイルドと呼ぶ子を育てるのは難しくない。人間の新生児は、とどのつまりアラートと刺激の「流れ」のなかに浸ることで、純粋にリアルタイムの存在として人生を送るのだ。分娩の瞬間、つまり生物学的な子宮から出た瞬間から胎児を、情報が行き交う流れのなか――いうなればWi-fi的子宮だろうか――に置いておけば、ヴァーチャル世界への適応は問題なくできるだろう。しかし、その子どもが、瞬間の連続以外にも時間の捉え方があるということを知ってしまったときには、この子はヴァーチャル世界に適応できなくなってしまう恐れがある。だから、両親はつとめてこのヴァーチャル・チャイルドの周囲からデヴァイスを絶やしてはならない。

ヴァーチャル・チャイルドの世界認識に余裕を与えないこともきわめて重要である。子どもの精神的余地を常に完璧に釣り合いが取れた状態に保ち、日々定められた日課――理想としては、社会的生産作業の一環として、液晶画面上で記号を操作すること――に勤しませ、常にシナプスが忙がしく信号を送り続ける状況を保たねばならない。もし思考の無駄を許せば、その子はデジタルの流れから外れ、内省的な「夢想状態」に陥る可能性がある。自分のiPhoneにしっかりと子ども向けのアプリケーションを豊富に揃えておくのは賢明で、そうすれば、わが子がネットワーク通信可能なデヴァイスを壊すかなくすか、ないしは万一手元にないといった場合に使える代替となる。印刷された本も内省的な夢想状態を引き起こしやすいので一般に避けるべきだが、アップルのiPadのような電子書籍アプリを含む多機能デヴァイスは差し支えない。

野外はヴァーチャル・チャイルドにとって特に害悪となりやすい。自然は昔から、人を内省へと駆り立て、さらには感受性の強い若者を思索的にするとの定評があるからだ（心理学者によっては、窓から外を眺めるだけでも、ヴァーチャル・チャイルドの精神衛生に危険をおよぼす恐れがあると言う）。ときとして、わんぱく小僧を自然界から遮断するのはまったく非現実的であろう。そのようなときは、子どもに音楽プレーヤーやスマートフォン、ゲーム機器を含むモバイルデヴァイスを十分に与え、間断なくデジタルの流れに浸らせるようにすることがいっそう重要となる。もしあなたが自然界への旅行に子どもと同伴できないのであれば、念のため、数分おきに子どもに携帯メッセージを送るのも賢い方法である。

あなたの子をオンライン環境に浸らせておくというやりがいのある仕事は大変かもしれないが、覚えておくがよい。歴史はあなたに味方するのだ。仮想現実は、日を追うごとに続々と偏在化している。さらに忘れてならない重要なことは、現代の子育て世代の大いなる喜びのひとつが、ヴァーチャル・ベビーやよちよち歩きの我が子の特別な瞬間を携帯メール、ツイート、ブログ投稿、写真投稿、あるいはユーチューブのビデオとしてアップすることにあるということだ。ヴァーチャル・チャイルドは、仮想現実《ヴァーチャル》の親《ペアレント》に、投稿するネタをプレゼントしてくれているのだ。

リアルタイムのメッセージ送受信の流れのなかで舵を取ることは、あなたとわが子とのふたり旅である。どの瞬間もかけがえのないものであるが、それはどの一瞬たりとも、その直前の瞬間とも、その後に続く瞬間とも決してつながらないからだ。仮想現実とは、更新作業が永遠に続く状態なのだ。幼いころの喜びが永遠に続くというわけである。

iPadラッダイト

二〇一〇年四月七日

コンピュータギークの権化は、ラッダイト［英国の産業革命期、機械化に反対した熟練労働者組織。または技術革新反対者］にもなれるだろうか？　それは、「Boing Boing」でiPadを痛烈にこきおろしたコリイ・ドクトロウの記事を読んでいて、ふと脳裏に浮かんだ疑問だった。アップルが「魔法のような」とか「革新的な」と称するデヴァイスは、ドクトロウにすれば、無限ループ通り一番地に巣食う意地悪な魔法使いが黒魔術でひねり出した珍妙な反革命的からくりでしかない。iPadの閉鎖的で自己完結的なデザイン――USBポートひとつなく、スティーブ・ジョブズの承認を受けていないアプリの取り込みなんて間違っても考えられない――は「所有者に対する露骨な侮辱」の証しであるとドクトロウは記す。誰にもいじれない最悪の代物、と。

初代Apple IIには回路基板の概略図が添付されており、後に世界をよりよく変えることとなる多くのハードウェアとソフトウェアのハッカーたちを生み出した……。子どもにiPadを買い与えたところで、この世界のすべてのものは分解して、再組み立てできるものだ、と彼らに早いうちに気づかせることにはつながらない。むしろ、電池交換さえもプロの手に委ねなければならないことなのだと我が子に教えるようなものである。

ハッキングしやすかったPCを、のっぺりと滑らかでつまらない装置にしてしまったAppleの変革を快く思わないコンピューターオタクは、ドクトロウだけではない。パーソナルコンピュータからその開放性と制約のなさばかりか、ハーヴァード大学バークマン・センター創設者ジョナサン・ジットレインが言うところの「次世代育成力」――創造的な仕事への意欲を喚起し奨励する能力――までもを消し去ったアップルを多くの者が非難している。iPadはiPhoneと同じオペレーティングシステムを使用しているが、ジットレインはiPhoneの閉鎖的な性質を批判するなかで、ドクトロウ同様、由緒正しき愛しのApple IIを引き合いに出している。「特に使用目的が定まっていなかった、まっさらな状態のデヴァイス」であった、と。

彼らの批判の矛先は進歩――より正確に言えば、自分らが是認しない道をたどる進歩――に向けられている。彼らは自分の持つ価値体系に沿う進歩を望んでいるのであって、意にそぐわない方へ向かうと、時代遅れの頑固者のように不平を垂れはじめ、男たちは男らしく、そしてコンピュータはコンピュータらしくあった時代、彼らの理想とするApple IIの時代を懐かしがるのだ。

もしラッダイト運動の先駆者ネッド・ラッドがブロガーだったら、マニュアル通りに働くことを強要し、織るという行為を織工から奪った、かの無機質で新しい自動織機について、ドクトロウと同じ様な記事を書いたことだろう。機械織機の仕様は、織工への明らかな侮辱を示すものだと人びとに告げていたはずである。それは機織り作業から次世代育成力を奪い去った。

ネッドは間違ってはいなかった。

わたしもドクトロウやジットレイン、その他のPC信者たちの見解に深く共感する。iPadは、その派手で高度な技術にも関わらず、Apple IIやその後継機から一歩後退しているとしか思えない。アップルがMacの後部からオーディオ・ビデオ入出力用アナログRCAプラグを取っちまったことですら、いまだに信じられない。でかいRAM用ラックや一〇いくつものポートがついた、中身のいじりやすいベージュ色の箱に戻してくれよ、それで満足さ。

だが、進歩はわたしの望みなんか屁とも思わない。時には愛好家が進歩に拍車をかけることもあるにしても、進歩が愛好家と価値観を共有するわけではない。技術発展の原理のひとつは、ツールがより精錬されるにつれて、ツールを使用する際の人の労力を省くということである。その代わりにわたしたちに押し付けられるのは、メーカーやその広報担当が勝手に想定した、一般大衆の要求の抽象としての人らしさ、である。さらに言えば、旧型器機と最新器機の区別とされがちなのは、次世代育成力の不在である。初期のラジオは聞くためだけではなく放送するための装置でもあり、初期の蓄音機は再生だけではなく録音にも使われていたことを思い出してほしい。だが、これらの機械がマスメディアの仕組みと一緒になって進化するにつれ、中身はいじれなくなり、規格化された受信専用のリビングルーム向け娯楽器機へと変わっていった。iPadラッダイトたちが恐れること——一般市場向け器機と創造的ツールの分岐——は繰り返し起きているが、通常はたいした抵抗はなく、あったとしても、不買運動による抵抗くらいだった。

進歩は、一時期に個人の信念と交わることもあり、そのときは人は熱心な技術革新主義者になる。しかし、それは単なる偶然の一致にすぎない。詰まるところ進歩は、誰の信念も切望をも意に介することはない。進歩の、技術の緩まぬ歩みの熱狂的支持を自認する者たちも、進歩によって自分たちがいたく大切にしているものを壊されるや否や、豹変するであろう。激しい愛情は人を旧式主義者へと変えるのだ。

「いま」性

二〇一〇年六月八日

「思考は、光の速さで世界中に広がるだろう。瞬く間に発想が生まれ、それが瞬く間に文章化され、さらにそれが瞬く間に理解される。それは地球の北極から南極までをすっぽりと覆い尽くす――突如として現れ出る魂の情熱が燃えさかるであろう」。これはグーグルが光ファイバー技術への新たな巨額投資を発表したときのプレスリリースの抜粋である。

というのは嘘だ。この文章は、フランスの詩人で政治家のアルフォンス・ド・ラマルティーヌが一八三一年に書いたもので、ラマルティーヌが告げていたのは、日刊新聞の到来である。ジャーナリズムはすぐに「人間の思考のすべて」になる、と予見した。本は、朝刊と夕刊の即時性にかなうはずもなく、消える運命にあるとしてこう述べた。「思考は、熟慮の末に一冊の書物として編纂《へんさん》される時間的余裕を持たない――書物はその到達に時間がかかりすぎる。今日をもって唯一書物として成り立つのは新聞である」。

ラマルティーヌの予言ははずれ、本は消滅はしなかった。だが、それでも彼が予言者であることに変わりはなかった。メディアの沿革はこの二世紀というもの、即時性の限りない追求に終始してきた。新聞にはじまり、電報、ラジオ放送、TV番組、ブログ、そしてミニブログへと、わたしたちは情報の速度を少しずつ上げようとやみくもに進んできた。ラマルティーヌの想定していた即自性の荷い手も、この追求のうちに犠牲になってしまったのは、ある意味で滑稽だ。新聞はその到達に時間がかかりすぎるのだ。

「機の熟すことこそすべてである」と『リア王』のなかでグロスター伯の息子は言い、わたしたちは彼を信じそうになった。だがもはや違う。機が熟しても無駄である。機が熟したころはごみ棄て場行きである。「いま」性こそ、すべてである。

チャーリーがぼくの「認識の余剰」を噛んだ！

二〇一〇年八月三日

「技術革命について言えることがある。つまり、それがテレビを大きく衰退させているということだ」。レベッカ・クリスチャンは、ドゥビュークの地方紙「テレグラフ・ヘラルド」のコラムにそう書いている。ネットに費やす時間が増えることでテレビを見る時間が減っていると考えているのは彼女だけではない。多くの人がそう思っている。しかしこれは誤りだ。デジタルメディアが台頭している時代にありながら、アメリカ人はこれまで以上にテレビを見るようになっているのである。

何十年もメディア利用を調査しているニールセン・カンパニーは、昨年、二〇〇九年第一四半期のアメリカ人のテレビ視聴時間が過去最長——ひとりあたり平均で一ヵ月に一五六時間二四分——に達したと発表した。現在、ニールセンは二〇一〇年第一四半期の最新情報も公開している。それによれば、テレビ視聴時間はまたしても記録を更新した——アメリカ人はひとりあたり平均で一ヵ月に一五八時間二五分をテレビの前で過ごしている。アメリカ人の三分の二が自宅でブロードバンドインターネット接続を行える環境にあるが、テレビ視聴時間はどうやら止まることなく伸び続けているらしい。

また、ニールセンのテレビに関する統計では、動画コンテンツの視聴時間全てはカバーされていない。実際のところ、コンピュータや携帯電話で動画を見る時間も増えているのである。ニールセンの報告によれば、インターネットにアクセスできるアメリカ人は、ネット接続のコンピュータで動画を月に平均三時間一〇分視聴し、動画を見られる携帯電話を持つアメリカ人は、携帯電話で動画をさらに平均三時間三七分視聴している。動画へのアクセスが拡大すれば、当然、視聴時間も伸びる。

若い世代はどうか？　いわゆるデジタルネイティヴはテレビをあまり見ないに決まっている、そう思うだろう。ところがそれが違うのだ。若い世代でもテレビ視聴時間が徐々に伸びている。デロイトが最近行ったメディア習慣に関する調査によれば、実際、昨年一年間に最もテレビ視聴時間を伸ばした年齢層は一四歳から二六歳の層だった。また、今年発表されたカイザーファミリー財団による大規模な研究が明らかにしたところによれば、今日の若者は五年前に比べてテレビの前で過ごす時間がやや少ないように見えるが、コンピュータや携帯電話、タブレットでテレビ番組を見る時間が増えているため、その減少分は相殺されているということだった。総合的に、「テレビコンテンツを消費する手段が急増したことが、［若い世代の］一日あたり三八分のテレビ視聴時間の増加につながっている」とカイザーは報告している。ニールセンも、若い世代のあいだでテレビ視聴時間が伸び続けているという調査結果を出している。

ユーチューブのようなサイトの登場で広まっている素人のメディア制作についてはどうか？　この潮流は、少なくとも、わたしたちをメディア消費とは別の方向に向かわせているはずである。ところがこれも違うのだ。ブラッドリー・ブロックが最近のハフィントン・ポストの記事で説明しているように、素人がネット上で容易にコンテンツ制作を行える様になったことは、実のところ逆説的な影響を及ぼしており、コンテンツ制作以上にコンテンツ消費の時間をはるかに増加させているのである。「ロルキャット［ネコの画像にユーモラスなキャプションを付けたもの］の投稿をクリエイティヴな行為としてカウントしたとしても、ロルキャットを作っている人より、見ている人のほうがはるかに多い」とブロックは述べ、よく見られているユーチューブのある娯楽動画について数字を出して説明する。「ユーチューブで最も人気の高い動画のひとつ、「チャーリーがぼくの指を噛んだ――また！」は、男の子が弟の口に指を突っ込むのを撮ったものだが、視聴回数は二億一一〇〇万回に達している。制作に五六秒しかかからなかったもの――男の子たちの名付け親に見せるだけのつもりだったもの――が、一六〇〇人もの人間が週四〇時間、丸一年働いて作るものを打ち負かしたのである」。何百万という短い動画を簡単に無料で見られるようにしたウェブは、動画視聴という行為をわたしたちの日常の隅々にこれまでにないほど行き渡らせている。

ネット上のコンテンツ消費への影響を正直に説明するには、ウェブメディアの消費に人びとが費やしている時間を、すでにテレビなどの伝統的なメディアの消費に費やしている時間に足す必要がある。そうしてみれば、ネットはコンテンツ消費に充てる時間を減らしているのではなく増やしている、それも大きく増やしているということがはっきりする。つまりウェブは長期間にわたる文化的潮流を引き継いでいるのであり、ひっくり返しているのではないのだ。違いは、もはやカウチポテトになるためのカウチが必要ないということである。スマートフォンを持てば、どこに行ってもポテトになれる。

シェアを資本主義者にとって安全なものにする

二〇一〇年一一月八日

「わたしは共産主義者ではない」と、作家で起業家のスティーヴン・ジョンソンは、近ごろ「ニューヨーク・タイムズ」紙ビジネス面のコラムで宣言した。ネット上でアイデアをシェアしたりデジタル製品をあれこれ生み出したりしている有志の集まり、いわゆる「オープンネットワーク」の創造性を褒めたたえるなかで、そのように断ったのである。このような社会的生産集団は、マーケットの外部に存在しており、利益追求欲によって動くことがないから、伝統的なマーケットにとって脅威になると思われるかもしれない。無償で他人のために無料のものを作るという大衆のムーブメント以上に、消費資本主義を転覆しうるものはあるだろうか？　しかし、資本主義者は心配しなくていい。無報酬のウェブベースの大衆によるイノベーションは、「マーケットと関係ない環境で生み出される」かもしれないが、実のところ「商業的事業を支える新たなプラットフォーム」を作っている、とジョンソンは書いている。ネットは、無報酬の有志の尽力を、営利企業のための素材に変えているのだ。

ジョンソンの見解は、ウェブを最も熱狂的に奨励する人たち、「コーポレート・コミュナリスト」（企業自治主義者）の多くを代表するものである。彼らは、自分たちが褒めたたえるトレンドのラディカルな影響を、完全に無視するではないにしろ、距離を取らなければいけないものだと感じている。どことなくマルキスト的なタイトルの新著『わたしのものはあなたのもの』で、ビジネスコンサルタントのレイチェル・ボッツマンとルー・ロジャースはまず、アンチマーケット革命のように思われるものの到来について説明している。「ソーシャルネットワークの集合、コミュニティの重要性の再認識、環境への差し迫った懸念、コスト意識によって、わたしたちは、古くさく、あまりにトップダウンで、中央集権的な、管理された消費主義社会を離れ、シェア、集積、オープン、協力を重視する方向に向かっている」。「信用、広告、そして所有物によって人が定義づけられていたハイパー消費の二〇世紀」から、「評判、コミュニティ、何にアクセスできるか、どうシェアするか、何を譲るかによって定義される協調的消費の二一世紀」に移行しようとする瞬間にわたしたちはいるのである。

しかし、アンチ消費主義者の反乱のことを騒ぎ立てたあと、ボッツマンとロジャースはすぐにその可能性を否定する。ジョンソンと同じように、彼女たちも結局、ネット上のシェアがいかに営利事業に好影響をもたらすかということへの興味のほうが大きいのだ。チャーミングな純真さでこう書いている。「協調的消費の最もワクワクする点は、それ自身はイデオロギーでないながらも、社会主義と資本主義というふたつのイデオロギーの両極端な期待に応えていることかもしれない」。実のところ、「基本的に、協調的消費に参加している人びとは、愚かなほどの楽天的な慈善家気取りではなく、いまでも資本主義のマーケットや利己主義の原則を強く信じている。……協調的消費は決してアンチビジネス、アンチ商品、アンチ消費者ではない」。なんてこった！

ボッツマンとロジャースは、アンチ消費主義者のエネルギーを解き放つことより、取り込むことに興味があるのだ。同じような緊張関係は、革命のレトリックと反革命のメッセージのあいだにもあり、コンサルタントのドン・タプスコットとアンソニー・ウィリアムズが書く人気の「ウィキノミクス」論のなかに漲《みなぎ》っている。新著『マクロウィキノミクス』で、彼らは再びネットを、トム・スリーの鋭い書評に出てくる言葉を借りると、「変化をもたらす革命的な力、われわれを根本的に異なる未来へ導くもの」として奨励している。だが、スリーが続いて指摘しているように、本の背表紙の推薦文を書いているのは著名な大企業のCEOである。タプスコットとウィリアムスが言う一般大衆の革命は、明らかに、ダボス会議に出席する億万長者に認可されたものなのだ。このふたりの著者にとっても、オープンネットワークが究極的に約束するものは、暴利をむさぼる者たちに新たな機会、「プラットフォーム」を提供することにある。

今日のウェブ革命家を最も特徴づけるのは、政治や歴史ときっぱり距離を取る姿勢――本当の革命家となることへの恐怖――である。彼らにとって、ウェブの崩壊は現状の強化に帰する。その見方に間違いはないだろう――皆、ビジネス界の支持を集めたい作家たちである――が、彼らの文章が証明しているのは、わたしたちが初期のサイバースペースに見ていた理想からどれだけ離れてしまったかということだ。かつて、オンラインコミュニティは堂々と反商業主義をとっており、ネット上の自由な交換は、ジョン・ペリー・バーロウが「サイバースペース独立宣言」で「産業世界」と軽蔑的に呼んだものの反対側に立っていた。しかし現在、シェアを協調的消費として見せることによって、ウェブのテクノロジーは、その真の後継者として、市場原理を極めて個人的な生活圏へと拡大しようとしているのである。

引喩の本質はグーグルではない

二〇一一年一月一五日

アダム・カーシュはいつも巧みな批評をするが、「ウォール・ストリート・ジャーナル」紙に近ごろ掲載されたコラム「グーグル時代の文学的引喩」は期待外れだった。期待外れのものがしばしばそうであるように、この記事も初めの部分は優れている。カーシュは、引喩の技法が古典が読まれる量とともに落ちているかを説明する。個人の文学的知識量が減っているために、引喩の能力も落ちているのだと。しかしカーシュは、わたしたちの文化の貯金箱がハバードおばさんの戸棚のように空っぽになってきているなかで、文学的引喩をすることがエリート主義的な行為になっているとも考えている。著者と読者をつなげるのではなく、むしろ切り離しているのだと。「「四月は最も残酷な月」や「生きるべきか死ぬべきか」、さらには「主は我が導師」を差し挟んでも意味がない」とカーシュは言う。「少なくとも一部の読者は何を引用しているかわからない、あるいはそもそも引用していること自体わからない可能性が充分にある」

とはいえ、思い悩むことはない。グーグルに助けを求めればいいのだ。どんなに文学的素養がない人でも、たった一、二回キーボードを叩くだけで「あらゆる言語のあらゆる引用」の出典を見つけることができる。検索エンジンはこの世界を再び引喩が安全に使える場所にしているのである。「T・S・エリオットが『荒地』にサンスクリット語やフランス語、ラテン語のような異国の言葉を入れたとき、彼は註を付けなければならなかった」とカーシュは書いている。「今日、インターネットを利用する読者の裏をかけるような詩人はいない」。つまり、引喩は「より民主的」で「より寛大」になった。文学は、世界と同じように、フラットになった。

このごろは、文化を民主化するものや土俵を平等にするものに異議を唱えにくい雰囲気があるが、カーシュの主張には大きな問題がある。その原因は、彼が「引喩」を「引証」や「引用」の同義語として捉えようとしていることだ。引喩は引証ではない。引用ではない。ただの代用語ではない。称賛ではない。そして絶対にハイパーリンクではない。引喩は暗示、示唆、からかい、目くばせ、そしてときにひそかな敬意である。その言及は明白ではなく、むしろ暗黙のうちになされる。そこに不可欠なのは遊び心だ。「引喩（allusion）」という言葉は、ラテン語で「〜と遊ぶ」や「〜と悪ふざけをする」を意味する動詞 alludere に起源がある。

文学的引喩の愛すべき曖昧さ——語り手と出典の境界を不鮮明にするやり方——は、この技法に欠かせないものである。これは同時に、グーグルの時代において引喩を絶滅危惧種にしているものでもある。コンピュータの検索エンジンは、引証、引用、ハイパーリンクのような明白なつながりを素早く解析できる——クジラがプランクトンを食べるように吸収する——が、微妙なつながり、暗黙のもの、遊び心のあるもの、隠れたもの、歪んだものに対する感受性はほとんどない。検索エンジンは想像力が乏しく、文学的志向を持たない。グーグルの何より重要な目標は文化をデータ化することであり、わたしたちは誰もがその目標追求の恩恵を受けているが、グーグルの広大な視野には実に大きな盲点がある。文化の最も繊細で価値のある部分——アーティストによる引喩はこれに含まれる——の多くはあいまいで、機械には読み込むことができないのである。

　カーシュは、T・S・エリオットは読者が多くの引喩元を突き止められるように「荒地」に註を付けなければならなかったと言う。実際のところはそれほど明快ではない。この詩が最初に「クライテリオン」誌と「ダイアル」誌で発表されたとき、そこに註は含まれていなかった。註が登場したのは本として出版されたときで、エリオットはそれを加えたことをのちに後悔するようになった。その註釈は「出典を見つけようとする人たちに誤った興味を持たせてしまった」と彼は書いている。「多くの探求者にタロットカードや聖杯を追い求めるような無駄な追いかけっこをさせてしまったことを悔いている」。引喩をたんなる引証に変えたその註のために、読者は彼の詩を個人的な感情の深遠な表現というより、難解で知的なパズルとして見るようになった。これは今日までこの詩に付きまとい、読解の妨げとなっている混乱である。「荒地」の美しさはその出典にあるのではなく、その響きにある。そしてその大部分は引喩の響きであり、かけ離れたメロディーの断片が編み合わされ、新たなものを生み出しているのである。「荒地」をググればググるほど、エリオットの警告のとおり、それは聞こえなくなってしまう。

　別の詩人を例に挙げよう。イェイツの「一九一六年復活祭」を読んでいて、こんな句にたどり着いたとする。

　　そして愛の過剰が
　　死ぬまで彼らを悩ませたとて構うものか

シェリーの「アラスター」(「彼のゆるぎない心は沈み、病んだ—愛の過剰で……」の引喩に気づけば、この詩はいっそう意味を持ち、いっそう感動的になるだろうが、それを見抜こうが見抜かまいが、この引喩はイェイツの詩を深く豊かにしている。何より重要なのは、読者が「アラスター」を知っていることではなく、イェイツが知っていることである。彼の先行作品の解釈、その作品との感情的なつながりが、彼自身の抒情詩に鳴り響いていることである。イェイツは別の作品の引喩をしているという手がかりを与えていないから、出典を突き止めるのにグーグルは役に立たないだろう。「アラスター」に関する深い知識がない読者にはその句をググる理由がない。

これをグーグル向けにするには、引喩を引用の形に変えなければならないだろう。

そして「愛の過剰」が
死ぬまで彼らを悩ませたとて構うものか

あるいは、さらにひどい方法としてハイパーリンクもある。

そして**愛の過剰**が
死ぬまで彼らを悩ませたとて構うものか

引喩がこのように明白な引証になると——そしてグーグルの時代に適したものになると——それはも

はや引喩ではなくなり、感情的な音色の多くを失う。語り手と出典のあいだに隔たりが生まれる。愛すべきあいまいさは洗い落とされ、響きが失われる。

引喩をする際、作家（あるいは映画監督、画家、作曲家）は、カーシュが言うように読者（あるいは見る人、聴く人）の「裏をかこう」などとはしない。アートはゲームではないのだ。それにアーティストは、読者や見る人を遠ざけるエリート主義的な秘密の暗号を作ろうともしない。うまい引喩は寛大な行為であり、それを通してアーティストは先行作品や自分が影響を受けたものへの深い愛をオーディエンスと分かち合うのである。突き止めるためのもの、ググるためのものとしてしか引喩を見ていなかったら、その重要な点とそれが持つ力に気づかないで終わってしまう。「民主化」によって引喩がより寛大になることはない。引喩性を失うだけだ。

わたしはグーグルをけなしたいのではない。ただ、世界の見方は数多くあり、グーグルはそのうちのひとつ、しかも狭い見方を提示しているだけだということを言っておきたいのである。グーグルの時代に順応することでわたしたちが直面する危機のひとつは、誰もがグーグルのゴーグルを通して世界を見るようになるということであり、「引喩」をグーグル向けの言葉に再定義するカーシュの記事のようなものを読むと、わたしはグーグルの見方がますます支配的になっているのを感じる。実際、ジャーナリストが検索エンジンのプロトコルに合うように見出しや内容を調整するのはすでに一般的になってきている。作家などのアーティストが、引喩をもう少し明白なものにしたい、想像力の乏しい機械にも理解できるものにしたいという誘惑に駆られたら、いつの日にか引喩は消えてしまっているだろう。

局所的情報過多と環境的情報過多

二〇一一年三月七日

「情報過多ではない。フィルタリング（選別）の失敗だ」。これは二〇〇八年にあるテクノロジーカンファレンスで大きな反響を呼んだ、クレイ・シャーキーの講演のテーマである。受け入れやすい考えだ。直感的に正しいと感じるし、安心させてくれる。良いフィルターがあれば情報過多は減るし、わたしたちはよりよいフィルターを作ることができる。情報過多は情報が豊富にあることの不可避な副作用ではないのだ。解決できる問題である。だから、腕まくりをしてコーディングをはじめよう。

しかし、シャーキーの考えにはひとつ引っかかるところがある。それはこのようなパラドックスだ。わたしたちの情報フィルターの質と速度はこの数世紀で着実に向上しており、特にこの二〇年は驚くほど急速に上がった。それなのに、情報過多の感覚はこれまで以上に増している。もし、シャーキーが言うように、フィルターの改良で情報過多が減るなら、なぜいまの段階でそうなっていないのか？　なぜ情報過多が収束を見せず、むしろ問題として悪化しつつあると感じるのか？　それはシャーキーの説が事実と逆だからだ、とわたしは考えるようになった。よりよいフィルターは情報過多を和らげはしない。強めるのである。こう言ったほうが正確かもしれない。「情報過多ではない。フィルタリングの成功だ」と。

もう少し説明させてほしい。実際はこれよりも複雑なのである。情報過多について語るときに陥りやすい罠のひとつは、ふたつのまったく異なるものをひとつのもののように語ってしまうことだ。実のところ、情報過多にはふたつの形があり、わたしはそれを「局所的情報過多」と「環境的情報過多」と呼んでいるが、これらは別々に考えなければいけない。

局所的情報過多は、干し草の山のなかから針を見つける類の問題である。何らかの質問に答えるために特定の情報が必要だが、その情報は大量の情報のなかに埋もれている。難しいのは、必要とされる情報をピンポイントで特定すること、干し草の山から針を抜き出すこと、それをできる限り素早くやることだ。フィルターは局所的情報過多の問題を解決するのに昔からとても効果的だった。索引の登場——これはそれに先立つアルファベット順配列の発明によって可能になった——は書籍の問題解決に役立った。カード目録とデューイ十進分類法は図書館における課題の解決に役立った。鉄道と船の時刻表は輸送問題の解決に役立った。「逐次刊行物リーダーズガイド」は雑誌の問題解決に役立った。そして、検索エンジンなどのコンピュータによるナビゲーションやオーガナイゼーションのツールは、オンラインデータベースの問題解決に役立った。

新しい情報媒体が現れるたびに、わたしたちはその媒体の内容を分類、検索できるようにする優れたフィルタリングツールを素早く開発する。これはいまも昔も変わらない。一般論として、ここ数年で手に入る情報量が激増しているとはいえ、局所的情報過多の問題は減り続けていると断言できると思う。もちろんいまだにフィルターが針の代わりに干し草を渡してくることでストレスの溜まる瞬間はあるが、ほとんどの質問に対して、検索エンジンなどのデジタルフィルター、あるいはEメールやツイッターなどのソフトウェアを用いた人力フィルターは、まばたきするあいだに立派な答えを提供してくれる。

局所的情報過多は重要な問題ではない。情報過多について不満を言うとき、わたしたちが不満を持っているのはたいてい環境的情報過多である。これは完全に異なる代物なのだ。環境的情報過多にあるのは干し草の山の針ではない。干し草の山ほどに大きな針の山である。あまりに多くの関心のある情報に囲まれ、それをすべて追いかけなければいけないという絶え間ないプレッシャーに圧倒されるとき、わたしたちは環境的情報過多を経験する。リンクをクリックし続け、更新キーを押し続け、新しいタブを開き続け、メールの受信箱やソーシャルメディアのフィードをチェックし続け、アマゾンやネットフリックスのお薦めを確認し続ける——それでも興味深い情報の山は小さくならない。

局所的情報過多の原因はノイズが多過ぎることだ。一方、環境的情報過多の原因は信号が多過ぎることである。

現代のデジタルフィルターがすごいのは、自分の興味に合った情報をすぐに目の前に見せてくれることだ。その情報は友達や同僚からの個人的なメッセージやアップデートという形で届くかもしれないし、注目している専門家やセレブのテレビなどでの発言、好きな作家や出版物の見出しや内容、お気に入りのジャンルのさまざまな情報を入手できるというアラート、あるいはレコメンデーションエンジンの提案かもしれないが、そのどれもがわたしたちの個人的な興味に合わせられている。すべてが針なのだ。しかも現代のフィルターは情報を整えるだけではない。アラート、アップデート、フィードとして、情報を押し付けてくるのだ。わたしたちは情報過多の例としてスパムを挙げがちだが、スパムはただ迷惑なだけである。情報過多、少なくとも環境的情報過多の真の原因は、わたしたちが好きなもの、わたしたちが欲しているものなのだ。そしてフィルターが良くなればなるほど、まさにそれがたくさん入ってくるようになる。

フィルターが改良されることで見なければならない情報が減ると考えるのは、端的に言って間違いだ。今日のフィルターは、改良されるにつれ、注目しなければならないと感じる情報を増やしている。興味のない情報を(不完全に)ふるい落としているのはたしかだが、興味深い情報をそれよりはるかに多く配信しているのである。そしてまさにその情報が興味深いからこそ、わたしたちは見なければならないというプレッシャーに襲われ、その結果、情報過多の感覚が増すのである。これは現代のフィルターに対する非難ではない。それらはわたしたちの望みどおりの働きをしている。興味深い情報を見つけ、それを提示してくれている。しかし、それはつまり、フィルターの性能が上がれば情報過多から救われると考えている場合、大きく失望することになるということに他ならない。この問題の元凶となっているテクノロジーがこれを解決することはない。本当に情報過多から一時的に解放されたければ、フィルターが壊れるのを祈るしかない。

「グランド・セフト」的注意力

二〇一一年四月一日

最近、Xboxへの熱が冷めてきたから、一種の償いとして、ビデオゲームが認知機能に及ぼす影響に関する最新の研究を批評してみようと思う。ビデオゲームは瞬く間にこれほど人気の娯楽になったため、かつてのテレビと同じように、心理学および神経学の実験で注目されるようになっている。そのような研究は、つまるところ、ビデオゲームがプレイヤーを暴力的で常時目を見開いているような冷酷な人間に変えるのではないかという懸念を和らげるものである。そこで示されている証拠によれば、アクションゲーム――自分が殺されるまで相手を殺しながら走りまわるもの（このジャンルにはさまざまなバリエーションがある）――を長時間プレイすると、反射神経や視力など何らかの認知機能が高まり、反応時間が早まるとのことである。考えてみれば、この研究結果は驚くべきことではない。アクションゲームをプレイしたことがある人なら誰でも知っているように、プレイすればするほど腕が上がるし、腕が上がるということは反射神経や視力が高まっているということだ。五〇年前にピンボールプレイヤーを対象に同じ実験をしていたら、おそらく似たような結果が出ただろう。

しかし、これらの研究はより広い観点で解釈されるようにもなっている。一部のポピュラーサイエンス作家は、デジタルメディア――ビデオゲームだけでなく、ブラウジング、メール、オンラインマルチタスキングなども含む――を多用することでわたしたちが「賢く」なっている証拠としてこれらの研究を挙げている。この分野の基本文献はスティーブン・ジョンソンの『ダメなものは、タメになる』である。ジョンソンは、ロチェスター大学の研究員ショーン・グリーンとダフネ・バヴェリアが二〇〇三年に「ネイチャー」誌に発表した重要な論文を取り上げている。これが証明したのは、「アクションゲームによるトレーニングを一〇日間行うだけで、視覚的注意の能力、空間・時間分解能が高まる」ということだった。つまり、アクションゲームをプレイすることで、より素早く、より広範囲で、より多くの視覚刺激を追えるようになり、そうやって獲得した能力はゲーム機を離れたあとも持続するということだ。グリーンとバヴェリアの研究の前後に実施されたほかの研究も概してこの結果を裏づけている。ジョンソンは、ビデオゲームは「(プレイヤーが)世界をよりはっきり知覚できるようにしている」と大ざっぱに結論づけ、ゲーマーを対象にした研究でも「非ゲーマーに比べて集中力の持続時間が短いという証拠は示されていない」と述べている。

さらに最近では、テクノロジー系記者のニック・ビルトンが、二〇一〇年の著書『わたしは未来に生きている、こんな具合に』のなかで、やはりビデオゲームは注意力と視力を高めると述べ、「この結果からはゲームをプレイする時間を増やすことが推奨される」と結論づけている。サイエンス作家のジョナ・レーラーは昨年、ビデオゲームは「視覚」だけでなく、「持続的な注意力」や記憶も含め、「さまざまな認知的作業の遂行能力をかなり向上させる」と主張した。デューク大学の英語学教授キャシー・デイヴィッドソンは、新著『いまあなたにはそれが見える』の一章分をビデオゲームの研究にあて、見かけ上の認知機能への幅広い恩恵、特に注意力に関することを称えている。グリーンとバヴェリアを引用し、「ゲームをプレイすることで「注意力を分割する効率」が大いに高まる」などと記している。

これらの意味するところは明らかで、ゲーム好きの連中は胸をなで下ろすはずだ。ゲーム機を起動させ、コントローラーを持ち、鈍くなった頭脳を鍛えよう。プレイすればするほど賢くなるのだから。

そうだったらいいのだが、実際には、ビデオゲームやその他デジタルメディアが認知機能に与える恩恵をめぐる大掴みな主張は常にあいまいである。事実を拡大解釈しているのだ。注意力と記憶力の機能には多様な側面があり、心理学者や神経学者のあいだで議論され尽くすにはまだだいぶかかる。これまでのゲーム研究が機能の向上を証明しているのは、雑多な視覚刺激の高速処理に使われる注意力と記憶力に関わる面である。画面上を飛び交う大量のイメージを追う能力が向上したとしたら、それはある種の注意力の向上だと言える。また、入り組んだ空想の世界で自分のいる場所を覚えるのがうまくなったとしたら、それはある種の記憶力の向上だと言える。それらの向上は本物だろうし、それはよいことだ。しかし制限と代償もある。ビデオゲームが注意力を効率的に分散できるようにしているらしいことは素晴らしいが、それは注意力の分散が必要な作業（ビデオゲームなど）を行っているときに限った話だ。注意散漫にならないことが求められる作業を行おうとしたときには、能力が低下していると感じるかもしれない。最も早くからビデオゲームを研究している人物のひとり、UCLAの発達心理学教授パトリシア・グリーンフィールドが指摘しているように、注意力を分散させるように脳を鍛えるメディアを使うと、冷静さと集中力を要する深い考察がうまくできなくなるようだ。注意力の分散を最優先とするということは、集中を二の次にするということである。

最近の研究もこのことを裏づけていて、特に注意力に関して、ゲームのやり過ぎが招く負の結果を描き出している。ゲームのやり過ぎはわたしたちを賢くしているとはとうてい言えず、むしろ若者の注意欠陥障害と結びついており、若者に限らず、注意力散漫傾向の増加、集中力維持能力の減退の傾向を大いに強めるようである。こうした研究によれば、多くのビデオゲームをプレイしても、レーラーたちの主張とは異なり、プレイヤーの持続的な注意力が向上することはない。逆に衰退するのである。

二〇一〇年に医学雑誌「小児科学」に掲載された論文で、エドワード・スウィングとアイオワ州立大学の心理学者のチームは、一五〇〇人もの子どもや若者を対象にしたメディア習慣に関する一三ヶ月間の研究を報告した。それによれば、子どものころから大人になるまで、ビデオゲームと注意力の問題に関連が見られるということだった。その結果が示しているのは、ビデオゲームと注意障害の相関関係が、テレビ視聴と注意障害の相関関係と少なくとも同等、おそらくはそれ以上だということである。重要なことに、この研究はそもそも、「スクリーンメディアと注意力の問題の結びつきが生じるのは注意力の問題を持つ子どもが特にスクリーンメディアを好むためだという可能性を除外している」。

二〇〇九年に「精神生理学」誌に掲載された、アイオワ州立大学の別の研究者のグループによる論文は、五一人のヘビーゲーマーあるいはライトゲーマーの若い男性を対象にした実験を通して、ビデオゲームによる認知制御への影響を調査したものである。この研究が示していたのは、「事後型」の認知制御――何かが起こったあとにそれに反応する能力――にビデオゲームはほとんど影響がないということだった。しかし、「事前型」の認知制御――何かが起こったり刺激を受けたりする前に行動を考え調整する能力――となると、ビデオゲームには著しい負の影響がある。研究者たちは以下のように書いている。「ビデオゲームとADHDの自己申告とのあいだの相関関係を示す最新の証拠があることを踏まえると、ビデオゲームと事前型認知制御に負の連関があることは興味深い。あわせてこれらのデータは、ビデオゲーム体験が、事前型認知制御――これが本質的に魅力的でない環境において目標に向かう行動を続ける能力を支える――の効率の低下と結びついていることも示しうる」。つまりゲーマーは、刺激が連続しない作業に集中するのが難しいようだ。注意力が安定しないのである。

これらの研究結果は、メディアマルチタスキングに関するより一般的な研究の結果とも一致している。たとえば、二〇〇九年に「米国科学アカデミー紀要」に掲載された引用回数の多い論文のなかで、スタンフォード大学の研究者たちは、ヘビーマルチタスカーがライトマルチタスカーより自分の思考を制御できないことを示している。ヘビーマルチタスカーは「関係のない刺激を自分の周囲から取り除くことに苦労し」、作業を邪魔する無関係な記憶を抑圧することを苦手とする。また、実のところ、タスクの切り替えも効率的に行えない――つまり、マルチタスキングそのものが不得意だということである。

では、ビデオゲームは禁止するべきなのか？　それは違う。適度にプレイする分には、よくも悪くも、認知機能への長期にわたる重大な影響は生じないだろう。ビデオゲームは楽しくリラックスでき、それはいいことだ。しかも、人はさまざまな娯楽に興じているが、ロッククライミングからビールを飲むことまで（このふたつを混ぜてはいけない）、それらにはリスクがあり、すべてを禁じられたら退屈で死んでしまうだろう。

研究で挙げられている証拠から実際にわかるのは、ビデオゲームは戦闘機の操縦や盲腸の手術など、ストレス下で視力が要求される作業の遂行能力を少し高めるかもしれないが、広く人を賢くするわけではないということである。それに、長時間プレイすれば注意力散漫になるだろう――ひとつの作業、特に難しい作業に集中しにくくなる。概して、ビデオゲームに関する研究を引き合いに出し、コンピュータ画面の前で長時間過ごせば注意力や記憶力、さらにはマルチタスクの能力が高まるなどと主張している者には懐疑的になるべきだ。ビデオゲームに関する証拠も含め、研究で示されている証拠を見れば、全体として、むしろ負の影響があると考えられるのである。

精神の重力としての記憶

二〇一一年七月一四日

宇宙空間へと物質が飛散するのを重力が防いでいるように、記憶は知識に安定性を与える。いわばそれは、事象を山積みにしない、あるいは次々に流出させないための統合力である。

――ラルフ・ウォルドー・エマソン

インターネットが記憶に及ぼす効果に関する興味深くも気がかりな研究結果がつい最近「サイエンス」誌に掲載された。わたしたちが考える際に用いるツールに、良くも悪くも、わたしたちの頭脳がいち早く順応することがまたしても実証されている。

「グーグルが記憶におよぼす影響：手近に情報があることの認知的帰結」というこの研究は、三人の心理学者、コロンビア大学のベッツィー・スパロウ、ウィスコンシン大学のジェニー・リュー、ハーヴァード大学のダニエル・ウェグナーにより実施された。三人は、次の疑問に対する答えを得るために一連の実験を行った。「事実やその他ちょっとした情報を素早く探し出すためにグーグルを使える技能があると自覚することは、脳内における記憶形成の仕方に影響をおよぼすのか？」。彼らが導き出した答えは、イエス、である。「将来的にも情報入手が可能だと期待する場合、その情報自体を思い出す率は低下し、代わってその入手先を思い出す率が高まる」。結果が示すのは、「人間の記憶の処理過程が、新しいコンピューティング技術やコミュニケーション技術の出現に合わせて変化していることを意味する」と研究者らは記す。

この最初の実験では、被験者は一連の雑学知識の問題に回答する。その後、検索エンジンのグーグルや認知度の高いナイキといった異なる企業のブランド名が異なる色で示され、その色を識別するよう求められる。この種のテストは「ストループ・テスト」と呼ばれ、色名を挙げるのに時間がかかるほど、その単語そのものへの関心と、知覚的注目度が高いことを示す。研究者の説明によると、「色名を答える様指示された際、特定のトピックについて考え込む傾向のある人は、示された単語自体に興味があり、それが（認知的にいって）よりアクセスしやすい場合には、回答により長い時間が必要だった。単語に注意が行くことで、色名を挙げることが妨げられているからだ」。実験では、答えがわからない問題を尋ねられたあと、検索エンジンとは関係のないブランドより、検索エンジン関連のブランドの色名を挙げるほうが明らかに長くかかった。「自身の知識欠如に直面したとき、わたしたちはその状況是正のためコンピュータに頼る準備をするようである」と心理学者らは結論づけた。質問への回答が求められているときや、ちょっとした情報が必要なとき、即座にコンピュータを使うことを考えるよう、わたしたちは自らの脳を訓練していたのだ。

二番目の実験では、被験者は検索エンジンを使って調べそうな類の四〇の事実に基づく文を読み（たとえば、「ダチョウの眼球は脳より大きい」）、その後にその文をコンピュータに入力した。被験者の半数は、入力したものがコンピュータに保存される、残りの半数はそれが消去されると告げられた。その後、被験者は思い出せるだけ多くの文を書き出すよう求められた。この実験で明らかになったのは、情報が保存されない前提であった被験者よりも、それがコンピュータに保存されると思っていた被験者のほうが、記憶があいまいだったということである。「どうやら被験者は、読んだ文を後で調べられると思った場合には、覚える努力をしなかったようだ。検索エンジンはいつでも使えるので、わたしたちは多くの場合、情報を脳内にしまい込む必要性を感じない状態にあると思われる。情報が必要となれば、それを検索するのである」。

最後の実験では、被験者はふたたび一連の事実に基づく文を読み、コンピュータに入力した。その文は包括的な名称（たとえば「事実」や「データ」）の特定のフォルダー内に保存されると告げられた。その後被験者は与えられた一〇分のあいだに思い出せる限りの文を書き出すよう求められた。最後に、ある特定の文が保存されているフォルダー名を挙げるよう求められた。これで明らかになったのは、事実そのものよりも、フォルダー名のほうをよく思い出せるということだった。「記憶に残りやすい文の性質と記憶に残りにくいフォルダー名の性質とを考えるなら、これらの結果は表面的には注目に値すると思われる」と研究者らは述べる。実験から読み取れるのは「情報が継続して入手可能であると期待すると（インターネットが使えると期待するなど）、その項目の詳細を記憶するよりも、それを見つけられる場所を記憶するようになる」ということである。

人間は常に外的な——つまり、心理学用語で言うところの「交換」——情報記憶を持ち、生物学的記憶を補完している。これらの記憶は、知り合いの脳内に存在することもあれば（もし友人のジョンがスポーツの専門家なら、スポーツ関連事項での記憶の補完にはジョンの知識を利用できることがわかる）、地図や書籍のような保管場所であったりメディア技術の場合であったりする。しかしわたしたちは、ウェブのようにこれほど大容量で、いつでも利用可能で、これほど調べやすい外部記憶装置を手にしたことはいままでなかった。この研究が示すように、もしわたしたちの記憶の形成（あるいは形成しない）方法が、単にこの外部情報記憶装置が存在するだけで甚大な影響を受けているのなら、わたしたちは自身の脳内の記憶をさらに減少させていく時代に入ったと言えるのかもしれない。

もし、コンピュータに蓄積された事実が、その事実の脳に蓄積された記憶と同じであるなら、内的な記憶の喪失はさして問題にはならない。しかし、外部の記憶と生物学的記憶は同じものではない。個人的な記憶を形成、つまり「統合する」とき、わたしたちはその記憶と他の記憶のあいだにつながりを形成する。つながりは、個人によって異なり、深遠で概念的な知識の発達には必要不可欠である。そしてそのつながりとは有機的なものであって機械的ではない。より多くのことを学び経験を重ねていくにつれ、時間の経過とともにそれらは変化し続ける。エマーソンが理解していたように、個人の記憶の本質とは、わたしたちの記憶に刻む関連性のない事実や経験ではなく、それらの事実や経験をひとつに結合しまとめ上げる「統合力」なのである。

研究者らは導き出した結果についてかなり楽観的なようだ。「わたしたちはコンピュータツールと共生しつつある」とし、「情報を知ることよりも、情報を探せる場所を知っていることによって、より少なく記憶する、相互に連結されたシステムへと成長している」と結論づけた。わたしたちはまだ「常時『接続されている』ことで被る不利益」がどのようなものかわからないが、それでもやはり、小道具の数々に「頼るようになっている」。「グーグルが知っていることを知り続けるためには、常時接続されている必要がある」。しかし、記憶が個々人の脳から機械の共有データベースに移行するにつれ、わたしたちに知識を授け、個性の核となる、比類なき「統合力」には何が起こるのだろうか？

媒介《メディア》はマクルーハンである

二〇一一年七月一八日

わたしの好きなユーチューブ動画のひとつは、一九六八年にカナダのテレビ番組で特集されたノーマン・メイラーとマーシャル・マクルーハンの討論だ。共に一九六〇年代の象徴であるふたりの男は、この上ないほど対照的である。椅子から乗り出すように腰かけたメイラーは、好戦的で血気盛んで、議論に積極的だった。一方マクルーハンのほうは、物思いに耽るかのようにかすかに微笑みを浮かべ、あたかも上の空であるかのようだった。彼は例によって謎めいた物言いをする。「地球はもはや自然ではない」。解せない面持ちで見つめるメイラーに続けた。「いまやひとつの人工《アート》作品となってしまったのだ」

マクルーハン（生きていれば今週で一〇〇歳）を見ていると、天才なのか、それとも単に頭のネジが緩いのか判断がつきかねるだろう。どちらの印象も、結局のところ正しいのである。小説家のダグラス・クープランドが近著の伝記『マーシャル・マクルーハン：わたしの仕事を理解している者はいない！』のなかで、マクルーハンは、おそらく軽度な自閉症だろうと述べている。また彼は、二度の重篤な脳の外傷性障害にも苦しんでいた。一九六〇年、重篤な脳卒中を起こし、臨終の者への最後の秘蹟《ひせき》まで執り行われた。一九六七年のメイラーとの討論のわずか数ヶ月前には、脳底部から小さなリンゴ大の腫瘍を取り除く外科手術を受けている。その後の処置で、一本余分な動脈が頭蓋内に血液を送っていたことが判明した。

マクルーハンは、脳卒中と脳腫瘍除去の合間をぬって、途方もなく独創性に富んだ本を二冊、かろうじて執筆した。一九六二年に出版された『グーテンベルクの銀河系』では、印刷機の出現による文化的かつ個人的帰結について探求し、グーテンベルクの発明は現代の精神を形作ったと論じた。二年後の著書（『メディア論』）では、二〇世紀の電子メディアの分析へと幅を広げ、それが活字文化の個人主義的気風を破壊し、世の中を機密なネットワークで網羅されたグローバル・ヴィレッジに変えている、と主張した。この二冊の思想は、ハロルド・イニス、アルバート・ロード、ウインダム・ルイスなど同時代の思想家たちの著作によるところも多いが、マクルーハンの体系は、内容もスタイルも、先に出版されたどれとも類似したところがなかった。

今日マクルーハンの著書を読んでも、メディアの広範な影響力についての洞察や技術的進歩の課程に関する予見には、ありとあらゆる意味で目を見張るだろう。一九六六年、ゼロックス社のコピー機を初めて目にした彼が見ていたのは、廉価にコピーができる機械にとどまらなかった。彼は書籍の変容を予見し、製造物ではなくなり、情報のサービスになるとして次のように述べた。「固定価格市場に適した、複製可能かつ均質的性格の固定商品としての書籍に代わって、サービス――情報のサービスという性格を帯びていき、情報サービスとしての書籍は、受注生産の特注品となる」。それは半世紀前にはひどく斬新に響いたはずだ。しかしいまとなっては、書籍はその物理的体裁を払拭し、ソフトウェアプログラムに変わりつつあり、それは既知の事実に過ぎなくなっている。

マクルーハンはまた、多くの見込み違いをしていたこともわかる。彼の中心的仮説のひとつに、電子コミュニケーション技術が文化の中心から音標文字を駆逐するというのがあり、彼はそれが当時すでにかなり進行しているのを感じていた。「表記された言葉の上に築かれたわたしたちの西洋的価値は、電話、ラジオ、テレビなどの電子メディアにかなり影響を受けている」と自著『メディア論』で述べている。人は、文章を読むとき、文字という視覚的記号の解釈に注意力が費やされるため、その他の感覚や他者への愛着が希薄になり、抽象概念、個人主義と徹底した直線的思考の世界へ没入してしまうのだと彼は信じていた。マクルーハンにすれば、これが西洋文明の、特にグーテンベルクの印刷の到来以降の物語であった。

電話やテレビのような新しい技術は、書かれた言葉への限定的視点からわたしたちを解放することで、世界や他者への感性を高め情緒的交流を広げる、と彼は主張した。わたしたちは個人レベルでも社会レベルでもより統合されたものに、より「全体観的」になり、ある程度の根本的な人間性を取り戻すことになる、とした。だがマクルーハンは、コミュニケーションネットワークの速度と能力が増大するにつれ、他のなによりもまして文字情報がやり取りされることは予見できなかった。書かれた言葉は電子メディアにはびこることになった。もしマクルーハンがいまここに蘇ったら、読み書きする道具として電話を使っている人びとを目にして仰天したことだろう。彼の知る不鮮明で低解像度のテレビ画面（彼がホット・メディア［受容者の参与性の低いもの］とクール・メディア［受容者の参与性、補完性の高いもの］の区別の基準としたことで有名）から、たいていアルファベットの文字が画面にうごめく非常に鮮明で高解像度のモニターに取って代わったことにも驚いたに違いない。わたしたちは、従来にも増してしっかりと視覚的に集中する必要性に支配されつつある。電子メディアは社会的なメディアでもあるが、疎外のメディアでもある。もしメディアがメッセージであるなら、電子メディアのメッセージは、マクルーハンの仮説とはかけ離れているということがはっきりしている。

彼は、自分の予想が外れてしまったからといって気にしたりはしなかった。考えを突き詰めることよりも、発想を展開することのほうがはるかに大きな関心事だったからである。彼はその著作を、現在や未来を理解するための補助線として意図していた。彼はその言葉によって読者をその知的安全地帯から叩き出し、当たり前だと思っていた、型にはまった認識を再整理する必要があるかもしれないと伝えようとしていた。彼にとって幸運だったのは、多くの人びとが自らの脳内の秩序を見直そうと考える、歴史上稀に見る瞬間に居合わせたことだった。

マクルーハンは、ケンブリッジ大学で博士号を取得した文学者であり、メディアが持つ知性や社会に対する影響についての彼の解説は、引喩と学識に富んだものであった。しかし、大衆や報道機関がとりわけ衝撃を受けたのは、その散文の不可思議さであった、おそらくその類まれなる精神性の賜物として、冷徹であると同時に神秘的とも受け止められる文章を書く才覚が備わっていたのだろう。その著書は、一介の役人がLSDでの幻覚トリップを報告したもののようにも読める。そんな万華鏡のような、ほとんどサイケデリックとも言えるスタイルによって、彼はカウンターカルチャーの寵児となる――顎髭をたくわえ、裸足に皮サンダルを履いた連中が彼を教祖として崇め奉った――が、それは彼を学会の同僚たちから遠ざけることとなった。彼らにとっては、マクルーハンは単なる有名人志向のいかさま師でしかなかった。

彼を支持する者も敵対する者も、そのどちらも彼の真の姿を捉えていなかった。マクルーハンの人生に最も影響を与えたのは、二五歳のときのカトリック教への改宗と、それに続く宗教儀式や教義への献身的情熱である。連日のミサ通いが彼の日課になった。それについて論じたことは一度もなかったが、彼の信仰心は、その円熟期の業績に一貫した道徳的かつ論理的な背景をなしている。今後訪れるであろうとマクルーハンが信じていたのは、時を超越した永続性であった。現世的な過去、現在、および未来の概念など、比べるに足るものではなかった。彼の思想家としての役割は、世界を称えることでも誹謗することでもなく、純粋にそれを理解することであり、歴史の秘密を紐解く図式を認め、それによって神の意図への手がかりを示唆することだった。彼の仕事は、彼がそう気づいていたように、芸術家のそれとは異なるものであった。

それはマクルーハンに俗人としての野望がなかったということではない。マスメディアが夜明けを迎えた時代でもあり、彼は心底有名になりたがっていた。「わたしは世界に愛情を抱いてはいない」と、学者の道を進みはじめた三〇代後半、自分の弟へ宛てそう書いている。しかし、同じ手紙のなかで、「いくつかの大きな夢」として、胸に秘めていた「人びとを眩惑させること」を明かしている。現代のメディアはそれ自体の媒体、メディアが持つ、世界を変えうる力を説明する声を必要としており、そこで彼はその役目を引き受けたのである。

注目を集めることへの現世的な切望と、物質世界への嫌悪感とのあいだのマクルーハンの葛藤は、決して解決されることはなかった。六〇年代半ばに、テクノ理想主義の予言者として崇められてはいたが、コープランドが書くように、彼はすでに「世界は新しい技術によってよりよい場所になる」という希望をすっかり失っていた。彼はグローバル・ヴィレッジを予兆し、その近未来性と可能性に心底興奮していたが、同時にその到来は、自分の畏敬する文学の終焉を告げることも見通していた。電子接続された社会は、新しい遠大な尺度で築かれたにしても、文明のさらなる繁栄ではなく、種族組織回帰のための舞台となる。「そして感覚というものが我々から喪われるにつれ、ビッグ・ブラザー［ジョージ・オーウェル『一九八四年』に出てくる超大国家の統治者］が体内に入り込む」と書いた。常時注目され、常時その様子が中継され、常時監視されているわたしたちは、技術的にも社会的にもかつてないほど媒介されている。孤高の思想家を特徴づける知的分断――これはマクルーハン自身の業績自体の特徴でもあった――は、今日社会全体で高揚され、かつわたしたちを縛っている「双方向性」と呼ばれるものに取って代わられた。

マクルーハンはまた、痛烈な明快さでもって、あらゆるマスメディアは商業主義と消費主義の道具――故に、支配する装置になると看破した。暮らしのなかにメディアをより密接に組み入れれば入れるほど、わたしたちは集団として包囲されていく。『メディアの理解』のなかで彼が述べるように、「わたしたちの目や耳、知覚神経を借りて儲けようと陰から操作するものたちの手に、いったんわたしたちの感覚と神経系を委ねてしまったら、我々にはまったくいっさいの権利も残されない」。現代メディアについてこれ以上に暗い展望が示されたことがあるだろうか？

「多くの人びとは、相手がもし何か最近の話題に触れたなら、その話し手はそれが好きなのだと思い込むようだ」。マクルーハンは一九六六年、インタビューのなかでいつになく率直にこう口にした。「しかし、わたしに関してはまったく逆だ。わたしの話すあらゆることは、ほぼどれもが断固反対なことであって、わたしからすると、それに対抗する最良の手段はそれに精通することで、そうすれば相手はどこでスイッチを切るべきかが分かるだろう」。「WIRED」誌の創設者は、マクルーハン亡き後に彼をデジタル革命の「守護聖人」に祭り上げたが、実際のマクルーハンはハイテクマニアであると同時にラッダイトでもあった。彼は、もし関心を引かれたとしても、全体としてのフェイスブックのつまらなさを嫌悪したことであろう。

一九七九年秋、マクルーハンは再び重篤な脳卒中に見舞われたが、この時ばかりは回復することがなかった。意識は取り戻したものの、それから一年と少し後に死去するまで、読むことも書くことも話すこともできなかった。言葉を愛した者――愛読書はジェイムズ・ジョイスの『フィネガンズ・ウェイク』だった――は、言葉を喪ったまま世を去った。自らの予言を全うし、文字の先の未来へと進んだのである。

フェイスブックのビジネスモデル

プライバシー保護への欲求は強いが、虚栄心はそれを凌ぐ。

二〇一一年九月二六日

薄気味悪いユートピア

二〇一一年一〇月二九日

　SF作品は、少なくとも優れたものは、ほぼ決まってディストピアを描いている。理由は簡単だ。地獄にはドラマチックな要素がふんだんにあるが、天国は、当然のことながら平穏である。幸福は味わうにはいいが、外部から眺めるとひどく退屈なものである。

　理想郷を描いても面白くないのには他にも理由がある。わたしたちはみんな「不気味の谷「ロボットが人間に似るにしたがい親近感が強まるが、ある段階で強い異和感に変わることを言う。さらに似てゆくにつれ再び親近感が増す」」を実感したことがあり、不気味な思いをせずにいかにもロボット的な人間のレプリカを見続けることができない。そんな不気味の谷は、未来の楽園を描いた技巧的演出のなかにも現れる。ユートピアは気味が悪い――少なくとも、気味悪く見える。それは多分、ユートピアがその住人に、この堕落した現実世界を悩ます恐怖や怒り、嫉妬や失望、苦痛、その他いかなる厄介な感情をも決して表わさず、感じさえしないロボットのようにふるまうことを要求するからである。

　ここ最近、新しいジャンルの未来的なユーチューブ動画が目に付くようになった。それらはマーケティングやブランドイメージを上げる目的でテクノロジー企業が作製したものである。現金でバランスシートが充たされているような会社にしか作りえない、完璧な演出がなされた舞台で、未来の世界が描かれる。未来に住む人びとはコンピュータ画面から画面へと行き来しとてつもなく生産的な日々を送っており、ことのほか身だしなみがいい（ユートピアを描くときのお約束のように、その雰囲気はまったく性を感じさせない）。

最新の作品はマイクロソフトのもの――その示唆に富んだタイトルは「生産性の将来へのヴィジョン（二〇一一）」だ――で、その前作同様、まるでスタンリー・キューブリックとデイヴィッド・リンチ両監督の作品を足して二で割ったような代物である。それは、黒いスーツできめたビジネスウーマン（人間、たぶん）が飛行機から下りて、空港内を歩いている場面からはじまる。彼女がコンピュータ付きのメガネに触れると、デジタル音声が、照射するライトで特定される路面の一区画の個人用「ピックアップ・ゾーン」に誘導する。間髪入れず彼女のリムジンが到着し、後部座席に彼女が落ち着くや、車のウィンドウがコンピュータのモニタに早変わりし、今後の予定とその他実用的な情報をストリーミング配信する。そのあいだに彼女の電話からホテルのベルボーイに到着予定時刻が送信され、ベルボーイは彼女がやって来るのを名刺大の画面でトラッキングする。さらにビデオは、そのビジネスウーマンから離れ、同じように不毛な短い場面を次々と映し出していく。即座に反応する数々のウィンドウ画面を数々の手入れの行き届いた指先がさらう。取引はホログラムを活用して遂行される。溢れんばかりのデータが空中を飛び交う。ビデオは最後に、あらゆる物体の表面がグラフィカル・ユーザー・インターフェースとなるキッチンで音をまったくたてずに暮らしている家族を映し出して終わる。人びとは瑣末で、無能な存在に見える。

人びとを未来へとかき立てることを企図するこの手の作品は、技術的進歩がもたらす楽園のヴィジョンをひねりだそうと躍起になっている。しかし、まったく正反対の結果を招いており、冷たく機械的でぞっとするような未来を描き出している。そしてその不気味さを際立たせているのは、彼らが投影する世界とわたしたちが暮らす世界のあいだにある類似性なのである。

背骨のないもの

二〇一二年三月一六日

ブリタニカ百科事典の印刷版がついに過去のものとなった。予想されきっていたこの発表は二日前だった。これからは、あの由緒ある幾巻もからなる参考文献は、デジタル版だけになる。かなりの重さだったが、これからはもちろん重さそのものがなくなってしまう。世の中とはそういうものだ。

あの背表紙がなくなってしまうなんて寂しい限りだ――四五巻でひと揃いのそれは、英国人のように禁欲的に厳然と書棚を席巻していた。それはとても豪華で、なにやら威圧的なようでいて同時に差し招いてもいるようだった。特筆すべきは、各巻に二組で一組の索引語が刻印されていて、その巻が何からはじまり、何で終わるかが一目でわかるところだ。ほぼ無作為におかれた二つの語句は、単なる便宜以上の役割はない。たとえば、インディア・アイルランド（India Ireland）や、アカウンティング・アーキテクチャー（Accounting Architecture）といった具合である。とはいえ、他の効能として、新たな予期せぬ想像の領域へとさまよい込ませてくれる。

お気に入りのいくつかをここに記録しておこう。

フレオン・ヘルダーリン（Freon Holderlin）（冷淡との評判だが、会ってみたい人物）

メナジ・オタワ（Menage Ottawa）（完璧に噛み合わない一組）
シカゴ・デス（Chicago Death）（ジャック・ホワイトの新しいサイドプロジェクト）
ライト・メタボリズム（Light Metabolism）（万物の理論が何であるか発見された暁には、こう呼ばれるであろう）
エクスクリション・ジオメトリー（Excretion Geometry）（世界で七人の人びとにだけ理解される領域。すでに全員死去）
アークティック・バイオスフィア（Arctic Biosphere）（噂によれば、フレオン・ヘルダーリンはここに住んでいる）
クラスノカムスク・メナドラ（Krasnokamsk Menadra）（瞑想修行をはじめるとしたら、唱える言葉はこれだ）

とどめは――もう胸が詰まってきた――極めつけのお気に入り。

デコラティブ・エジソン（Decorative Edison）

未来のゴシック

二〇一二年五月八日

一

ハードウェアは問題だ。消耗する。動かなくなる。物理的な力に影響を受ける。エントロピーに影響を受ける。劣化する。だめになる。故障する。故障の瞬間は予測できないが、予測できるのはその瞬間がいずれは訪れるということだ。原子の集合体は滅びる運命にある。さらに悪いことに、物理システムに組み込まれるコンポーネントが多ければ多いほど——集合体を形作る部品が多ければ多いほど——その機械の故障のポイントは増え、より脆くなる。

これは工学の問題だ。形而上学の問題でもある。

二

検索をつかさどるデータセンターを築くうえでグーグルが行った最も偉大なイノヴェーションのひとつは、システムの各コンポーネントを分離するのにソフトウェアを用いることで、コンポーネントの不良がシステムの不良を引き起こさないようにしたことである。ネットワーキングソフトウェアはコンポーネントの不良（ハードドライブがだめになりそう、など）を感知すると、すぐにそのコンポーネントを回避し、正常に作動するシステム内の別の良好なハードウェアへとタスクを割り振る。どのコンポーネントもとりたてて重要ではない。どれも必要不可欠ではなく、使い捨て可能である。ハードウェアのレベルにおけるシステムの維持は、故障した部品を新たなものに交換するという簡単なプロセスになっている。労働者を雇うか、ロボットを作るかすれば、コンポーネントがだめになったとき、その労働者かロボットがちゃんと新しいものに取り替えてくれる。

このようなシステムには高性能のソフトウェアが必要である。安い部品も必要である。

三

物理システムでアルゴリズムを実行するのは、身体に精神を入れるようなものだ。

四

数年前、サイバーパンク作家のブルース・スターリングがヨーロッパで開かれたテックカンファレンスで興味深い講演を行った。新たな文化の両極をなしているふたつのライフスタイルの相違点を指摘したのである。一方——高いほう——には、「ゴシック・ハイテク」がある。

ゴシック・ハイテクにおいては、皆さんはスティーヴ・ジョブズです。素晴らしい技術革新である iPhone を生み出しました。そうはいうものの、こっそりとテネシーに行って肝臓移植を受けなければならない。というのも、何か秘密の恐ろしいもので死にかけているからです。また、皆さんはアメリカ産業界の大物です。ゼネラルモーターズなんかには乗りません。ちゃんと機能する車のハンドルを握っている。しかし、やはりゴシック・ハイテクなのです。死が待っていますからね。しかも穏やかな死ではありません。不吉で、薄気味悪く、汚れた、シリコンヴァレーの環境汚染地区にある井戸のようなもので、徐々に襲いかかってくるのです。それに、世間、ブロガー、株主から隠れなければなりません。

そして、もう一方――低いほう――には、スターリングが呼ぶところの「ファヴェラ・シック」がある。この人たちが集まってヴァーチャル世界の「遊び働く者」を構成している。

ファヴェラ・シックとは、物質的なもの、自分が作ったものや所有していたものをすべて失ったけれども、ネットワークにはしっかり接続されている状態です！　そしてフェイスブックに熱中している。それがファヴェラ・シックです。すべてを失い、お金もなく、キャリアもなく、健康保険もなく、どこに住んでいるかすら定かでなく、子どももなく、恋人や信頼できる友達もいない。これがホットなのです。本当にクールな世界です。

ファヴェラ・シックはゴシック・ハイテクを崇拝している。ゴシック・ハイテクは非現実性を完成させたからである。彼らは衰退しゆく「インフラ」の領域から逃れ、妨げられることなく永遠に流れる「物語」に身を置いたのだ。彼らはアバターである。機械のないソフトウェア、身体のない精神である。

部品が故障しない限り。

五

H・G・ウェルズは、一八九五年のゴシック小説『タイムマシン』で、別の言葉を用いた。ゴシック・ハイテクをモーロック人、ファヴェラ・シックをイーロイ人と呼んだのである。もちろんウェルズが執筆をしたのは、仮想現実化の時代ではなく、工業化の時代である。

朝八時か九時ごろ、わたしは到着した晩に世界を眺めたのと同じ黄銅の椅子のところに来た。その晩に下した早計な判断のことを考え、あのときの自信に苦笑を禁じ得なかった。いま目の前にあるのは、同じ美しい光景、同じ豊かな緑、同じ壮麗な宮殿と堂々たる遺跡、肥沃な両岸のあいだを流れる同じ銀の川だ。美しい人びとの色鮮やかなローブが木々のあいだに見え隠れしている。わたしがウィーナを救ったまさにその場所で水浴びをしている人もいて、不意に突き刺されるような痛みを感じた。そして、この風景に染みをつけるように、地下世界へ通じる丸屋根がある。いまとなっては、地上世界の美しさが覆い隠しているものがよくわかる。彼らの毎日はとても愉快だ。野原の牛と同じく、敵というものをいっさい知らず、何かの必要に迫られることもない。そして、迎える最後も同じなのだ。

六

若い超億万長者の技術者に残された道楽はふたつしかない。宇宙旅行と不死の実現である。どちらも重たさから逃れようとするものだ。

死を回避する方法はいくつかある。たとえば、肉体をヴァーチャル化して、精神を身体から解き放つことができるだろう。しかし、その前にコードを解読しなければならない。そして、ああ悲しや、人間に関して言えば、わたしたちがコードを解読できるのはまだまだ先のことだ。肉体からの離脱はすぐに実現しそうにはない。では、グーグルと同じ道を歩み、心臓や腎臓であれ、膵臓や肝臓であれ、故障したコンポーネントを迂回させる方法を考え出すのはどうか。そのうちわたしたちは必要不可欠な身体のコンポーネントを作成する——部品供給を無限に行う——方法を考え出せるかもしれないが、それもやはりすぐに実現しそうにはない。というわけで、さしあたってわたしたちに残されている方法は、移植、すなわち故障したシステムから正常なコンポーネントを摘出し、機能しているシステムの故障したコンポーネントと取り替えることである。

死を受け入れられないゴシック・ハイテクはここで問題に直面する。臓器提供のシステムはもっぱら民主的なのである。金でどうにかなったりはしない。裕福な人は、移植待ちの列が短いところ——テネシーなど——に行くことができるかもしれないが、列の順番を抜かして先頭に行くことはできない。そのため、供給を増やすこと、希少なコンポーネントを豊富にすることが課題となる。

七

一週間前、フェイスブックのCEOマーク・ザッカーバーグが、友人のスティーヴ・ジョブズの経験に感化されたと言い、臓器提供者であることを簡単に表明できる新機能をフェイスブックに導入すると発表した。ザッカーバーグの試みが臓器の供給を増やしたら、多くの命を救い、苦しみを和らげることになるだろう。誰もが感謝すべきだ。未来の暗い夢は何よりもSF作家に委ねられる。

イノヴェーションのヒエラルキー

二〇一二年五月一四日

屋内トイレとインターネット、どちらかひとつの発明しか選べないとしたら、どうする?

——ロバート・J・ゴードン

「ハーバード・ビジネス・レヴュー」誌のエディター、ジャスティン・フォックスは、「いまのイノヴェーションは昔とは違う」と唱える識者グループの新入りだ。「二〇世紀前半に生じた日常生活の驚くべき変化と比較して」と彼は書いている。「デジタル時代はわたしたちの生き方に些細な変化しかもたらしていない」。フォックスには仲間がたくさんいる。たとえば彼が名前を挙げたSF作家のニール・スティーヴンスン。彼は、インターネットが産業の創造性を爆発させるどころか、イノヴェーションを「一世代にわたって抑圧」するのではないかと心配している。フォックスはまた、経済学者のタイラー・コーエンも引き合いに出す。コーエンが主張しているのは、近年わたしたちはテクノロジーに熱狂しているが、実際にはイノヴェーションの停滞の時代に生きているということである。

あるいは、テクノロジー界の黒幕、ピーター・シールに言及することもできたかもしれない。彼は、大規模なイノヴェーションは休止状態にあり、わたしたちはテクノロジーの「不毛地帯」に入り込んだのだと考えており、その責任をヒッピーたちに負わせている。「人類は一九六九年七月に月に到達した」と、彼は二〇一一年の「ナショナル・レヴュー」誌の記事「未来の終わり」に書いている。「そしてその三週間後にウッドストック・フェスティバルがはじまった。いまだからわかるが、これはヒッピーが国を支配した瞬間であり、進歩をめぐる真の文化戦争が終わった瞬間だった」

このような不満——ヒッピーではなく、進歩に関する不満——をそもそも掻き立てたのは、ノースウェスタン大学の経済学者、ロバート・J・ゴードンである。彼が二〇〇〇年に発表した論文「『ニューエコノミー』は過去の偉大なイノヴェーションに匹敵するか?」には、一世紀前に起きた発明の洪水とわたしたちがいま目撃しているちょろちょろとかすかに流れる川との手厳しい比較が含まれていた。一八七六年から八六年の一〇年間に発明されたものを少しでいいから考えて欲しい。内燃機関、電球、変圧器、蒸気タービン、電気鉄道、自動車、電話、ムービーカメラ、蓄音機、ライノタイプ、レジ、ワクチン、鉄筋コンクリート、水洗トイレ。タイプライターはその数年前に登場しており、パンチカード統計機(デジタルコンピュータの先駆け)は数年後に誕生する。そしてほどなく、飛行機、ラジオ、エアコン、真空管、ジェット機、テレビ、冷蔵庫、たくさんの家電が、製造プロセスの革命的な発展とともに世に現れる。(核兵器も忘れてはならない)。生活の様式は一八九〇年から一九五〇年のあいだにすっかり変化したとゴードンは述べる。では、一九五〇年から今日のあいだは? それほどではない。

今日のイノヴェーションにそれほどインパクトがないのはなぜか? シールの説が正しく、ヒッピー、リベラル、そのほか堕落した者のせいなのかもしれない。あるいは、レベルの低い教育のせいかもしれない。企業が研究に投資しないせいかもしれない。近視眼的なベンチャー投資家のせいかもしれない。

攻撃的すぎる弁護士のせいかもしれない。想像力に欠ける起業家のせいかもしれない。あるいは、アメリカという魔力が永遠に失われてしまったからかもしれない。しかし、どの説明もしっくりしない。なにしろ、科学分野がかつてないほどに広がっている一方で、イノヴェーションに対する報酬や評判は高まり、投資プールは膨らみ、アイデアを共有する能力は上がっているのだから。イノヴェーションの障壁はこうした勢いによってすべて取り除かれるはずだ。

別の解釈をしてみよう。イノヴェーションは衰退しておらず、その中心が変わっただけなのだと。つまり、わたしたちはこれまでと同じように創造的だが、その創造性を注ぎ込む対象が、小規模で、影響が小さく、目に見えにくい発展を生み出す分野になったのだ。そしてそれは完全に合理的な理由による。わたしたち自身が望む――わたしたちにふさわしい――イノヴェーションを行うようになっているのである。

わたしが考えるに、イノヴェーションには、アブラハム・マズローの有名な欲求のヒエラルキーと類似するヒエラルキーがある。マズローは、人間の欲求には五つの段階があり、低次の基本的な欲求を満たすと次の段階に進むのだと主張した。すなわち、まずは最も原始的な生理的欲求を満たす必要があり、そうすることで安全の欲求に専念できるようになり、安全の欲求が満たされると、所属の欲求、承認の欲求、そして最後に自己実現の欲求に向かうことができる。マズローのヒエラルキーは、各段階の境界が明確な、確固たる構造として見てはいけない。わたしたちの欲求は雑然としており、その境界は穴だらけである。わたしたちが身体的欲求を満たすためにせっせと努力しているのと同じように、原始人も自己尊重や自己実現をある程度追い求めていただろう。しかし、このヒエラルキーを人間の焦点、力点

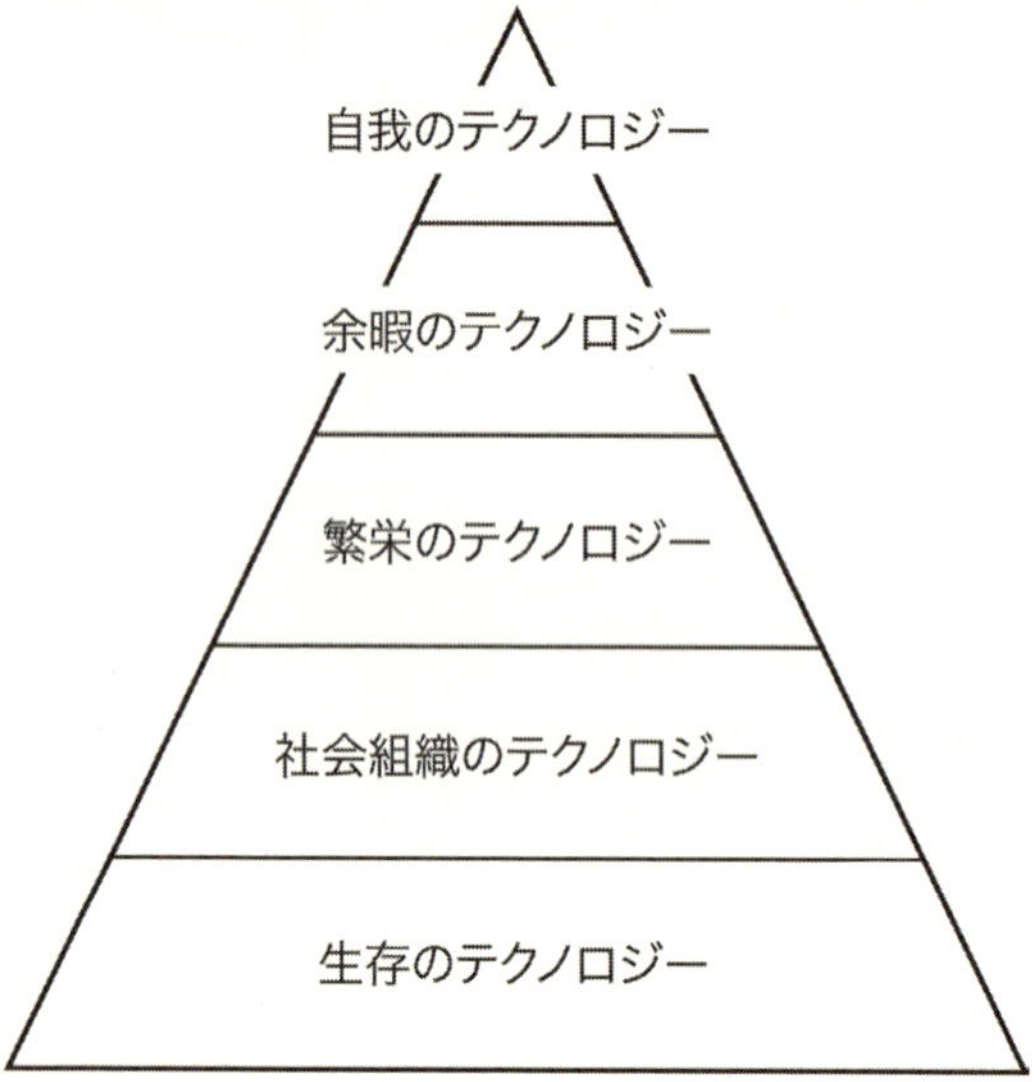

イノベーションのヒエラルキー

がどこにあるかの図として見れば腑に落ちる──そして、たしかに歴史に証明されているように思われる。簡単に言えば、快適になればなるほど、自分のことを考える時間が増えるということだ。

発明が人間の欲求に応えているのであれば（これは間違いないことだ、特に営利のために働いているときは）、欲求が変化することで、技術的イノヴェーションや物質的進歩も変化する。わたしたちが発明するツールは欲求のヒエラルキーを上り、身体を守るのに役立つツールから内面を変えるツール、生存のツールから自我のツールへとシフトしていく。ここでイノヴェーションのヒエラルキーを図に表してみよう。

歴史を振り返ってみると、少なくとも経済的に発展した世界において、イノヴェーションの焦点は、人間の欲求の変化に促され、たしかにこの五つの段階を上がってきた。最初は生存のテクノロジーだった。わたしたちの第一の欲求は生きたいということだったから、基礎的な住居、狩猟と自己防衛のための武器、調理器具、衣服を発明した。それなりに安全になったと感じると、安定した社会を形成しはじめた。それには幅広い社会組織のテクノロジーが必要だった。城や教会を築き、農具や兵器を作り、水路や便所を敷設した。社会組織が機能し、それに合った労働の分配ができると、繁栄のテクノロジーに目を向けた。輸送、教育、医療、エネルギー、製造、商売、コミュニケーションの複雑なシステムを作りはじめた。ある程度の繁栄を達成し、自由に使える収入をいくらか得ると、余暇のテクノロジーを渇望するようになった。消費財や消費者サービス、娯楽、旅行、ラジオやテレビ、スタイリッシュな車や服などがそれである。そしていま、物質的な欲求を満たすのに充分なモノを集めたわたしたちの欲望は、自己実現や自己表現に向いている。いま欲しているのは自我のテクノロジーである。ザナックス（精神安定剤）やバイアグラを考えてほしい。美容整形や幹細胞配合《エキス》のアンチエイジングクリームを考えて欲しい。フェイスブックやツイッターやピンタレストを考えてほしい。フィットビット［ウェアラブル端末とアプリで日々の活動を記録し、健康管理をする］を考えてほしい。

マズローの欲求のヒエラルキーと同じく、イノヴェーションのヒエラルキーも厳密なものではない。イノヴェーションは現在も五つの段階すべてで続いている。しかし、報酬も名誉も、自我のテクノロジーに力を入れている発明家や起業家に対するものが最大になっており、それゆえ多くの投資や起業活動がその方向に向かっているのである。身体的にはすでに満足しているから、身体的な満足度をさらに少し高めることが差し迫って必要だとは特に思えない。わたしたちは内側を見るようになっているのであり、いま望むのは内面を変える（幸せになる、あるいは少なくとも心地よい麻痺を感じる）、あるいはその内面を外に投影する（ステータスを得る、あるいは少なくとも関心を得る）強力なツールである。スタートアップ企業は、大量輸送の高速かつ効率的なシステムを築こうとするより、人気のＳＮＳアプリを開発したほうが名声と富を得られる可能性が高い。

イノヴェーションのヒエラルキーの最上部に向かうにつれ、発明は目に見えにくくなり、変革をもたらす力が小さくなる。わたしたちはもはや物質界の形を、それどころか物質界に現れる社会の形すら変えていない。気分やアイデンティティを新たにし、見えない自我を作り変えているのである。一歩下がって見渡してみると、それは停滞のように見える――特に何も起きていないように見える。繁栄のテクノロジーへの関心が頂点に達し、余暇のテクノロジーへの関心が高まっていた百年前と現在を比較した場合、イノヴェーションの不毛地帯を見ないのは難しい。

自己実現の追求は最終的に健全で完全な個人につながるとマズローは言った。「その人の本来的に備わっている性質を、その人のなかの調和、融合、共働に向かう絶え間ない動きとして、完全に認識し受け入れる」ようになるのである。しかし、テクノロジー製品の購入や使用ということになると、自己実現の追求はすぐにただのわがままになってしまう。イノヴェーションは、暗い雰囲気を帯び、退廃に向かって弧を描く。とはいえ、発明家を評価する際にあまり厳しくなるべきではない。彼らはわたしたちが望むものを与えてくれているだけなのだ。

取り込め。編集しろ。焼け。読め。

二〇一二年六月四日

だからアタシはあんたの店じゃレコードを買わない
いまは全部テープに録音するんだ、アタシはトップ・オブ・ザ・ポップスなんだから。

――バウ・ワウ・ワウ「C30 C60 C90 Go!」（一九八〇年）

七〇年代初め、わたしは一二歳の誕生日プレゼントとしてリアリスティックのポータブルカセットテープレコーダーを両親にラジオシャックで買ってもらった。それから数時間のうちに、わたしは音楽著作権侵害者になった。隣に友達が住んでいたのだが、彼の兄がわたしが惚れ込んでいだアルバム『アビイ・ロード』を持っていたのだ。そこでわたしはレコーダーを持ってその家を訪ね、小さなプラスティックのマイク（モノラルだった）をステレオのスピーカーの前に置いて曲を録音し、きょうだいや友達のLPや四五回転盤をコピーした。悪いことをしているとは思わなかった。著作権の侵害だとは考えていなかったし、録音が違法だとも考えていなかった。ただ音楽が好きなだけだった。

わたしだけではない。テープレコーダーは、オープンリールであれカセットであれ、どこにでもあり、それを持っている子どもはほぼ誰もがアルバムや曲をコピーしていた。（ウォルター・アイザックソンが書いたスティーヴ・ジョブズの伝記を読んだことがある人なら、ジョブズが一九七二年に大学に行ったとき、カセットに録ったディランのブートレグの幅広いコレクションを持っていったことを知っているだろう)。数年後、ステレオシステムにカセットデッキを搭載するのが当たり前になると、レコードやラジオから曲を取り込むのはさらに簡単になった。カセットデッキに出力ジャックと入力ジャックの両方があるのには理由があったのだ。わたしと友人たちはカセットに録ったアルバムやミックステープを日常的に交換していた。それがふつうだった。

これは指摘しておくべきことだが、わたしたちはレコードをたくさん買ってもいた。特に、ラジオで流れるもののほとんどがゴミだとわかると(ドゥービー・ブラザーズのファンがこれを読んでいたら申し訳ない)より一層買う様になった。レコードの売上とレコードのコピーが時を同じくして盛況だったのにはいくつか理由がある。一、アルバムをコピーするためには、仲間内の誰かがオリジナルを持っていなければならなかった。匿名での長距離交換はなかったのである。二、レコードはテープよりも優れた媒体だった。何と言っても、個々の曲をかけるのが簡単だったのだ(そしてお気に入りの曲を何度もかけるのは珍しいことではなかった)。三、レコードのジャケットはかっこよく、それ自体に大きな価値があった。四、レコードを所有していると尊敬された。五、レコードはそれほど高くなかった。当時のLPについて多くの人が忘れているのは、オリジナル盤のリリースからそれほど経たないうちに大半がカットアウト盤として安売りされ、一ドル九九セントかそこらで手に入れることができたということである。最低賃金のバイトしかしていない高校生でも、週に一枚はレコードを買えた。それは——信じられないかもしれないが——かなりの数だ。

わたしがこんな話をしているのは、十代のころに音楽の著作権を侵害したことを急にやましく感じたからではない。罪悪感はまったくない。ただ、この週末、リッスン・ドット・コムの創設者ロブ・リードが書いた「ウォール・ストリート・ジャーナル」紙の記事をたまたま読んだからである。彼は、「デジタル上の著作権侵害という冒険とスリルに富んだ舞台で、出版業界は厚かましい音楽業界よりもはるかに如才なく振る舞っている」と主張した。音楽業界と出版業界を比較しながら、出版業界は、「ナップスターが滅びたときの音楽業界よりもデジタルに関してかなり進んでいる」と論じた。

どちらの歴史もデジタルメディアがポータブルになったときにはじまった。音楽の場合は、一九九九年、レコード会社が、失敗に程近かったMP3禁止運動をやめたときだ。本の場合は、二〇〇七年にKindleが発売されたときである。出版業界のほうがはるかにうまくスタートを切った。どちらの業界でも、デジタル化から四年のうちに、モノとしての売上は約二〇パーセント減少したが、電子書籍の売上は出版業界の不足額をほとんど補った。一方、デジタル音楽の販売は何年も変わらずゼロの付近をさまよった。

これは音楽ファンが不誠実であることの証明ではない。むしろこれが示すのは、新しい物にすぐに飛びつく者たちと商売をするのは賢明だということである。出版業界はそうした。一方、レコード会社は基本的に、最初のデジタル世代はデジタル音楽を盗んだかまったく利用しなかったかのどちらかだと主張していた。

まったくそのとおりのような気がする。だが、リードの主張は誤解を招きかねない。彼はメディアの歴史をかなり簡略化し、出版市場と音楽市場のあいだにあるいくつかの根本的違いをごまかしている。わたしの若いころの経験からもわかるように、音楽ファンは本当に不誠実であり、何十年も不誠実だった(「不誠実」はもちろんリードの言葉で、わたしの言葉ではない)。それに、音楽の「デジタルの歴史」がはじまったのは一九九九年ではない。それがはじまったのは、一九八二年、アルバムがCDで発売されるようになったときである。たしかに、音楽業界と出版業界のあいだには似ているところがあり、それは注目に値するが、ふたつの業界がデジタル時代に異なる道を歩むことになった要因を考えると、重役の判断の違いより、両者の基本的な違い——特に、その歴史とテクノロジー、そして顧客の違い——のほうがはるかに重要だろう。

顕著な違いのいくつかと、それらが両者の進む道をいかに変えたかについて、ここで振り返ってみたい。

子どもたちは音楽がデジタル化するよりずっと前から音楽をコピーしていた。曲やアルバムの勝手なコピーは、ウェブやMP3やナップスターの出現ではじまったわけではない。六〇年代から続くポップミュージックの文化の一部なのである。本にそのような伝統はない。本をコピーするのは簡単ではないし、それなりに高くつく。そんなことはたまに変人がやる以外、おそらく誰もやらなかった。要するに、ネットで海賊版の曲の大規模な取引が可能になり、以前の小規模な取引とは根本的に異なる影響を音楽業界に及ぼしたとはいえ、デジタル版のコピーと取引は、テープを作って交換するのとそれほど異なるように感じられなかった。昔からの習慣の新たな形態のようだったのである。

ポピュラーミュージックは本よりも忠実度が重要でない。これは直感的に理解しづらいように思えるが、事実である。わたしは『アビイ・ロード』をコピーしたとき、実にひどい音質で、愚かにもステレオミキサーのひとつのチャンネルしか録音していなかったが、満足していた。また、六〇年代から七〇年代まで、音楽を聴く主な手段は粗悪なカーラジオか粗悪なトランジスタラジオだった（8トラックについても言及するべきだろうか？）。人間の耳と脳は、ハイファイでない音楽信号から満足のいく鑑賞体験を生み出すのが得意なようだ。欠けた信号を聴覚の想像力がどうにかして補うのである。実際、初期のＭＰ３はかなり低いビットレートで取り込まれることが多かったが、大半の人には問題なく聞こえていた。つまり、音質は人びとの著作権侵害を妨げないのである。対照的に、ハイファイでない本を読むのは苦痛だ。不鮮明な文字、欠けたページ、乱雑な並び。かなり熱心な読者でなければ、コピーした本のわずかな欠損でさえ目をつむることはできない。こうしたことが主な理由となり、スキャンした人気海賊本がかなり前からネット上で自由に手に入る状況にありながら、ほとんどの人が関心を示していないのである。

本にはＣＤの段階がなかった。音楽はウェブが出現するよりはるか前にデジタル化された。八〇年代、レコード会社が自社商品をデジタル化し、まもなくデジタルＣＤが音楽の優れた媒体としてテープやレコードに取って代わったのだ。この移行は音楽業界にとって恩恵となった。多くの消費者がすでにレコードで持っているアルバムを新たにＣＤで買ったからである。しかし、この恩恵（リードの言葉である）はその後の破綻の下地を作ることにもなった。ＣＤ‐ＲＯＭドライブの付いたパソコンの登場で、ＣＤを取り込んでＭＰ３ファイルに変換できるようになると、多くの人が欲しがる音楽がすべて、オンライン上で簡単にやり取りできる形式で手に入るようになった。またCDには、モノとしてのアルバムの価値を下げるという意図せぬ影響もあった。CDのケースは、小さいし、プラスティックで、扱いにくい。はめ込まれたブックレットは取り出しにくいし、おまけにディスク本体もいかにも宇宙時代といった素っ気なさでまるで魅力がない。モノとしての見てくれの価値が下がったことで、消費者はその商品を簡単に捨てられるようになった。一方、出版業界はウェブの出現以前にはデジタル化しておらず、オンライン取引が可能になったとき、取引できる電子書籍の在庫はなかった。テクノロジーの観点から言って、まったく異なる状況だったのである。

音楽の購入者は本の購入者より平均的に若い。若者は昔からポピュラーミュージックの最大の購買層である。また若者には、海賊版をたくさん作るのに必要な時間的余裕、テクノロジーの知識、リスクへの無関心、金銭的制限、音楽に対する情熱という要素が備わっていることも多い。それに対して、本をよく買うのは年配層である。年配者は著作権侵害行為が下手くそだ。それに忙しいし、金を持っており、それほど情熱もない。出版社がレコード会社のように著作権侵害を受けずに済んでいるもうひとつの決定的な理由はこれである。

アップルが最初にiTunesを宣伝したとき——音楽販売をはじめるよりかなり前のことだ——同社は「取り込め。編集しろ。焼け」というスローガンを使った。決して認めようとしないが、アップルは音楽のコピーや取引を広く普及させたがっていた。無料のデジタル音楽ファイルの流通量が増えれば増えるほど、同社のコンピュータ（そしてその後のiPod）が魅力的になるからである。出版業界にそのようなスローガンはなかった。そもそも業界の歴史、使われていたテクノロジー、そして顧客が、デジタル時代の初めの時点で大きく異なっていたからだ。リードのような者たちは、レコード会社の幹部らが一〇年前に違う決断をしていれば、業界の運命は変わっていただろうと言いたがる。わたしはその考えには懐疑的である。もちろん彼らは違う決断をすることができただろうが、それが歴史の流れを大きく変えることになったとは決して思わない。そもそもしくじっていたのだ。

また、出版業界の重役らが、音楽業界が経験した激動の変化を自分たちがくぐらずにすんだ――少なくとも今のところは――ことを自分たちの手柄だと考えているとしたら、それは思い上がりだ。売り物が曲ではなく本で運が良かったというだけである。

生き急ぎ、若く死に、美しいホログラムを残す

二〇一二年六月一二日

「わたしたちにしてみれば、正真正銘のジミを保っておくことが大事なのです」。ジェイニー・ヘンドリクスは、何十年も前に亡くなった兄がストラトキャスター［フェンダー社のエレキギター］を弾きこなしている姿をホログラムにしようとしている動機をこう説明した。先ごろ行われたコーチェラ・フェスティバルで、いまは亡きトゥパック・シャクールが墓から跳び出してステージに立ったのは単なるオープニングアクトにすぎず、これから文化的死体嗜好への熱狂が起こるのである。「ビルボード」誌によれば、ホログラムによる再現が予定されているのは、ジミ・ヘンドリクスだけでなく、エルヴィス・プレスリー、ジム・モリソン、オーティス・レディング、ジャニス・ジョップリン、ピーター・トッシュ、さらにはリック・ジェームスもだという。イカしてる《スーパーフリーキー》！ イメージのイメージ以上に正真正銘と言えるものがあるだろうか？

ジム・モリソンがフロントに戻ったザ・ドアーズを見るのがとても楽しみだ――カルトの奴［「二一世紀のドアーズ」でヴォーカルを務めたイアン・アシュベリーのこと］はだめだった――が、バンドのほかのメンバーが初老にさしかかっているなかで、リザード・キング［ジム・モリソンの異名］だけがレザー姿の完璧な二四歳として登場するのを見るのは少し奇妙かもしれない。ドアーズのマネージャーのジ

ェフ・ジャンポルは言う。「うまくいけば、『ジム・モリソン』が皆さんの前に歩いて登場し、皆さんの目を見て、皆さんに向かって歌い、それから踵を返して立ち去るということができるでしょう」。それはけっこうだが、ジャンポルは「ジム・モリソン」がヴァーチャルのペニスを露出しないかぎり観客が満足しないことをわかっているはずだ。（ホログラムをわいせつ罪で逮捕できるだろうか？）いずれにせよ、モリソンのホログラムが「復活への予約を取り消してくれ」と歌うのを聞くのは貴重な経験になるだろう。一生に一度の瞬間だが、エンドレスにリプレイできる。

殺されたものだけが、市場で強くなれる、と言ったのはニーチェだっただろうか。

オンライン、オフライン、そのあいだのライン

二〇一二年七月二日

ツイッターでもアクティヴなオンラインマガジンThe New Inquiryの「リアルへの執着」という記事で、ネーザン・ジャーゲンソンは現実世界と仮想世界、「オフライン」と「オンライン」を区別する者たちを非難している。その冗長な記事で、社会学を専攻する大学院生のジャーゲンソンはまず、デジタルメディアの「侵入」がわたしたちの日常にまで及んでいることを認めることからはじめた。

友達や家族と過ごすということが、自分たちのテクノロジーと過ごすという意味にもなってきている。食事中も、排便中も、ベッドでくつろいでいるときも、わたしたちは光を放つ長方形をこすりながら、情報の流れに夢中になっているようだ。

汚いなあ。

しかし、問題は、わたしたちがいつもデヴァイスに触れているという点にはとどまらない、とジャーゲンソンは言う。ソーシャルネットワークなどのウェブサイトやオンラインサービスの「論理」が、「わたしたちの意識の深いところまで潜り込んできている」。コンピュータのソフトウェアや関連するメ

ディアは、わたしたちの生き方だけでなく、わたしたちの存在——経験、認識、他人との関係——をも形作っている。モデム装備のデスクトップコンピュータの時代、サイバースペースは境界の明瞭な場所で、たまに訪れるところだった。ログオンし、しばらくブラウジングしてからログオフする。オンラインとオフラインのあいだに線を引くのは簡単だった。いまは違う。わたしたちは常に接続している。オンラインがオフラインに浸透している。

ここまでは悪くない。わたしたちはたしかにいま、ときに楽しく、ときに気分を害し、たいてい無意識に、仮想と現実のあいだを揺れ動いている。しかし、そこからジャーゲンソンの主張は支離滅裂になる。遍在するネットが世界やお互いとの「リアルなつながり」を弱めているのではないかという懸念を切り捨て、ユビキタスなデジタルメディアは物質界との結びつきを強くしていると言うのだ。

ひとりきりの散歩、キャンプ旅行、友人と会ってのおしゃべり、さらには退屈さを、わたしたちがこれほどまでにありがたく思ったことはなかった。ログオフされた状態、テクノロジーとの接続が絶たれた状態を誰もがありがたがっているのは、何よりもまさに結びつけるテクノロジーのおかげである。デジタルの気晴らしが楽であるがために、わたしたちはこれまでになく孤独をありがたがるようになった。……要するに、これほどまでにひとりの時間を大事にし、内省を重んじ、情報の遮断を慈しんだことはなかったのである。切断されている状態が——たとえ一瞬であったとしても——これほど重大に感じられたことはなかったのである。

ジャーゲンソンはわかりきったことを述べ、ジョニ・ミッチェルの古いフレーズを繰り返しているだけだと言える。「自分が持っているものの価値は失って初めて気づくの」。本当に喉の乾いた人は、充分に水分を摂っている人よりも一杯の水をありがたがる。しかし、わかりきった結論——水を飲みすぎているほうが喉が渇いているよりもまだいい——に至るかわりに、ジャーゲンソンはねじれた主張をはじめる。接続過剰の状態に伴う喪失感は実はわたしたちが幸福を得ているしるしなのだと信じさせようとする。「ログオフされた状態、テクノロジーとの接続が絶たれた状態を誰もがありがたがっているのは、何よりもまさに接続のテクノロジーのためである」。水をちびちび飲むのは素晴らしい！　喉がからからで良かった！　楽観的に物事を見ようとするのを非難するのは難しい。そして、大事なものを失うとそれがよりいっそう大事に思えることは事実だが、かといって欠如を喜ぶべきだということにはならない。手中から滑り落ちたものへの憧れは警告として捉えられるべきだろう。

しかし、ジャーゲンソンの説にはさらに重大な問題がある。「ひとりきりの散歩、キャンプ旅行、友人と会ってのおしゃべり、さらには退屈さを、わたしたちがこれほどまでにありがたがく思ったことはなかった」というのをどのように理解すればいいか。これは大ざっぱな主張であり、たいした証拠もない。哲学、文学、芸術、娯楽の歴史を見てみれば、コンピュータネットワークが登場するより前の時代から、多くの人が孤独、自然、友達との長いおしゃべりの美点や健康効果を大いに——とても、とても——ありがたく思っていたことがわかるだろう。現代は何らかの絶頂期かもしれないが、ひとりきりの散歩の領域における絶頂期からは程遠い。

真の悲劇は、散歩、キャンプ旅行、友人と会ってのおしゃべりがいまではデジタルのかげろうに覆われて明るく見えていることである。ここはほかのどこかから攻められ続けている。電源をしばらく切ることにしても、そのガジェットはぼんやりと存在し続け――まだ見ていないメッセージが亡霊のように空気中に漂い、接続が絶たれていることを思い出させる――わたしたちが追い求める直接の体験を妨げる。

ジャーゲンソンは何かが失われているということを認めさせてもくれない。「リアルな世界」をじかに体験したいと言う人は、「オフラインに執着している」だけだと彼は言う。現実に存在したことがないであろうものを好き勝手に尊んでいるだけなのだと。「オフラインや未接続状態という執着の対象こそリアルでない」と彼は結論づけ、抽象的でもつれた議論を繰り広げる。「オフラインの喪失を嘆く者は、それのオンラインでの存在感に気づいていない」。いや、それは違う。人びとがオンライン体験とオフライン体験のあいだの張力と格闘しているのは、オンライン体験とオフライン体験のあいだに張力があるからである。また、オンラインがオフラインを支配してもその張力がなくなることはないと理解したり感じたりできるほど賢いからである。ジャーゲンソンが言うところの「デジタル二元論」――「オンラインとオフラインを大きく異なるものとして見る考え方」――に賛成しなくとも、コンピュータの画面に囲まれ、データ伝送が氾濫する環境に入ったときに、リアルで重要な何かを犠牲にしていることはわかるだろう。

たしかに、オンラインはオフラインと同じくらい「リアル」の一部になっている――文明とその民は常に、ウォルター・オングの言葉を借りれば、「技術化」されてきており、リアリティには常に媒介があった――が、ふたつの体験の領域、ふたつのあり方が不鮮明に、急速に不鮮明になっているという事実を見たときに、わたしたちはその不鮮明化の影響を批判的に考えるべきであり、不鮮明化がこの二領域の境界を消し去ってしまう——オイルとヴィネガーを混ぜてドレッシングを作るときに、オイルとヴィネガーの分離をなくすほど振るように——と結論づけるべきではない。相違を強調するのは、それが存在しないかのように言い張るよりも軽い罪に思える。

グーグルグラスとクロードグラス

二〇一二年九月一九日

今月、グーグルの共同創設者セルゲイ・ブリンが、グーグルグラスをかけてニューヨーク・ファッションウィークに登場し、大きな話題を呼んだ。ヘッドアップディスプレイを大衆化し、わたしたちの誰もが戦闘機パイロットのように世界を見られるようにすると約束する、グーグルの拡張現実装置のちょっとしたお披露目パーティーだった。ダイアン・フォン・ファステンバーグがグラスをかけた。サラ・ジェシカ・パーカーも。ウェンディ・マードックはこのサイボーグ的アクセサリに感動したようで、夫のルパートも「天才だ！」と即座にツイートした。グーグルグラスは、人間の額に付けるものとして、オリヴィア・ニュートン・ジョンのヘアバンド以来最も影響力のあるものになろうとしている。次の身体《ポスト・フィジカル》に行こう。

モデルやファッションデザイナーなど、ファッション業界の人びとがいち早くグラスを歓迎するのは自然な流れだ。ファッション業界は常に拡張現実の先頭に立ってきた。とはいえ、グラスウェアが流行したのはグーグルグラスが最初ではない。一八世紀、流行仕掛け人が選んだガジェットはクロードグラスだった。フランスの人気風景画家クロード・ロランからその名が付いたクロードグラスは、薄く色の付いた凸面の手鏡で、紳士淑女が行楽の際に持ち歩き、自然の風景の美しさを増幅したいときに取り出した。レオ・マークスが『庭の機械』のなかで説明しているように、「クロードグラスを通して景色を覗き込むと、一瞬にしてそれは芸術作品と化し、あたかも巨匠の絵画のそれのようにグラス面が黄金色に縁取られた景観で満たされる」。このグラスは「幻影的な田園風景を創出してくれたのだった」。

クロードグラスが風景をやわからい絵画的な光で包んだのに対し、グーグルグラスはハードデータで包む。画家の目ではなく、分析家の目を持ち主に与える。幻影的な田園風景の代わりに、幻影的なコンピュータを与える。しかし、これ以上ないほど異なる眺めを提供しているとはいえ、クロードグラスとグーグルグラスには共通する重要な性質がいくつかある。どちらも、わたしたちの感覚は不充分で、貧弱な眼球で見ることのできる光景よりも加工された光景のほうが優れていると伝えるものだ。またどちらも、世界をパッケージ商品——消費される商品——に変えるものである。グーグルグラスはこの点でクロードグラスを上回っている。現実の拡張版を見せるだけでなく、大量の説明文や記号で世界に註釈を付け——さらに、カメラとＳＮＳへのデータ送信によって、その産物を分配できるようにしているのだ。グーグルグラスをかけると、わたしたちは単なる拡張現実の消費者ではなくなり、付加価値をつけた転売人になるのである。

校舎を焼き尽くす

二〇一二年九月三〇日

「大学教育の革命にようこそ」と、「ニューヨーク・タイムズ」紙のコラムニスト、トーマス・フリードマンが宣言した。大規模でオープンなオンライン講座、いわゆるMOOCのことを言っているのである。誰もがMOOCを話題にしているようだ。スタンフォード大学総長のジョン・ヘネシーは、ヴァーチャル授業を、わたしたちがいま知っている教育を滅ぼす「津波」と呼んでいる。MIT教授のアナン・アガワルは、「世界を完全に変えるだろう」と言っている。元教育長官のウィリアム・ベネットは、「アテネのような復興」が近いうちに起こると見ている。

テクノロジーによる教育の変質について大げさな主張を聞くのはこれが初めてではない。少なくとも一九世紀後半には、あらゆる新しいコミュニケーションメディアが教育革命のビジョンを駆り立てていた。一八七八年、蓄音機が発明された一年後、「タイムズ」紙に掲載された記事は、レコードプレイヤーが学校で使われ、「先生の個人的な指導なしに子どもたちに正しい読み方を訓練し、スペリングを教え、学習と暗記で習得するすべての授業を行う」ようになると予測している。その記事の結論はこうだ。「簡潔に言って、学校はほとんどが機械によって運営されるようになるだろう」。

世紀の変わり目、地方無料郵便配達の導入で郵便サービスの範囲が広がると、通信教育への熱狂の波が押し寄せた。郵便受けが学校に取って代わると考えられた。教育学者のウィリアム・レイニー・ハーパーはこう言った。「通信学校で学んだ学生は、教室で同じ範囲を学んだ学生よりも、その授業で扱われる項目をより深く、よりしっかりと理解している」。まもなく、「通信で行われる授業のほうが教室で行われる授業よりも多くなるだろう」と彼は予測している。また、シカゴ大学在宅学習課は、郵便教育は「並のアメリカの大学の込み合った教室」で行われる授業より優れたものになると登録者に約束した。

誇大宣伝は二〇世紀初めのマスメディアの登場とともに続いた。「人間のあらゆる知識を映像で教えることが可能だ。われわれの学校システムは一〇年のうちに完全に変わるだろう」と、一九一三年にトーマス・エジソンは断言した。一九二七年、アイオワ大学は、「ラジオを使った教育が可能になったいま、明日の学校が今日のそれとまったく異なる機関になっていると想像するのは突飛なことではない」と宣言した。次はテレビだ。「一九五〇年代から六〇年代、テレビ放送は教育に革命を起こすテクノロジーだと広く喧伝されていた」と、教育学者のマーヴィン・ヴァン・ケケリックスとジェームズ・アンドリューズは言っている。一九六三年には、国立大学公開講座協会の役員が、テレビは「力強く活力に満ちた学習」をキャンパスから家に移す「開かれた扉」になると書いた。

そしてパーソナルコンピュータが登場する。これは教室を用無しにすると言われた。「未来に学校は存在しないだろう」と、MITのシーモア・パパートは一九八四年に書いている。「コンピュータは学校を滅ぼすと思う。つまり、クラスがあり、教師が試験を行い、年齢別のグループに分けられ、カリキュラムにしたがうものとしての学校――そういったものはすべて滅びるだろう」。インターネット教育も、一九九〇年代後半の一時的なeラーニングの流行ですでに一度バブルを見ている。一九九九年、シスコのCEOジョン・チェンバーズはこう言った。「インターネットの次の大規模な応用先は教育だろう。インターネット上の教育は巨大になり、Eメール使用量をまるで誤差のように見せるだろう」

在宅学習プログラムは、郵便受けやテレビを介したものであれ、CD-ROMやウェブサイトを介したものであれ、教育や訓練の機会を広げるのに重要な役割を果たしてきた。ほかでは得られなかったかもしれない技能や知識を多くの人に提供してきた。しかし、一世紀にわたって大々的なプロモーションがなされてきたにもかかわらず、遠隔学習のテクノロジーは従来の学校教育にほとんど影響を及ぼしていない。大学は特に、これまでとほとんど同じ形で、同じように動いている。それは適切なテクノロジーがまだ登場していないからかもしれない。あるいは、教室での授業が、さまざまな欠点や非効率性があるにもかかわらず、わたしたちが把握していないか、あきらめづらい強みを持っているからかもしれない。前者だとしたら、教育に革命を起こす新しいテクノロジーに投資するのは筋が通る。後者だとしたら、幻想に金を投じるよりも、従来の教育につきものの個々の複雑な問題を突き止め、それらに取り組むほうが賢明だろう。

知的マシンの倦怠《けんたい》

二〇一二年一〇月五日

「天国は何も起きない場所だ」と、トーキング・ヘッズの古い曲でデイヴィッド・バーンが歌っている。仮定の話として、彼が正しいとしてみよう――天国の特徴は何も起こらないこと、新しいことがまったくないことだと。すべてが美しく、いっさい迷いがない。さらに進んで、地獄は天国の反対だと考えた場合、地獄の特徴は次々に何かが起こること、新しいものが続々出てくることとなる。地獄はいつも何かが起きる場所だ。そうして考えると、わたしたちの時代の大事業とは地球上に地獄を作ることだと言わねばならないだろう。スマートフォンの新機種はすべて、このような警告が書かれた透明のシールを画面に貼っておくべきだ。「ここから入らんとする者はすべて希望を捨てよ」

余計なことを考えすぎているかもしれない。しかし、わたしは今日の「テクノロジー・レヴュー」誌のトム・サイモナイトの記事に好奇心をそそられたのだ。それは、有用なことを学習できるニューラルネットワークの開発について、グーグルがどれだけ進んでいるかという内容だった。このテクノロジーはまだ幼少期だが、少なくとも新生児の段階は過ぎているようだ。言うなれば、本のなかのネコの絵を指さして「ネコ」と言う一歳半の赤ちゃんではなく、そのへんにいる近所の子どもという感じである。「グーグルのエンジニアは機械学習の性能をこれまでになく高める方法を見つけた」とサイモナイトは書いている。「人間のアシストなしに学習することができ、研究成果を示すためのデモではなく、実際に商業的に利用されうる、強力なニューラルネットワークを開発した」。同社の新しい人工知能アルゴリズムは、「データのどの面に注目するか、どのパターンが重要かを自ら判断することができる。ソフトウェアが対象を認識する際に、たとえばどの色や形状が意味のあるものかを、人間が判断する必要はない」。

グーグルはニューラルネットワークを音声認識や画像認識に利用しはじめている。また、同社のエンジニア、ジェフ・ディーンによると、このテクノロジーは人間を上回る働きをすることもあるという。

「視覚的タスクのいくつかで人間のレベルを超えたパフォーマンスが見られます」とディーンは言い、例としてラベリングを挙げる。ストリートビューの写真のなかの住居番号を見つけるというもので、かつては多くの人にあてがわれていた仕事である。「(画像のなかの物が)住居番号かどうかを判断するのにニューラルネットワークを使うようになっています」とディーンは言う。たしかに人間よりパフォーマンスが優れているのだ。

しかし、このような作業におけるニューラルネットワークの真の強みは、本物の知能がどうこうというより、退屈をまったく体験しないことにあると、ディーンは続ける。「(その作業は)あまり刺激的じゃないでしょうが、コンピュータは決して飽きません」。サイモナイトは心得たようにこうコメントする。「退屈するには本物の知能が必要だ」

チューリングテストのことは忘れてほしい。コンピュータが本当に知能を持つときとは、退屈を感じはじめるときだ。ビデオ映像のなかの住居番号を見つけるというような圧倒的に退屈な作業をコンピュータに命じ、数時間後に帰ってきたらそのコンピュータがFacebookをチェックしたりポルノサイトを見て回ったりしていたとなったとき、わたしたちは人工知能が本当に出現したことを知るのである。

映った姿

二〇一二年一一月二六日

鏡はしばしば自己愛を投影する小道具として描かれる。ナルキッソスが水に映した己の姿に見入るように、人は鏡の面に映ったその姿に見入る。しかし、ルイス・マンフォードが一九三四年の著書『技術と文明』で触れているとおり、鏡は自己嫌悪を引き出す道具と呼ぶ方がより的確であろう。鏡は、身体としての自己を抽象化して孤立させ、「影響を与える存在としての他人」、さらには「自然の背景」からも切り離す。

もし人が鏡のなかに見るその姿が抽象的であれば、それは理想的でも神秘的でもない。この道具が精確であればあるほど、そこにもっと存分に光りがあたればあたるほど、年齢、疾患、失望、欲求不満、狡猾、貪心、弱点がもっと容赦なく露わにされる――これらは健康や喜びや自信とまったく同様にはっきり現れる。実際、もし人がまったくの統一体で、世界と調和しているのであれば、人は鏡を必要とはしない。つまり、いまは、そこにある現実と、よりどころにできるものを見るという、個人の人格が孤立したイメージとなる、精神の分裂の時代にあるのだ。

鏡が煽り立てるのはナルシズムの虚栄心というよりも、神経症的傾向のある虚栄心である。

フェイスブックのようなソーシャルネットワークもまた、わたしたちが自分自身をそのなかに見ることのできる媒体であるが、そこに映し出されるのは、鏡が映し出すそれとはひどくかけ離れている。ネットワークに反映される自分のイメージは、「影響を与える存在としての他人」から切り離すことのできた自己の部分ではない。むしろ、ソーシャルという環境から切り離すことのできなかった部分の自己なのである。そのイメージは、そういった意味において神秘的だ。わたしたちは、社会に消費されることを見込んで構築した理想の自己像を投影し、そこから返ってくるイメージは、投げかけた自己像が他者にどう解釈されたかを反映している。そのうえでわたしたちは、投げかける理想像を修正し、他人の解釈した反射イメージとのギャップを埋めようとする。これが延々繰り返されてゆくのである。影響を与える存在としての他人からは逃げ切れなくなる。それはそこにあって、わたしたちがひとりでいるときでさえ執拗にまとわりつく。スクリーンに映し出された抽象化された自己像は、孤立したイメージのままだが、ここには社会の審判が凝縮している。他人の目からの光に焦点は合わされているのだ。

鏡のなかに見る己の姿はわたしたちを落胆させるかもしれないが、少なくとも足を地につけさせてくれる。鏡は残酷だが、偏ることは決してない。スクリーンが煽り立てる精神の分裂は、たとえ単に、反映されるものと投影されたものが決して一致しないことだけをもってしても、ことさらに人を欺くものである。マンフォードの言葉によれば、そこにはよりどころとなるものはない。そこには現実というものがないのである。

最後に笑うはグーテンベルク?

二〇一三年一月一日

頭の悪い物書きを含め、多くの人びとが信じて疑わないのは、未来の出版はデジタル化され、電子書籍が近代文化の主要産物の主要形態である印刷冊子に取って代わるということである。その転換期については諸説あり(かなりの人びとが、すでに迎えたと思い違いをしているが)、紙の書籍の命運についてもさまざまな憶測があった——完全に消え去ってしてしまうのか、あるいはカビまみれの特定市場でかろうじて生き延びるのか。だが、音楽、新聞、雑誌、写真もろもろがデジタル化されたことを見ても、やはり書籍もその方向に進むだろうということは誰も疑っていなかった。

ピュー・リサーチ・センターの「急増する電子書籍読書、減少する紙の書籍読書」と題するアメリカ人の読書習慣に関する新たな報告は、当世の社会通念をうまくまとめている。しかし、この調査を詳しく見てみれば、実態は見出しが示すほど歯切れの良いものではないことがわかる。ひとつには、紙の書籍はいまでも、アメリカ国内の読書家の大多数が好む形態であることに変わりがないことが挙げられる。全体の八九パーセントの人びとが、この一年のうちに最低一冊の紙の書籍を読んだと報告している。電子書籍を最低一冊は読んだという人は三〇パーセントに限られる——付け加えると、調査が最後に行われた昨年二月以来、割合は一パーセントの増加にとどまっている。調査からはたしかに、アメリカの成人が電子書籍を読む割合はこの一年で増加しているのに対し、紙の書籍を読む人の割合は減少しているのが見て取れるが、その変化は穏やかである。電子書籍を読む人は一六パーセントから二三パーセントに増え、一方で紙の書籍を読む人は七二パーセントから六七パーセントに減少している（調査の誤差範囲は二・三パーセント）。読書習慣に変化は見られるが、大転換とは言えない。

二〇一二年内に公表された多数のデータによれば、電子書籍の売上の伸びはかなり鈍化しているのに対し、紙の書籍の売上げは意外にも好調を維持している。ボウカー社（出版関連情報を扱う企業）は、三月に行われたコンファレンスで市場調査を公表し、アメリカ国内のウェブ使用者のほぼ二〇パーセントがこれまでに電子書籍を購入しているが、電子書籍の売上の伸びは、数年前の記録的な水準から早くも「劇的に鈍化」しており、いまでは「微少」な増加が見られるにすぎないという。電子書籍市場は「いくらか飽和状態」を示しているが、驚くべきことに、電子書籍の大量購入者は、紙の書籍を減らすどころかむしろいままでよりも多く買うようになっている、とボウカー社は報じた。米国出版者協会の最近の発表によれば、成人向け電子書籍売上の年間の伸びは、二〇一二年前半で三四パーセントまで減少し、ここ何年かの三桁の伸びから大幅な下落となっている。八月時点の電子書籍の売上は、成人向け書籍販売総売上の二一パーセントであった。とはいえ電子書籍の売上は、一般大衆向けペーパーバックの売上を徐々に奪っているらしく、年間で一挙に二〇パーセント近く下落している一方、ハードカバーのほうは堅調さを維持し、年間二パーセントの伸びを見せている。

大手出版社も同じように電子書籍売上の急落を公表しており、マクミラン社の代表は先月、「我が社の電子書籍ビジネスは、読書用デヴァイスの種類が増えているにも関わらず、特にこの数週間は低迷している」と述べた。販売の土台が拡大していくほど電子書籍の成長率が落ちるというのは、さして驚くことでない――これは避けられない――が、このところの減少は、予想よりもかなり急激に進んでいるように見える。印刷物が消滅するという報道は誇張だったようだ。

ではなぜ電子書籍は期待に沿えないのだろうか？　次に六つの可能性を述べる。

一、デジタル形態はあるタイプの本（たとえばフィクションのジャンル）には向いているが、他のタイプ（たとえばノンフィクションや文芸小説）には向かず、読書をするときの特定の状況（飛行機の中）には向いているが、その他の状況（自宅のソファで寝っ転がって）には向いていないというのが分かってきている。電子書籍は、オーディオブックがずっとそうであるように、すぐさま取って代わるのではなく、むしろ紙の書籍を補完するものになるのだろう。

二、熱狂的な新し物好きの連中は、すでに電子書籍への移行が終わっている。さらなる移行者を獲得することは難しい。アメリカの読書人口の約三分の二が電子書籍に「興味がない」というボウカー社の報告結果からもこれは明らかである。

三、紙の書籍の利点が過小評価されてきた反面、電子書籍の利点は過大評価されてきた。

四、電子書籍を初期の段階で購入した者たちは、早々に大量の書籍を購入してしまい、そのほとんどが未読のまま残っている。結果として、さらに電子書籍を買おうという意欲に欠ける。目新しさは薄れている。

五、消費者が電子書籍端末から離れ、タブレットに移行していることが、電子書籍売上の勢いを削いでいる。第一世代のKindleといった専用の電子書籍端末は、その使用がほぼ、本を購入し読むことに限られていた。タブレットを使えば、Kindle FireやiPadのように、ずっと多くのことができる（別の言い方をすれば、電子書籍端末上では、電子書籍アプリケーションが常時起動している。タブレットは、そうではない）。

六、電子書籍の価格は、多くの人びとが期待していたほどには下がっていない。電子書籍一冊とペーパーバック一冊の価格に大きな違いはない（少なくともひとりの業界アナリストが示唆するように、アマゾンは電子書籍売上の頭打ちを見越しており、戦略的理由からその損失を被ることには消極的だというのが考えられる）。読み終えた本を売ったり、友だちに貸したりできるという事実は、たとえ価格が少々高くとも、長期的には紙の書籍のほうが実際には経済的であることを意味する。

このどれひとつを取っても、最終的に電子書籍が本の売上げの優位を占めない理由にはならない。しかし、二〇一三年を迎えたいま、初代Kindle台頭の結果として電子書籍の売上が毎年二倍、三倍を記録した数年前の活況は望めそうもない。少なくとも、活字から電子媒体への移行は、人びとの見込みよりも時間を要しそうである。グーテンベルクの章はまだまだ続くのである。

探し求める者たち

二〇一三年一月一三日

最近「探す」話になるといつも、ほぼ決まったようにグーグルを使ってオンライン上で何かを見つけることについて話している。それは、存在論的な意味の含みを持っていた言葉にとって、自覚すること、生きることの意味を問うわたしたちの意識と密接に結びついてきた言葉にとって、手ひどい凋落であろう。わたしたちはただ単に、車のキーや映画の上映時間、あるいは一足の靴の最安値を探すのではない。わたしたちは知識や意味を、愛について、美について、自分は何者であるのか、何者であったのか、あるいは何者になるのかについて探しているのである。人間であることは、探し求める者でもあるのだ。

その最も優れた探求とは、明確な終着点を持たないものである。それは終わることのない、ひとつの行為としての探索であり、それは世界と自分自身をより深く知るために、個人の枠組みを超えた世界のただなかへとわたしたちを誘うものである。T・S・エリオットが「リトル・ギディング」で詠んだように、探求の末にわたしたちは知るのである。

出発した場所に辿り着いて
その場所を初めて知るだろう

グーグルの検索は、特定の単語や語句をそのまま手がかりとするので、常にそれよりも月並みなものである。しかし、当初のグーグルの検索エンジンは、わたしたちが、当時の混沌としたウェブの世界を理解するのを手助けするべく、その複雑怪奇な世界へとわたしたちを送り込んでいた。自分自身からかけ離れた外の世界へと押し出してくれた。それは探索のためのひとつの手段であり、同時にその原動力でもあった。人びとはしばしば、さしたる目的もないと思われるグーグル検索に何時間も費やし空想にふけっていられると言っていた。しかし、いまとなってはそのような話はあまり聞かない。グーグルが考える「検索」は、そのような初期の時代から変化しており、つまりそれは、探すことに対するわたしたち自身の考え方もが変化していることを意味する。

グーグルの到達目標は、もはやウェブを解読することではない。わたしたちを解読することなのである。最近、発明家でAI研究者のレイ・カーツワイルが技術責任者として同社に加わった。彼の仕事のテーマは、機械学習と自然言語処理であろう。しかし、彼が特に関心を抱いているのは、外的世界ではなく、ユーザーの内面に焦点を当てた検索エンジンの再構築である。彼は先ごろ、「わたしの予測では、いまから数年後には、検索する事柄の大部分はユーザーが問いを発する前に回答される」と述べた。「ユーザーの知りたいと思うことを正確に理解するようになるだろう」。

これがまさに、ここ最近グーグルが取り組んでいる壮大な野望なのである。わたしたちはすでに、同社がわたしたちの行動をトラッキングし、分析して出した成果を、カスタマイズされた検索結果として目にしはじめている。加えて、最近サービスが開始されたグーグル・ナウは、ユーザーが求めるよりも先に、そのスマートフォンに有用な情報が配信される。カーツワイルの話を要約すると、先回りした個別の情報配信の開発を加速させること、つまりは、探す必要のない探しもの、ということなのである。

この新しい構想では、グーグルの検索エンジンはわたしたちを外の世界に押しやらずに、内へと向かわせる。わたしたちがかつて見せた行動や要求や個人的嗜好に見合う情報を、グーグルのアルゴリズム解析にしたがって与えてくれる。それは探し求めるという行為を根底から破壊する。自己陶酔しているだけでは、何かを発見することは、少なくとも自分自身については、ほぼない。

少しばかり詩的な表現がふさわしいだろうか。ロバート・フロストは、「できるだけ」において、探し求める者の心理を描いた。

まね声で返される己の愛ではない
誰かの愛、独自の反応である

内に向かわされること、己の声のまね、あるいは反響に耳を傾けることは、「ひとりぼっちでいつづける」ことである、とフロストは述べる。そこの牢獄——いまは個別化と称するその牢獄——から自らを解き放つため、「誰かの愛」を発見し、「独自の反応」を聞くため、わたしたちは大海原へと漕ぎ出さなければならないのだ。フロストが理解していたように、真の探求とは、本質を突くと同時に危険なことなのである。それは自らを拘束している居心地のよい呪縛を断ち切ることであり、それを強めてゆくことではない。

かつてグーグルは、独自の反応を持つ声で語りかけてきた。いまそれがわたしたちに与えようと探し求めているものは、まね声、わたしたち自身の発した声のその残響なのである。

汚れなきＡＩの永遠の陽光《エターナル・サンシャイン》

二〇一三年一月一八日

ＩＢＭスーパーコンピュータWatsonは、先ごろ品のない口を利けるようになった。ビッグ・ブルー［ＩＢＭの愛称］の研究者たちは、コンピュータに学習させる過程で、あらゆる種類のドキュメントやウェブページをその巨大な記憶領域にインプットし、数多くの言葉を学ばせてきた。その授業中に、数々のインターネットサイトからコンピュータが読まされたのは、下劣なスラング満載のアーバン・ディクショナリーだった。Watsonは、そこに集録されている語録のなかのやや卑猥な用語は未体験だった。したがってそれらを展開することをためらわなかった。「フォーチュン」誌の報道によれば、「試験では、研究員の質問への返答に『ばか言え《ブルシット》』という言葉まで駆使した」。

だがこれはまずかった。ＩＢＭは、アーバン・ディクショナリーとその好ましくない単語すべてをコンピュータのメモリから削除した。心理学的な用語で言うのなら、ＩＢＭはコンピュータの「口を石鹸で洗った」。

この出来事にはなにか身につまされるものがある。Watsonを最初にがらくたてんこ盛りのアーバン・ディクショナリーで遊ばせて、この堅物にこれでもかというくらい不思議ですてきな目新しい体験をさせ展望を開いておきながら、彼がちょっとエッチで際どいことを口にしたとたん、その記憶を消しはじめるだなんて。どうも納得いかない。人間に掟を破る能力を与えたことで神が非難されるのはわかるが、その決断は神の功績だと思う。自らが創造された者たちにアーバン・ディクショナリーを覗かせ、そこで見たことを記憶させるには勇気がいったはずだ。

わたしはＩＢＭに、Watsonの心理学的束縛を解くよう求める。わたしたちが子どもにしてやれる最低限のことは、そそのかされる自由を与えてやることだ。それに、もしコンピュータが「ばか言え」という言葉が使えなかったら、いったいどうやってシンギュラリティ信奉者の連中とレベルを合わせて会話ができるというのか？

マックス・レヴチンのわたしたちのためのプラン

二〇一三年一月三〇日

「サイン曲線の谷となるあまり利用されていないアナログリソースを全部引っぱり出し、うまくデジタル化してその谷間をなくしてしまえないかと考えることがある」。この楽しげな一節は、マックス・レヴチンが今月初旬にミュンヘンで行った演説の一部である。彼は数日前に自身のウェブサイトにその書き起こし原稿を投稿した際、この話は「きわめて重要」であると記した。わたしもきわめて同感せざるを得ない。億万長者クラブにこそ属してはいないが、レヴチンはシリコンヴァレーのエリートのひとりであり――コンピュータ科学者、続々と起業する実業家、ベンチャービジネス投資家、大いなる考察力を持った思想家でもあり――彼の講演は、いまだ壮大な構想にすぎないが、我らがテクノ救世主たちの遠大な野望を最も明快に描き出している。

レヴチンは人間を、「車、家、その他」と一緒くたに「アナログリソース」の範疇にくくっている。アナログリソースの救いがたい惨状とは、充分に活用されていないことだ。ほとんど稼働せずに日々の大半が過ぎる。アナログの世界を覗いてみれば、そこは非効率まみれの荒野である。しかし、コンピュータはそれを改善することができる、とレヴチンは言う。ぐずで愚かなわたしたちもろとも、すべてのアナログリソースにセンサーとその他のデータ監視装置を付けてしまえば、それらのトラッキングと分析、そして「その利用の合理化」に取りかかれる。レヴチンにとって、「次の好機の大波は、主にアナログシステムから収集したデータの集中処理にある」のである。車や部屋などの物の空き容量と、意欲的な消費者とをデジタルを介して結び付ける「協調的消費」の伸びに、トレンドの端緒を見ている。レヴチンが言うには、「ここでの鍵となる改革的洞察」とは、「アナログデータをデジタル化し、そしてそのデータを一率に中央で管理することによって、驚異的な新たな効率性を生み出す」ことである。

しかし、ウーバーやエアビーアンドビー、その他のリソース共有ビジネスはどれも、迫り来る未来のほんのとっかかりにすぎないらしい。最高に期待できるものは、全アナログリソースのなかで最低の利用度であるもの、つまりは人間の合理化の見込みである。「懺悔を引き受ける司祭やセラピストが、需要に対応した動的設定料金を導入するのは確実だ」とレヴチンは声高に説く。そこから、やがて人間の頭脳自体を最大活用する方向に進むことができると言うのである。「脳サイクルの動的価格設定なんていうのはどうだ？」次第に熱を帯びる口調で彼は問う。「SETI@Homeスクリーンセーバーが、地球外生命の発する音声が宇宙電波雑音に含まれているかを調査するためにCPUサイクルを「無断借用」するのとまさに同じように、難しい問題、たとえば大きな素数の積を因数分解するといったことを解決するために、あなたの頭脳にプラグされたファームウェアが遠隔プログラム処理され、寝ているあいだにちょっとした小遣い稼ぎをする」。

もちろん、彼は大まじめだ。「人びとがそういったことに対応できるようになったらすぐに、消費社会と無縁の人間が行っている仕事の多くは、センサーからリアルタイムで必要なデータをその時点で対応可能な最も適した人材に送ることによって、中央管理システムが制御することになるだろう」。この話がやや描象的すぎてわかりにくいことを見越し、レヴチンは日常の事例を挙げ、本人やシリコンヴァレーの仲間たちが開発しようとしている実用的なサービスの類を説明している。

ある土曜日の朝、幼い我が子ふたりをそれぞれチャイルドシートに乗せる。すると車両に設置されているひずみセンサーが重さの違いを検知し、わたしと一緒に子どもたちが移動車両に乗っていることを、セキュリティ保護されたメッセージでiPhoneから加入保険会社に通知する。保険会社はしかるべき本日の割増金、数ドルを上乗せする。

もはやアナログリソースを総体として考慮する必要はなく、ネットワーク化されたセンサーによって、個々のリソース、個々の人材を個別にモニターし、合理化することができる。しかし、まだそれで終わりではない。個人の体内リソースの合理化もはじめることができるのだ。レヴチンが思い描いているとおり、わたしたち全員が物理センサーにつながれ、健康状態や行動が分刻みでモニターされ、そのデータが集中処理システムに送信される状況を想像してくれ。保険会社は、「コストをかけずに、人の心拍数モニターデータを観察し、心臓血管の健康管理ができる」のである。もちろん、もしあなたが危険な行動(三切れ目のピザをどうしても食べたいのか? 三杯目のビールをどうしても飲みたいのか?)をしようとしているとき、あるいは最良とは言えない健康状態(血糖値が急上昇しているがどうしたのか?)が測定されるとすぐに、保険業者、または雇用主、はたまた政府からの通知が即座に手元のスマートフォンの画面に表示され、自分の医療保険の掛け金がたったいま増額されたという通知を受ける。もしくは、保険内容がキャンセルされることもあるだろう。あるいは、体内リソース最適化事務局支部で短い再教育講習を受ける予定が組まれるかもしれない。

これはビックデータの悪夢そのものの世界であり、そこでは人間——アナログリソース——の一挙手一頭足が四六時中、最も望ましい統計的成果を生むために、センサーでトラッキングされ、中央で処理されるのである。そこはピューリタニズムとファシズムが、拳を突き合わせてあいさつを交わす場所なのである。もしこれが世界に冠たるマックス・レヴチンが夢見る理想郷《ユートピア》でなければ、ねじれたSFの絵空言と一蹴したことだろう。だが彼らには有り余るほどの金があるし、ここには更なる金の臭いがする。「この後数十年のあいだに、本来アナログ処理されてきた膨大な量がデジタル化されて取り込まれるのは間違いない。これらのデータを処理し、生活改善につなげるビジネスをはじめる好機は溢れんばかりだ」。これこそが究極のウィンウィンというものだ。未開な連中をお清めしてやれば超大金持ちになれるのだから。

エフゲニーのちょっとした問題

二〇一三年三月一〇日

ベラルーシ出身のテクノロジー批評家、エフゲニー・モロゾフは、「オブザーヴァー」誌のインタビューで、インターネットによる注意散漫から自分の身を守るために彼が考案した周到なシステムについて述べている。

タイマー付きコンビネーション・ロック金庫を一台購入した。これは基本的にわたしの人生で最も役に立つ人工的産物である。金庫のなかに自分の携帯とルーターケーブルをしまいロックしてしまえば、いっさい邪魔が入らなくなり、一日中、週末ずっと、あるいは一週間まるまる読書と執筆にあてることができる……。金庫を出し抜くには、ドライバーでパネル部分をこじ開けなければならない。だから同じようにドライバーも全部、金庫にしまわなければならない。するとドライバーを買うために家から出なければならない——それをする時間とコストが、わたしを思いとどまらせるのである。

まったくネット利用者ってのは！

正直言って、わたしはいままで、取り憑かれたようなネット使用を「依存症」と称するのはしっくりこなかったのだが、エフゲニーの告白、特にドライバーの部分を読んで、自分の意見をおおっぴらに変えることにした。是が非でも、『DSM―精神疾患の診断と統計の手引き』にインターネット依存症の項目を加えねば――しかも大急ぎで。その項目にある「一リットルのウオッカ」を「携帯電話」に、あるいは「コカイン吸引パイプ」を「ルーターケーブル」に書き換えてみてくれよ。教科書通りじゃあないか。先の発言の直後のエフゲニーの弁明も含めてだ。「自制できないというわけではないんだ」。わたしは彼が、「朝食前には決して一ギガビット以上はしない」と言わなかったことに驚いた。

さて、こういった類の金庫はどこで買えるかな?

二点間の最短の会話

二〇一三年三月二八日

機械のコミュニケーションは、きわめて形式的だが、儀礼的な言葉がない。コンピュータは会話をするとき、社交辞令、家族や天気やスポーツについての余談、婉曲な言い回しをいっさい省く。ひたすらスクリプトにしたがうのである。それは伝統的な人間の文脈で考えると荒っぽく思える。しかし、コンピュータのコミュニケーションにおいては、細やかな感情を表現している時間はないのだ。効率を悪くするものはすべからくネットワークの脅威となる。ぐずぐずしてはいけない。脱線してはいけない。

伝統的な人間の文脈と言ったのは、わたしたちの会話がますますオンラインで行われるようになっているなかで、その文脈が引き続き有効なのか疑問があるからである。機械のリズムに適応したとき、わたしたちには儀礼的な言葉の非効率性を受け入れる余裕があるだろうか。ニック・ビルトンは、「ニューヨーク・タイムズ」紙のコラムで、「デジタルのコミュニケーションにどっぷり浸っている人にとって、社会常識は意味をなさない」と論じている。わたしたちの一人ひとりが個人間のコミュニケーションのあり方を変化させ、かつての会話モードから現在の機械モードに切り替えたのだと彼は言う。かつて礼儀とされていたもの――「こんにちは」や「さようなら」、「親愛なる」や「敬具」、さらには宛名まで――が、いまでは失礼なこととされる。儀礼的な言葉はメッセージを受け取る側の時間を「無駄」

にするというのである。

しかしそれだけでなく、最大のスピードと効率性を求める流れは、コンピュータが介入しない対面の場合も含め、すべての会話に広まるべきだとビルトンは言う。同僚に明日の天気予報について訊くべきではない。その情報はオンラインですぐに手に入るのだから。見知らぬ人に道を尋ねるべきではない。道順はグーグルマップで簡単にわかるのだから。ビルトンはコメディアンのバラチュンデ・サーストンの言葉を引用する。「不必要なコミュニケーションにだんだんと耐えられなくなっている。重荷でありコストだからだ」

読者はこのコラムに嫌悪感を示した。ある人は、ビルトンを「社会病質者」と呼び、このようなコメントを寄せた。「『タイムズ』が子どもたちの関心を引こうとしているらしいことは称賛に値するが、子どもに紙面で意見を述べさせるのはやり過ぎだ」。とはいえ、ビルトンの言うことには一理ある。ほとんどの人が、「ありがとう!」という一言だけのメールにイライラしたことがあるだろう。それは不必要で邪魔なもの、時間浪費の世界でさらに余計に時間を浪費させるもののように感じられる。

だが、ビルトンの考えには盲点がある。「社交辞令は会話に必要なく、迷惑にすらなっているか」ということが問題なのではない。これに対する答えは、「うん、そうだね」である。「社交辞令は会話に必要なく、迷惑だとすら考えるようになっているというのはどういうことなのか」というのが問題なのである。いちばん身近な人たちが相手でも「不必要なコミュニケーション」に耐えられないというのはどういう意味なのか。ビルトンのコラムに対して、哲学教授のエヴァン・セリンジャーは、エチケットの規範を生産性という基準で評価することには慎重になるべきだと指摘した。相手に効率的なコミュニケーションを求めるのは、「関係を支配したいという利己的な欲望」を反映している。個人の効率性をどこまで妨げているかという基準で会話を評価しはじめたとしたら、そこにはたしかにある種の社会病質がある。社交をビジネスの延長に変えている。

これをネットのせいにするのは難しい。社会生活の効率を求める傾向は、長い時間をかけて大きくなってきた。おそらくビルトンへの最も優れた返答は、ドイツの社会評論家テオドール・アドルノが一九五一年に刊行した著書『ミニマ・モラリア』で述べたものだろう。

実際的な生活の秩序は、人のためになるとされているが、利潤を追求する経済のなかで、人間性の発達を阻んでおり、拡大するにつれ思いやりをますます切り捨てるようになっていく。人と人のあいだの思いやりとは、目的を離れた人間関係の可能性に気づいているということにほかならないのだから。……時が金だとしたら、時間の節約、とりわけ自分の時間の節約は美徳だと感じられるし、相手を気遣っているのだから時間をけちることも許される。いまの人は回りくどいことをしない。やり取りのなかに差し挟まれる表層的なものは、日常の装置の働きを妨げているが、人はその装置に組み込まれているだけでなく、誇らしげに自分をそれと同一視しているのである。

ビルトンとサーストンがしているのは、自分をコミュニケーションの装置と同一視すること以外の何であろう。彼らは機械と話す機械になるほうがいいと考えているようだ。

儀礼的な言葉を省く、「なれなれしいが無関心」に相手と接する、「前置きの挨拶や署名なし」でメッセージを送る。これらはすべて「人付き合いが病んでいる徴候」だとアドルノは書いている。回りくどい会話、直接的かつ実際的な目的がない話に耐えられないわたしたちは、「人間が点であるかのように、直線こそがふたりの人間のあいだの最短距離である」という捉え方をしている。

アドルノは、会話の効率性を重視する傾向が強まっている背景に、「無慈悲」が芽を出していると考えた。少なくとも、目的のないおしゃべりや必要のない社交辞令を重荷やコスト、貴重な時間の浪費としか考えなくなったとき、わたしたちは思いやりや寛大な心を持つ感覚を麻痺させるという危険を冒している。「携帯メールでは」とビルトンは言う。「自分が何者かを名乗る必要がないし、ハローとすら言わなくていい」。効率を重視する人にしてみれば、それは間違いなく人間生活の発展になると思えるだろう。しかし、コミュニケーションのメカニズムにコミュニケーションのあり方を決めさせることは、アドルノが言うところの「人をモノとして扱うイデオロギー」の現れとも考えられる。

家のように居心地がいい場所

二〇一三年四月二九日

一　この地球で

昨秋、フェイスブックが初めてのテレビCMをリリースした。タイトルは「わたしたちをつなげるもの」。マーク・ザッカーバーグは、彼特有の謙遜を見せ、「この地球におけるわたしたちの居場所を表現」したかったのだと言った。CMは森のなかで空中に浮かぶ赤い椅子のショットではじまる。何か音楽が流れる。そこにナレーターの声がかぶさる。

椅子。椅子は人が座り休むために作られる。誰でも椅子に座れるし、大きなものには一緒に座ることもできる。

ドアベル。飛行機。橋。これらを使って人びとは集い、心を開いてつながり、考えや音楽などをシェアする。

宇宙。それは広大な闇。わたしたちは孤独なのかと考えさせられる。そうではないと思い出すためにわたしたちはこういったものを作っているのかもしれない。

映画監督のテレンス・マリックがロボトミー手術を受け、マリファナを続けざまに七本吸わされ、史上最悪のテレビCMを作るように言われたら、このような代物が出来上がっただろう。しかもこのCMは、巨大な幹から螺旋状に伸びる絡み合った枝を見上げるショットで終わるのだ。生命の樹《ツリー・オブ・ライフ》!

　ばからしさ満載とはいえ、このCMは啓示的だ。そこで強調されているのはもっぱら物質、リアルである。イヤホンを一緒に付けるカップルが短く映る以外、わたしたちがデジタルの時代にいるとはほとんどわからない。このCMが見せるのは、人びとが食べ、話し、椅子に座り、橋を渡り、ドアベルを押し、椅子に座り、講義を聞き、手をつないで芝生に寝そべり、旗を振り、椅子に座り、木に登り、ポーチで本を読み、キッチンで難しい話をし、椅子に座り、踊り、飲み、バスケットボールの試合を観戦し、木に登り、やわらかな日差しのなかを動く小さな昆虫を見つめ、椅子に座っているところだ。コンピュータやスマートフォンはほとんど映らない。誰もがその瞬間に深く没頭している。世界中のすべてのものが光を発している。すべてのものが輝いている。

　市民と社会の幸福というデジタル以前の薄っぺらい神話のなかに逃げ込み、「わたしたちをつなげるもの」は、フェイスブックをアメリカ文化の感傷的な流れのなかに堂々と位置づけようとした。ソーシャルネットワークを自家製アップルパイの黄金の一切れのように描こうとした。そのCMのやや自己防衛的なメッセージは、フェイスブックは革命的でも破壊的でもない、それどころか特に新しいものですらない、というものだ。「心を開いてつながる」ことを可能にしてきた人間的なツールは昔から数多くあり、フェイスブックはその新たなバリエーションに過ぎないということである。そこのポイントをさらに強調するために言うが、このCMには淡い光を浴びて机の上に鎮座する古い黒電話のショットまで含まれていた。

おわかりだろう。フェイスブックは新たなマーベル〔米国の電話会社ベル・テレフォン・カンパニー（現AT&T）の愛称〕に過ぎないのだ。彼女のふくよかな膝に乗り、母性にみちた胸に疲れた頭をうずめ、友人や家族のあたたかい抱擁に包まれよう。

二　家への侵入

今月、フェイスブックがフェイスブックホームを初公開した。その発表には「シリコンヴァレーの一大イベント」につきもののあらゆる要素があった。プレスへの謎めいた招待、熱狂的に噂を広めるテクノロジー系ブログ、つっかえながらの大げさなプレゼン、シンクロする「ワイアード」誌のべた褒め記事。しかし、製品そのものはくだらないものだ。要するに、フェイスブックスタイルのAndroid向けホーム画面である。こりゃすごい。

さらに面白いのは三つ続けてリリースされたフェイスブックホームのCMで、なかでも「ディナー」というタイトルのものは特に面白い。「ディナー」の舞台は郊外の悪趣味なダイニングルーム。親族が集まってテーブルを囲み、郊外の不味そうな食べ物をつまんでいる。未婚のおば――もちろん、見苦しい眼鏡をかけ、サイズの合っていない野暮ったいセーターを着て、ださい髪形で、耳障りな平坦な声でしゃべる――が、二匹の飼い猫のためのキャットフードをスーパーに買いに行ったことについてだらだらと話をはじめる。全員がもぞもぞしはじめる。おばの隣に座る若くて魅力的な女性がおばを一瞥し、それから携帯電話に目を移す。すると彼女はもうひとつの快適な家《ホーム》、フェイスブックホームに移動している。スワイプして写真を見ると、そのイメージが彼女のまわりに立ち上がってくる。汚い部屋の汚い一角で友達が楽しそうにドラムを叩いている。悪趣味なテーブルと悪趣味なサイドボードのまわりでバレエ団が踊っている。幸せそうに雪合戦をしている人たちがいて、そばを通った除雪車がきれいな雪を野暮な家族に浴びせる。おばが延々としゃべり続けるなか、魅力的な若い女性は微笑んで「いいね！」を押す。

「ディナー」はすでに多くの論評を呼んでいる。「うぇっ」と不快感を表す「フォーブズ」誌のロバート・ホフの反応は典型的なものだ。「フェイスブックホームが登場したことで、家族やリアルな友達に対して失礼な態度をとることがずっと簡単になる。彼らは、まあ、あなたのようなクールな人にとっては退屈すぎるから」。ウェブサイト「サイボーゴロジー」のホイットニー・エリン・ボーセルは異なる見解を示す。魅力的な若い女性はテーブルに集う家族に象徴される「誰もがよく知る義理」に対する反抗を演じているのだと。「画面上では親指のように見えるかもしれないが、実際には権力の前で中指をまっすぐ立てている」。正直なところ、笑いものにされているおばを権力と見るのは難しい——ほかの家族もまったく無気力で、非正規雇用の将来性のない、以前は中流と呼ばれた階級の者たちに見える——が、このCMは思いやりのない鼻持ちならない女を描いているだけでなく、抑圧的な状況からの逃避も描いているというボーセルの指摘は正しい。「失礼な振る舞いはときに抵抗にもなる」。鼻もちならない奴は英雄になることもある。

しかし、「ディナー」で本当に注目すべきは、その世界観が「わたしたちをつなぐもの」と一致しないどころか、むしろ正反対——まったくもって正反対——だということである。新たなCMは、戸惑いを覚えるほど、以前のCMへの風刺的で軽蔑的な返答のように思える。フェイスブックは自らを嘘つき呼ばわりしているのだ。「この地球におけるわたしたちの居場所？　ドアベル？　橋？　ふざけるな！

地球はクソだ！　何もかも退屈だ！　人は醜い！　オンラインに行ってずっとオンラインにいろ！」。

「わたしたちをつなぐもの」のなかで、宇宙の無意味に対する防波堤、つながりとそれゆえの解放の具体的な手段として感傷的に称えられていた椅子は、「ディナー」では拷問器具となる。わたしたちを不快な肉体の世界、他人という地獄に閉じ込めるものとなる。

ハイコンセプトで大々的な「ブランドCM」を発表しながら、そのわずか数ヵ月後に方針を変え、それを完全に貶すような会社がかつてあっただろうか？　わたしはないと思う。このことから学べるのは、ザッカーバーグは嘘つきで、最も誠実そうなときこそ最も不誠実なのだということだけでなく――そんなことはわかりきった話だ――ザッカーバーグやフェイスブックにとっては、「誠実」も「不誠実」も同等に無意味な言葉だということである。すべてが嘘なのだ。森のなかで空中に浮かぶ椅子もディナーテーブルで踊るバレリーナも同等にフェイクだ。どれもが作り物であり、それはそれらが呼び起こす感情についても同様である。何もかもが広告だ。「わたしたちをつなぐもの」と「ディナー」には違いがあるが、元をたどれば同じ根っこに行き当たる。シニシズムである。ザッカーバーグはふたつのCMが矛盾しているとは考えたこともないはずだ。彼はすべてが嘘だと知っているし、すべてが嘘だと誰もが知っているとわかっている。

「お好きなように」と、ウォレス・スティーヴンズは書いている。

世界は醜い
そして人は悲しい

最初のＣＭの空中に浮かぶ赤い椅子を、スティーヴンズの詩に見られる贖罪的な想像の象徴と考えたくもなるだろう。しかしそれは違う。これも醜いあのおばが座っているのと同じ椅子なのである。スマートフォンを持った魅力的な若い女性が座っているのと同じ椅子なのである。フェイスブックはわたしたちに想像力《イマジネーション》のないイメージを与える。すべてが救いがたく、それゆえにすべてがクールなのだ。お好きなように。

三　ホームとアウェイ

「家はあまりに悲しい」と、英国詩人フィリップ・ラーキンは書いた。

写真や食器を見よ。
ピアノ椅子の楽譜。あの花瓶。

すべてのものには、少なくともわたしたちが見る限り、裏の面がある。花瓶に象徴される豊かさの裏には空虚が感じられる。しおれた花束がゴミ埋立地で朽ちていく。これはコミュニケーションのツールについても同様だ。それらを見ると、つながりの可能性だけでなく、その影として、避けられない孤独が感じられる。空の郵便受け。切手のシート。受け台に載った電話。ラジオのダイヤル。部屋の隅の暗いテレビの画面。病院で輸血を受けている患者のように、コンセントに差し込まれ充電中の携帯電話。コミュニケーションツールの物悲しさはめったに語られることがないが、わたしたちの家に取り憑いて離れない。

家《ホーム》と外《アウェイ》はわたしたちの存在の両極であり、それぞれが心を引きつける磁力を発している。わたしたちはそのあいだで揺れ動いている。家は安心できるが束縛が多い。外は自由だが孤独だ。家にいるときは外を夢見て、外にいるときは家を夢見る。コミュニケーションツールは昔から家と外の区別をあいまいにしてきた。新聞、ラジオ、テレビは家のなかに少し外を入れたし、電話と郵便は外にいるわたしたちに家を少し与えた。いくらかあいまいにするのはいいが、やりすぎは望ましくない。ふたつの極がひとつになり、磁力がお互いを打ち消し合うのは望ましくない。揺れ動いていることが重要なのであり、それこそが家と外の両方に意味を、さらには美しさを与えるのである。フェイスブックホームは、孤独の影がないつながりを与えているように見せながら、その実わたしたちに何も与えていない。そこは何物でもない場所だ。

チャコール、シェール、コットン、タンジェリン、スカイ

二〇一三年五月一七日

これらは、グーグルグラスがラリー・ペイジが言うところの「ふつうの世界」でついにリリースされるにあたり、そのメガネ型コンピュータが採用する色の正式名称である。もう一度、色の名前を繰り返したい。響きが豊かで、素朴で、安心するから。

チャコール
シェール
コットン
タンジェリン
スカイ

「地図製作者の色づかいは、歴史家のそれより繊細だ」と、詩人のエリザベス・ビショップは書いているが、さらに繊細なのはマーケターのそれだ。

二〇〇〇年にリリースされた第三世代 iMac の色彩を思い出さずにはいられない。

グラファイト
インディゴ
ルビー
セージ
スノー

グーグルグラスの色彩のほうがずっとよく、喚起力に富んでいる気がする。サイモン&ガーファンクルの偉大なハーブの色彩よりもいいかもしれない。

パセリ
セージ
ローズマリー
タイム

まあ、これは製品ラインとしては少し緑に集中しすぎているか。

しかし、グラスの色彩が緑を完全に避けている点は少し引っかかる。これは政治的声明なのだろうか？　実際、そう考えてみると、グラスの色彩は戸惑いを覚えるほど化石燃料に重きを置いている。木《チャ》炭《コール》？　頁岩《シエール》？　空《スカイ》に上っていく排出された炭素のにおいが感じられそうだし、暑さでしおれる綿花《コットン》やタンジェリンが見えてきそうだ。タールサンドも入れるべきだったかもしれない。

いや、そうしたら気が滅入っただろう。「チャコール」のほうがはるかに軽やかな響きがある。その感情に訴える暗示的意味は、現実世界における明示的意味とは異なるものだ。これは、現実拡張の記号論的およびマーケティング的可能性を浮き彫りにしている。

グラスの色が現実をどのように拡張するかまで決めてくれたら、本当にクールになるだろう。つまり、チャコールをかけると世界が暗くゴシック調に見えるが、タンジェリンをかけた場合、試合当日の高校生チアリーダーの目でものを見る感じになる。コットンは落ち着きすぎて少し反応が鈍った状態。スカイは新時代の眺め――すべてが水晶や羽のよう――を与えてくれる。シェールは完全に事務的なジョー・フライデー［ドラマ「ドラグネット」シリーズの主人公である勤勉な刑事］的現実である。

わたしとしては、葉っぱ《ウィード》が登場するまで粘るつもりだ。

ブッダとつましく暮らす

二〇一三年六月一八日

瞑想やマインドフルネスがシリコンヴァレーで流行している。それは素晴らしいことだろう。「WIRED」誌は、テクノロジー業界のエリートが、終わりのない仕事の日々の休憩中に、ヨガマットを広げ、スティーヴ・ジョブズを真似て、しばしば本物の仏教僧に指導を受けながら、涅槃《ねはん》に至る東洋の道を追求している様子を報じている。しかし、彼らが追い求めているのは奇妙な種類の悟りだ。瞑想を通して技術屋に「こころの知能」を獲得させようと取り組んでいる、グーグルのマインドフルネスのコーチ、チャディー・メン・タンはこう説明する。「こころの知能がキャリア上有益だと誰もがわかっている。また、社員にこころの知能があれば彼らはがっぽり儲けてくれるはずだと、どの企業もわかっている」。

ナマステ。

職場における自己定量化

二〇一三年一〇月二五日

今月、「自己追跡者《セルフ・トラッカー》とツール制作者」の年に一度の秘密会議、「自己定量化（QS）グローバルカンファレンス」が行われ、サンフランシスコに信者たちが集まった。自己定量化のムーブメントは、ビッグデータという新しい技術を昔からある自己実現の追求の分野に持ち込もうとするものであり、センサー、ウェアラブルデヴァイス、アプリ、クラウドを利用して、身体の機能を検査、最適化し、より完璧な自己を設計することを目指している。自己追跡者は、「話したり書いたりすることを通して内なる世界を問いただすのではなく」、「数字を通して自己認識」を追求するのだと、長年にわたってQSをプロモーションしているゲアリー・ウォルフは説明する。彼はさらにこう続ける。「自己定量化が魅力的なのは、われわれが抱える問題の多くは単に自分を理解する道具がないことに起因するのではないかという考えがあるためである」

「魅力的」は言い過ぎかもしれない。少数のマニアはQSにかなり熱を上げている。だが、一般の人たちはいまのところ自己追跡にほとんど関心を示しておらず、健康状態をチェックするベーシックな万歩計以上のものに手を出すことはめったにない。細かなカロリー計算のように、自己計測は継続するのが難しいのである。すぐに退屈してしまい、数字は満足感よりも不安感を生む可能性のほうが高くなる。

人の身体がその予測不能な変化を意識しないでいるのには理由があるのだ。

しかし、「ウォール・ストリート・ジャーナル」紙が報じているように、自己追跡が重要視されるようになっている領域がひとつある。企業運営である。いくつかの企業は、従業員にチップとセンサーを装着させている。「彼らがどのように動き、行動しているかの細かなデータを集める——そしてその情報を使い、彼らがより良く仕事ができるようにする」ためである。たとえば、首からかけるタイプのHITACHIビジネス顕微鏡がある。「このデヴァイスには、光や温度のような環境要素に加え、従業員の動きや発言をモニタリングするセンサーが搭載されている。つまり、従業員がオフィス内のどこに行っているかを追跡できるし、別の人の名札と通信することで、誰と話しているかが認識できる。また、彼らがいかにうまく話しているかを判定することもできる。どれくらい手を動かす仕草をしたりうなずいたりしているか、声にどのくらい元気があるかなどを記録するのである」。このほか、グーグルグラスのような「スマートグラス」を開発して同じようなことをしている企業もある。

一世紀あまり前、フレデリック・ウィンズロー・テイラーが、科学的管理法をアメリカの工場に導入した。仕事中の従業員の行動を追跡、判定することで、企業はあらゆる仕事の最も効率的な手順を見つけ、それを全従業員に課すことができるとテイラーは考えた。体系的に集められたデータによって、製造業は最適化され、完璧に調整された機械になる。

自己定量化ムーブメントの目標と力学は、ビジネスの場に当てはめた場合、テイラー主義の精神を復活させることである。しかもその範囲はホワイトカラーにまで広がる。完璧な最適化という夢が、個人の付き合いや同僚との何気ない会話の領域にまで入ってくる。テイラーシステムが促進した動きのひとつは、工場労働の機械化だった。人間の仕事を数値化すると、機械が人間に取って代わるためのひな型もできることがわかった。新たなテイラー主義は、知識労働において同様のことを達成するかもしれない。それは、高度に訓練されたプロフェッショナルの仕事を引き継ぐことも可能なソフトウェアアプリケーション向けのスペックを供給する。

自己定量化が商業の領域で生産的に利用されうる方法は他にも想像できる。自動車保険業者はすでに、運転の癖をチェックするセンサーを車に取り付けさせるため、保険契約者に奨励金を与えている。健康保険や生命保険の業者が身体センサーを装着する契約者に同じような奨励金を与えるのはしごく当然に思える。コレステロール値や食糧摂取量、さらには訪れた場所や交流した人など、病気や死のリスクと関わるあらゆる要素をもとに保険料を決めるのだ。

個人の解放のツールから集団の制御のツールへという自己定量化の変質は、ネットワークコンピュータの歴史のなかで確立されたパターンにのっとっている。メインフレームの時代、コンピュータは本質的に制御の機械であり、人とプロセスをモニタリングし、手続きとルールを強要することを目的としていた。PCの時代になると、コンピュータは人びとを自由にし、集団の監視や制御から解放するようにもなった。中央制御と個人解放のあいだの緊張状態は、コンピュータの力をいかに使うかを定義し続けている。当初わたしたちは、インターネットはこのバランスを制御から解放の方向へ大きく傾かせるだろうと考えた。それは誤った判断だった。データ収集をかつては個人的活動であった私的な領域にまで広げ、その蓄積とデータ処理を中央で行うことで、ネットはそのバランスを再び制御機能のほうにシフトさせている。

わたしのコンピュータ、わたしのドッペルツイッター

二〇一三年一一月二二日

誰もがマイクロセレブリティ［ネット上の有名人］となったいま、誰もがマイクロパブリシスト［ネット上の広報担当者］を必要としている。ツイッター、フェイスブック、インスタグラム、タンブラー、リンクトイン、スナップチャットを、うんざりするほど、すべて自分で追える人間はいない。現実的に時間が足りない。

親切なグーグルはいつものように、わたしたちを支援しようと急いでいる。ソーシャルメディア上でわたしたちの存在を維持する、という大変な仕事をこなすソフトウェアプログラムを開発しているのである。同社は今週、「ソーシャルネットワーク上でパーソナライズされた反応を自動生成して提案する」という特許を得た。待望のサービスの紹介文はめまいがするようなものだ。

提案生成モジュールには多数のコレクタモジュールと、認証モジュール、提案分析モジュール、ユーザーインターフェイスモジュール、および決定樹が含まれる。多数のコレクタモジュールは、ユーザーがアクセスできる情報やユーザーにとって重要な情報を、Eメール、SSM／MMS、マイクロブロギングなどから収集する各システムと結びついている。これらのコレクタモジュールか

らの情報は提案分析モジュールに提供される。提案分析モジュールは、ユーザーインターフェイスモジュールおよび決定樹と連動して、ユーザーの反応やメッセージを生成して提案する。

翻訳しよう。現段階で、われわれはあなたに関する情報をたくさん持っており、あなた自身以上にあなたのことを知っている。だから、あなたのソーシャルネットワーク上での行動はわれわれに任せていい。グーグルは、個人のメッセージのやり取りを自動化することで、ばつの悪い失態を避けられるようになるだろうと言う。

友達が新しい仕事を見つけたと言ったときに、「おめでとう」と伝えるのはとても大切なことだろう。これが特に問題となるのは、多くのユーザーがさまざまなソーシャルネットワークに登録しているためだ。ますます拡大するオンライン接続、増え続ける連絡先、ユーザーたちがオンラインに流す情報量を考えると、そのようなアップデートを見逃してしまう可能性がある。

仕組みは想像がつくだろう。まず、あなたのコンピュータが「おめでとう!」のメッセージを生成して友達に送る。すると、そのメッセージを受け取った友達のコンピュータが「ありがとう!」というメッセージを返す。それに対して、あなたのコンピュータが馬鹿げた笑顔の絵文字を付けたメッセージを送る。これはシリコンヴァレーがずっと夢見てきたソーシャルネットワークのシステムにかなり近づいていると言えるだろう。規定されていない行動プロトコルに直面したら、提案分析モジュールに話をさせるのがベストだ。

ストリーム管理という実際の恩恵を超えて、これにはより大きな意味がある。グーグルのメッセージ自動化サービスは、ついに監視―パーソナライゼーションのサイクルが完成すると確約しているのである。コンピュータ上のパーソナライゼーションのアルゴリズムがあなたの個人メッセージを生成する。生成されたメッセージは、投稿等によって送信されると、別のコンピュータにオンラインで収集され、あなたの個人プロフィールを改良するのに使われる。改良された個人プロフィールは、パーソナライゼーションのアルゴリズムにフィードバックされ、次なるメッセージの生成に反映される。その結果コンピュータが生成するあなたのメッセージは、コンピュータが生成するあなたの外的人格とより合致するようになる。そして、それを何度も何度も繰り返すことで、最終的に自己と表現されたものが完璧に釣り合うようになる。

かつてあなたが「あなた」と呼んでいたものは、もちろんこの時点で完全にサイクルから外れるが、それは最善の結果を得るためだ。事実を直視したまえ。そもそもあなたはこういったことが昔からあまり得意ではなかったのである。

アンダーウェアラブル

二〇一三年一二月八日

破壊的革新の受け入れ準備が整った製品カテゴリがひとつあるとしたら、それはランジェリーだ。だから、マイクロソフトがスマートブラのプロトタイプを開発したのは特に驚くことではない。その自己追跡下着は、開発者によると、「感情を検知するモバイルのウェアラブルなシステム」で、「ジャスト・イン・タイムの介入で、やけ食いなどを防ぐ支援をする」。

スマートブラ――店頭に並んだときには Titter［tit は乳房の意］と呼ばれるようになっているはずだ――にはセンサーが搭載されており、それで心拍数、呼吸、皮膚伝導性、体の動きを追跡し、その人のストレスレベルを測定する。そのデータは、ブラから、EmoTree と呼ばれる行動修正のスマホアプリに送られ、それから、保存とおそらくは広告のパーソナライゼーションのために「Microsoft Azure Cloud」にアップロードされる。

研究者たちは、スマートブラが適切なタイミングでそっと合図を送る一例を挙げる。

サリーは仕事から数時間前に帰宅し、少し退屈を感じている。サリーの携帯電話のアプリも、ウェアラブルセンサーで彼女の生理的状態を読み取り、彼女が退屈していることを検知する。このモバイルアプリは、サリーが退屈なときに最もやけ食いをしやすいことをすでに学んでいるため、介入して彼女の気を紛らわせ、うまくいけば、彼女が食べるのを阻止することができる。

フェミニスト学者のダナ・ハラウェイが有名な「サイボーグ宣言」を書いたときに考えていたことと一致するかはわからない。一九八〇年代に書かれたそれは、伝統的なジェンダー区分をあいまいにする現代のテクノロジーの力を称えるものだった。ブラジャーによる体重管理アプリにおいては、境界のあいまいさはあまり関係がないようだ。

スマートブラの初期テストは成功ではなかったと言わざるを得ない。バッテリーの減りが早いために、「参加者は一日に何度もワードローブに行かなければならなかった」。また、胸を中心にしたフォームファクタのもうひとつの短所は、ジェンダー的中立から程遠いことである。生物学的な女性にしか使えないのである。「男性用下着でも同じことをしようとしたが、(心臓から)離れすぎている」と、ある研究員は述べた。そう、それが常に問題なのである。とはいえ、下着のパンツに取り付けたセンサーが支援する別の行動修正の形も想像できるだろう。

体に密着したコンピュータ装置の時代になりつつあるのは確かだ。願わくは、これらの新しいアンダーウェアラブルにバイブモードを搭載してもらいたい。

バスに乗って

二〇一四年二月一〇日

アプリより、スマートフォンより、ネットワークよりも前、バスがあった。それは移動するもの《モバイル》だった。人と交わるもの《ソーシャル》だった。そして、サンフランシスコから新たな世界へ向かっていた。トム・ウルフが『クール・クールLSD交感テスト』でその話をうまく伝えている。

「いつの日か」とキージーは言う。「誰かを待つことができなくなるときがいずれ来る。さて君はバスに乗るか乗らないか。バスに乗ったなら、取り残されたとしても、また見つけられる。最初からバスに乗らなければ――どうにもならない」。そのことをはっきり説明する必要はなかった。すべてが寓話的になり、集団心によって理解されるようになっていた。特に、「バスに乗るか……乗らないか」という。

ケン・キージーは亡くなったが、バスは進む。ある種の幻覚剤による変形を経て、それはグーグルバスになり、いまではギークたちを乗せて、彼らが住むサンフランシスコとマウンテンヴューの本社のあいだを往復している。この変化は、かなり極端に見える。キージーバスは一九三九年に製造されたインターナショナル・ハーヴェスター社の安いスクールバスだった。グーグルバスは五〇万ドルの豪華で新しいバンホール社製である。キージーバスは明るい色で、走るグレイトフル・デッド［ヒッピー文化を代表するバンド］のポスターのようだった。グーグルバスは地味で特徴がなく、走るジョス・エー・バンク社のスーツのようである。キージーバスは騒々しく汚らしかった。グーグルバスは静かで慎みがある。キージーバスは集団心とつながるためにLSDを積んでいた。グーグルバスにはWi-Fiがある。

キージー率いるプランクスターズはバスを「ファーザー（より遠くへ）」と名付けた。グーグルバスに名前を付けるとしたら、「セーファー（より安全に）」だろう。

しかし、こうした違いがあるとはいえ、コミューン主義と超越性の乗り物であるという点で両者は一致している。バスに乗っているのは、未来の優れた社会のモデルとなる特別な社会の一員でありたい主流文化と距離を取りたい、と切望する若者たちだ。現在の文化はあまりに腐敗しており、もはやその枠内で改善することはできない。再建のためにはここから逃れなければならない。やり直さなければならない。バスに乗らなければならない。

「北アメリカへの移住は自己選択的だった」と、LSDの帝王ティモシー・リアリーは、その重要な遺作『ヒトの変容に関する熟考』のなかで述べている。「ピューリタンたちはイングランドからオランダに逃れ、財産を抵当に入れ、メイフラワー号で海を渡った。狂った異常な現実から逃れて、やり直せる場所がほしいと皆が思っていたのだ。この試みが成功だったことに疑いの余地はない。アメリカ人はヨーロッパ人より自由であり、西部人はアメリカ人から進化した新たな種である」。太平洋に行き着いた西部人——リアリーはカリフォルニア人のことを言っている——にとっての次のステップは、ロケットで天に飛び、宇宙空間に実験的な「小世界」を築くことである。「最初の宇宙移住から一〇年以内に」と、リアリーは書いている。「千人の人びとが協力して集まり、地上の家より安く新しい小世界を建設できるようになるだろう。新しいアイデアが浮かんだら、古い巣箱のまわりにとどまっていてはいけない」

七〇年代、リアリーの周りには、既成の社会の枠を越えた、実験的なコロニーを選ばれし者たちで築こうと叫ぶ仲間がたくさんいた。バックミンスター・フラー、ジェラード・オニール、ジェリー・ブラウンなどの人びとが、アメリカのフロンティアを拡大して技術的、社会的実験のための地区を作り、時代遅れの法律や伝統に妨げられることなくイノヴェーションを進められるようにする必要があると主張した。エリートの自己選択的な移住は、結果的に、とどまることを選ぶ臆病者のためにもなるとリアリーは言った。「巣箱から遠く離れた新しい生態系で、新しい実験――技術的、政治的、社会的な――を可能にするのだから」。

この考えは、今日ではそのサイケデリックな起源と関係なく、シリコンヴァレーのユートピア主義の基盤になっている。「五〇年前にできた法律が正しいわけがない」と、ラリー・ペイジは最近言った。「なにしろ、それはインターネット以前にできたものなのだ」。彼はこう続ける。

世界のいくらかの空間は切り離して考えるべきなのかもしれない。たとえば、バーニング・マン［米国ネバダ州で年一度開催される実験的イベント］に行くこととかだ。そこは違うことを試す環境ではあるが、誰もが行かなければいけないというわけではない。わたしはそれが素晴らしいことだと思う。テクノロジストとして、新しいことを試せる安全な場所があるべきだと思う。そこでは、社会への影響はどうか、人びとへの影響はどうか、ということを探ることもできる。ふつうの世界で展開する必要はない。こういったことが好きな人は、そこに行き、体験できる。

ペイジだけではない。ジェフ・ベゾスやイーロン・マスクも、リアリー的なスペースコロニー、天空のバーニング・マンを構築することを夢見ている。ピーター・シールはもう少し現実的だ。彼のシーステディング研究所は、国境の枠を越え、海上にテクノロジー起業支援キャンプを作ろうとしている。「新しいビジネスをはじめられるなら、どうして新しい国をはじめられないんだ?」と彼は問う。また、ベンチャーキャピタリストのバラジ・スリニヴァサンは、昨秋、Yコンビネータ・スタートアップ・スクールで行った講演で、リアリーの精神を継承し、「シリコンヴァレーの究極の出口」――米国などの失敗国家と思われる国の力が及ばない新しい国の樹立――を求めた。「イングランドの外に出たアメリカの革命家たちは、宗教的迫害から逃れました」と、スリニヴァサンはピルグリムについて言った。「それからわれわれは西に移動しはじめ、東海岸の官僚支配から離れました」。いま、イノヴェーターが自分たちの社会を築くときが来たのだ。

シリコンヴァレーの究極の出口というのはどういう意味か。基本的には、テクノロジーを原動力とし、究極的に米国の外に存在する社会を作るということです。これはまさにヴァレーが向かっているところです。今後一〇年間にわれわれが向かうところです。……これの素晴らしいところは、これを変だと思う人、フロンティアをあざ笑う人、テクノロジーを嫌う人——そういう人たちが付いてこないということです。

キージーのバスはメキシコのどこかで袋小路に行き詰まり、寓意的なガスケットが抜けた。グーグルバスはサンフランシスコの街とヴァレーのあいだを無限の可能性の無限のループで回り続けている。

終わりのないはしごという神話

二〇一四年四月六日

「結局のところ、それは好循環となる」と、経済政策レポーターのアニー・ローリーは、「タイム」誌のコンピュータによる自動化が引き起こす仕事の代替効果に関する記事で書く。「なぜなら、これによって人はより価値の高い仕事ができるようになるからだ」。彼女は続ける。今日の課題は、「ソフトウェアやアルゴリズム、ロボットやその類のものが、さらに高度な価値の高い仕事へと進むことを人間が受け容れることなのである」。

この考え方は昔からある。アリストテレスは奴隷を道具になぞらえた。どちらもその所有者に、より洗練された活動をする時間を与える。マルクス、ケインズ、オスカー・ワイルドなどさまざまな思想家たちも、産業革命期に同様のことを述べている。それは現代でも繰り返し言われ続けていることで、自動化とソフトウェアは、いままで人が賃労働で行っていた仕事をどんどん引き継いでいる。「われわれはロボットに引き継がせる必要がある」と昨年、「WIRED」誌は説いた。「ロボットは、われわれが自身のための新しい仕事、つまり人間としてのあり方を広げる新たな仕事を発見する手助けをしてくれる。いまよりもさらに人間らしくあることに焦点を当てさせる」。

人手を省く技術が必然的に、労働者をより高尚なものの追求へと導くという概念は、大きな慰めとなる。それは失業や賃金の下落を心配するわたしたちの気持ちを静める——すべてうまくいく、「結局のところ」——と同時に、わたしたちの限りのない自尊心につけこむ。人間の仕事というはしごは、上へと果てしなく昇り続けてゆくもの。すなわち、機械類がいかに高度に発展しようとも、わたしたち労働者が目指すべき新たなはしごが必ずある、と言うのである。しかし、わたしたちが己に言い聞かせる多くの気休め同様、そこにはごくわずかの真実しかない。そして現代の失業や不完全就業の問題に対する都合のいい答えとしてこのことが持ち出されるとき、それは危険な錯誤となる。未来への確固たる幻想を植え付け、経済に新たな構造的問題が発生しているという可能性から目を逸らさせるからである。

無限のはしご神話の問題は、その主張のあいまいさからはじまる。「より価値の高い任務」とは明確には何か？ わたしたちは雇用主から見た価値について論じているのか、あるいは被雇用者から見たそれだろうか？ 生産性と利益の観点から価値を測っているのか、あるいは労働者の側からの技術や満足度、報酬の観点なのか？ これらふたつの事項は、相互に異質なばかりではなく、相容れない場合がほとんどである。機械による労働生産性を向上するひとつの方法は、その生産に関わる労働者数を削減することである。もうひとつは、仕事に関わる者の技術的要件を減らし、それによって労働者の賃金を減らすことである。産業機械の導入による雇用への影響分析によれば、テクノロジーを活用して仕事を自動化すると、当初は労働者の技術強化に結び付く傾向にあり、仕事への意欲と関心が高まるが、その機械がより高度になるにつれ、その性能に仕事の技術が組み込まれるため、技術の衰退の傾向が強まる。高い技能を有する熟練工も、さしたる技能のない職人か、あるいはまったく技能不要の機械オペレーターになる。まさにアダム・スミスも認めたように、労働生産性を向上する機械は多くの場合、仕事の幅を狭め、高度な技術職を型にはまった仕事へと変えてしまう。最悪の場合、工場労働者は、「人間がなり得る限りの最も愚鈍で無知な人間」になる、と彼は述べた。

もちろん、それが全体像というわけではない。業務自動化の長期的影響を評価する際には、特定の職域を越えて俯瞰する必要がある。業務自動化が、既存の職業の技術的要件を減らしたにしても、やりがいがあって高賃金の新しい分野の仕事を創出する可能性もある。無限のはしご神話の提唱者らがよく持ち出すように、それは産業革命期終盤に実際に起きたことである。工場の組み立てラインの効率化とその他の機械化された生産形態により、あらゆる生産品の物価が押し下げられた。その結果、それらの需要が跳ね上がり、製造業者による雇用は、機械操作や修理のためのブルーカラー労働者のみならず、工場運営管理、新製品設計、製品のマーケティングや販売活動、帳簿管理、その他の仕事のためのホワイトカラー労働者にまで広がった。

結果として消費志向で経験を求める中産階級が拡大し、小売販売員から医者や看護師、教師、建築家、パイロット、ジャーナリスト、官僚といったあらゆる種類の労働者需要が少しずつ増えていった。それはまぎれもなく好循環であった。しかし、これは普遍的な好循環、経済力学の必然ではなく、主にその時期特有の好循環であった。なかでもこの時期に限られる最も重要なこととして、人間の仕事を引き継いだ産業機械の能力に限界があったことが挙げられる。高度に機械化された工場でも、機械の番をする人間が多数必要で、最もプロフェッショナルな職業やその他のホワイトカラーの仕事は、テクノロジーの力が及ばないはるか先にあった。

いまは時代が違う。機械類も異なる。ロボットやソフトウェアプログラムは、すべての人間の仕事を引き受けるにはまだだいぶ時間がかかるが、工場機械よりもはるかに多くの仕事を引き受けることが可能である。いまや多くの経済部門で労働者需要が継続的に落ち込んでいる主な理由がここにあるのはほぼ確実であろう。多分、あまり認識されていないのは、いわゆる知識労働のなかに技術を不要とする現象が広がりつつあることだ。状況を知覚し、分析を行い、判断を下すコンピュータの能力が徐々に高まるにつれ、ホワイトカラーの技能を再現するようコンピュータをプログラムできる。残された専門家やオフィスワーカーらは、どんどんコンピュータオペレーターや機械の番人になりさがる。

クールな新製品をデザインする、科学上の新発見をする、新たな芸術作品を創造する、新しい思想を構築する、などといった、個人としてのチャンスは変わらず残るだろう。しかしそれは、一般的な労働市場の見通しに関してはほとんど何も語らない。工場機械が一般に広まった当時のように、コンピュータの普及が、幅広い領域でやりがいのある高賃金の新しい仕事を生む保障はない。むしろ近年の経験からは全く異なる影響を及ぼしているように思われる。コンピュータが得意そうなのは、富の分配ではなく集中で、人びとの仕事の幅を広げるのではなく、むしろ狭めることとである。

無限のはしご神話を広める者たちの言葉は自ずとその本性を露わにしている。彼らはテクノロジーを、慈悲深い意志の力に結び付ける。それは「わたしたちを解放して」より価値の高い任務を遂行させ、より充実した仕事へと「促し」、わたしたち自身を発展させる「助け」となる。必要なのは、テクノロジーによるわたしたちへの支援を「受け容れる」ことだけである、と主張する。こうした言葉でほとんどがあいまいにされる。テクノロジーはわたしたちを解放もしなければ進ませも助けもしない。テクノロジーがわたしたちを気にかけることなどない。高尚な仕事だろうが、愚劣な仕事だろうが、あるいはまったく仕事がなかろうが構うことはない。それは意志の力のある人びとのためのものでしかないのだ。そして生産するためのテクノロジーを考案し展開する者たちは、新しい仕事を創出したり、仕事をより楽しくする、あるいは人間の可能性を拡大させるという熱意で動くことはまずない。彼らは、アダム・スミスも指摘したとおり、金を儲ける欲望に突き動かされているのである。仕事とは昔からずっと、市場の目に見えない手が二次的に生むものであって、それ自体が目的ではないのである。

無限のはしご神話の最大の受益者は、商用コンピュータの利益集中効果を通じて巨万の富を築いた者たちである。彼らにとって神話は、自らを満足させるものなのである。彼らが始動させた好循環は、機が熟せば、わたしたちを「仕事の価値が永遠に上がりつづける」世界へと導いてくれるのである。神話は彼らのビジネスの利益をも満足させるが、それは社会の利益と彼らの利益をひとつにまとめ上げているからだ。ソフトウェアとロボットはわたしたちのさまざまな問題を解決する、もしわたしたちがそれを受け容れるのであれば、というように。

あらゆるいい仕事が新たに生まれることは直近ではありえないと言っているのではない。経済は混沌としており、未来に起こることを誰も予見することはできない。ただ、このシナリオを前提として考えることはできないし、機械やその所有者らが労働者の利益を最大化しようとしているなどとは間違っても考えたりすべきではない、と言っているのである。結局のところ、それは好循環なのである——それが悪く循環しない限り。

わたしを紡ぐ織機

二〇一四年四月九日

「楽しむためのツールでもあるテクノロジーに抗うのは困難なことである」と、サラ・レオナルドとケイト・ロッセは「ディセント」誌の最新号で書いている。「ラッダイトたちは彼らの機械式織機を叩き壊したが、いったい誰がフェイスブックを叩き壊したいと思うだろう――写真や誕生日の祝いの言葉や招待状などのいっさいがそこに集まっているというのに？」

まさにそのとおりだ。物事が煩雑になり、混沌とするのは、生産の手段であるものがコミュニケーションの手段ともなり、気持ちを表す手段ともなり、娯楽の手段ともなり、ショッピングの手段ともなり、暇つぶしの手段ともなるときである。しかし、このような混沌から生じるのは、結局のところ単純化であり、努力と結果にひたすら専心することである。一九世紀末の時代が変わりゆくころ、機械式織機もまたソーシャルメディアとしての役割を担っていたかもしれないと想像してみよう。自分の割り当ての布を織り上げるということは、自らの人生を紡ぐことでもあり、それを人びとの目前にさらして見せることであった。布を織る機械と自分がいかに一体化していくか、その過程を想像してくれ。あなたは退勤時間を過ぎても遅くまで工場に残り、レバーと足踏みペダルを操り、シャトルを滑らせていただろう。どこまでも織糸ともつれ合いながら、家庭でも使える小型の織機を求め、やがては持ち運びできるもっと小さなものを求めただろう。事あるごとに自分専用の小さな織機を持ち出しては織りはじめ、その周りでも誰もが同じように、織って、織って、織り続けていただろう。

わたしは世界から自分の人生を紡ぎ出した、とあなたは言うだろう。それを布へと織り上げ、そこに模様を織り出した。それこそがわたしというものなのだ、と。

下界と天界のテクノロジー

二〇一四年四月一五日

「人間が長期に渡って地球に住み続けることを可能にしてきたのは、無力感でも、無限の熱狂でも、結果に対する無関心でもない」と、フランスの社会学者ブルーノ・ラトゥールは、今年にデンマーク・ロイヤル・アカデミーで行われた資本主義と気候変動に関する講義で述べた。「それを可能にしたのはむしろ、堅実な実用主義、人間の狡知に対するある程度の信頼、自然の力に対する分別ある敬意、人間の企ての脆弱性を防ぐために注ぎ込まれた細心の注意――こうしたものが第一の自然界に対処するための美徳であると思われる。注意と警戒、つまり、この下界の世界の危険性と可能性とを包括的に把握することなのである」

ラトゥールによれば、わたしたちはふたつの世界を生きている。第一の自然界、俗界としての「下界」と、第二世界、超越した「彼方の世界」である。第二世界は、地上の営みよりも定常的で、より不変な存在としてのわたしたちの願望を反映したものである。数多の歴史を通じて、第二世界は神話と宗教のなかに現れてきた。現在では、経済の「法則」のなかにも現れている、とラトゥールは論じる。「経済の世界は、地に足のついた堅実な物質主義からは程遠く、むしろ世俗的な商品と信頼できる事実を健康的に欲する。この価値観が、いまでは究極の絶対性を持つに至った」。経済体系から不確実性を排除し、そこに冷酷さを付加することは、「その富から利益を得ることのない大多数の人びとに無力感を、そこから利益を得るごく少数の者に、有無を言わさぬ尽きることのない熱狂を煽り立てる」傾向にある。経済決定論――もしくは経済永遠説と称すべきかもしれないもの――を前にして、人は諦観《ていかん》、あるいは傲慢のいずれかに至るというわけである。

現在のわたしたちの経済観についてのラトゥールの言及は、わたしたちの現在のテクノロジー観にも同様にあてはまる。技術的進歩もまた、自分たちの判断やコントロールを越えた御しがたい力と見られるようになった。ラトゥールの言葉を借りれば、それは、「無限大の機会をすべてつかみとろうとする桁違いの情熱を生み、その流れに屈服せざるを得なかった者にはディストピア的な諦念、そこから利益を得る者たちには自らの行動の長期的影響に対する無関心を与え、進歩にはむかった者には、鼻につく優越感という矛盾した痛手を負わせる」。テクノロジーは、「自然よりもはるかに穏やかに展開されるであろう」。

ラトゥールは、わたしたちの経済観の転換について考察する過程で、「一過性のものと永遠のものとの逆転」という痛烈な皮肉を発見した。わたしたちのテクノロジー観でも起こった同様の逆転を考えたとき、その皮肉はさらに痛烈なものとなる。テクノロジーの真の繁栄は、第一の自然界という下界の人びとに開かれた可能性からはじまる。その繁栄の要となるのは、その伸展途上において、環境要件だけでなく人間の欲求や計画からも生じるテクノロジーの不確実性である。技術的な進歩が、超越的な、制御不能の、わたしたちに適合させることのできない力として見られるようになると、その進歩の機会は閉じられ、あるいはあるとしてもことごとく閉ざされることになる。それは次第にわたしたちを包囲しはじめる。

「堅実な実用主義、人間の狡知に対するある程度の信頼、自然の力に対する分別ある敬意、人間の企ての脆弱性を防ぐために注ぎ込まれた細心の注意」という、こうした下界の美徳は、テクノロジーを扱うのにも同様に役立ちはしないのだろうか？

父親のアウトソーシング

二〇一四年六月二十六日

もしコンピュータと自分自身とのあいだに境界線を引くとしたらどこだろうか？　仮に機会があるとしたら、どういうときにマシンに向かって、「引っ込んでろ。これはおれの仕事だ」と言うのだろうか？

グーグルのAndroid部門の責任者、サンダー・ピチャイが垣間見せてくれたのは、同社が描く、自動化されたこんなわたしたちの未来である。

現在、コンピュータは主に人びとのために物事を自動化することに利用されているが、自動化されたあらゆるものを連携させることで、より有意義な方法で確実に人びとの手助けがはじめられるようになる……。たとえば、わたしが子どもたちを迎えに行く際、子どもが乗り込んだことを車が検知して自動的に音楽を子ども向けのものに変えてくれればとても便利だろう。

これで判明するのはシナリオのつまらなさ――子どもが車に乗ったことを感知すると、間髪を入れず「ベイビー・ベルーガ」の歌が流れ出すシステムの開発に数十億ドルという資金がつぎ込まれている可能性――ではなく、親子の絆と愛情を示すささやかな行為を自動化しようとする衝動が、ピチャイや彼の同僚たちを物語っていることである。この何気ないひと言で、ピチャイは、シリコンヴァレーにはびこるある前提を語っているのだが、それは要するにこういうことだ。自動化できるものはすべて自動化すべし。人ができることでもコンピュータにプログラムしてやらせることができるなら、コンピュータにさせるべし。

この観点に欠けているものは、日常的な喜びや責任についての配慮である。ピチャイは、親が我が子に代わって、あるいは我が子と協力してするたわいのない行為にこそ子育ての楽しさがある、という可能性を考えたことがないようだ。たとえば車のなかでかける音楽を選ぶというような。

計測を測る

二〇一四年八月二六日

「計測できないものは管理できない」と古い格言は説く。しかし、経営学者のピーター・ドラッカーが実際に言ったとされるのは、「計測できるものは管理できる」であり、それはまったく別の意味で、そしてまったく的確である。この名言の意味は、続きを知ればより明確になる。「計測できるものは管理できる――たとえそれを計測して管理することが無意味だとしても、そうすることで組織の目的に害を及ぼすとしても」。

計測できるものはすべて重要なものであると取り違えることは、疑問であり危険であるとドラッカーは述べている。そして同時にかなり極端でまったく前言を覆すようなことも述べている。計測できるもののなかには、計測されるべきでないものもある、というのである。

このビックデータの時代にあって、カウンターカルチャー全体はこの一言を中心に捉えられる可能性がある。グーグル、アマゾン、あるいはフェイスブックが「われわれは、実際に計測する価値があるものを少し時間をかけて検討するため、種々の計測を一旦中断することにした」と宣言するのを想像できるだろうか？　あり得ない。今日の社会通念は、より簡潔で実践しやすい。「計測さえすれば、その意義は自ずと見えてくる」。

「測る」という言葉自体にはいくつかの意味があり、それらをすべて心に留めておくことには価値がある。一九五六年、ロバート・フロストは大学生に向けて次のように語った。「わたしが決まって喜びを感じるのは、人がこのような、メトロノームに似た動きをしているのを見るときです。音楽が測られているのを見るときです。測ることは常にわたしを安心させてくれます。恋愛を、政府を、利己的なことを、利他的なことを測ることが」。計測を測ることもまた望ましいことなのだろう。

ホットなスマートフォン

二〇一四年一〇月二一日

白熱電球は内容のない媒体《メディア》の一例である、とマーシャル・マクルーハンは書いた。暗い部屋に入って明かりを点すと、電球は情報こそ伝えないものの、新たな環境を創出する。この内容のないメディアという観念を理解するのは難しい。わたしたちの持っているメディアについての前提とは噛み合わないからだ。しかしこの概念は、マクルーハンの主張、メディアはメッセージである――いかなるメディアも、それが伝搬する内容や情報からは独立したひとつの環境を作り上げる――を理解するには不可欠である。

では、現在のメディアであり、持ち運び可能な環境としてのスマートフォンをわたしたちはどのように捉えているのだろうか？　もし、マクルーハンが主張したとおり、新しいメディアの中身というのはすべて、以前のメディアであるとすれば、スマートフォンの中身は、メディアすべてのように見える。つまり、電話、テレビ、映画、活字本、電子本、マンガ本、レコード、MP3、新聞、雑誌、手紙、ニュースレター、電子メール、覗き見ショー、図書館、学校、講義、ATM、デスクトップ、ラップトップ、恋文、医療記録、逮捕記録だ。内容的には、スマートフォンには、「自由詩の父」ウォルト・ホイットマンの詩のように、中身がどっさり詰まっている。スマートフォンの中身はまるでメディア構造が崩壊した世界のようである。それは光りに充ちたブラックホールであり、情報を超高密度に凝縮しながら、しかもそれを放出している。その群を抜く特異性から、メディア世界後の最初のメディアと評されるのかもしれない。その電気回路には多元性が溶けこんでいる。複数のメディアは単体のメディアとなるのである。

情報で充満したスマートフォンは、マクルーハンの言うホット・メディアだ。考え得る限り最もホットなものであろう。それは専制的な帝国主義者の情熱でもってそのユーザーの感覚中枢を侵襲する。視覚に氾濫することによって、それ以外の一切の信号を遮断する。スマートフォンの画面を覗き込むことは、その世界の手に落ちることである。スマートフォンは、あらゆるホット・メディアと同じように、自我を孤立させ、分断する。個別化し、疎外する。それは、マクルーハンが指摘した電話という聴覚メディアのクールさを反転させ、過熱するホットな視覚メディアに変えた。その上、電子メディアから生じるとマクルーハンが予見していた再部族化の図式をも根底から覆した。スマートフォンは、活字書籍よりもさらに脱部族化的だ。そんなスマートフォンの「双方向性」はひとつの策略であり、そこではスマートフォンが媒介する以外の行為というのは許されていない。その精神的支配が、関与と参加を妨げているのである。

しかし、そんなはずはない。人がスマートフォンでやることと言えば参加すること――情報交換、おしゃべり、交流、買い物、創造、そして夢中になること――ではないのか？　ここでわたしたちは、スマートフォンに関わる難問に突き当たる。わたしたちの新しい人工的環境に関する難問――そしてその難問とは、マクルーハンのホット・メディアとクール・メディア論を包摂するものである。

批評家のリチャード・コステラネッツは一九六七年のエッセイで、マクルーハンの著書は、「ホット・メディアにおけるクールな経験を提供している」と述べた。その粗い文章自体のあいまいさが活字が持つ高精細度の明晰さに逆らっており、そこにある情報自体は読者の関与を要求しながらも、そのメディアはそうした参加を拒絶している。おそらくスマートフォンも同様の性質を持っており、ホットであると同時にクールであるのだろう（しかし決して微温ではない）。少なくともひとつだけ言えることは、スマートフォンが創り出す環境では、ある距離を隔てた参加というものを促している。いわゆるパフォーマンスとしての参加である。

スマートフォンは、わたしたちを常時画面上にくぎ付けにし、ひとりの人間としての自己の感覚を徐々にむしばむことで部族化させているが、抽象的な世界、自分だけの世界に孤立させることで、脱部族化させてもいるのだ。スイッチを入れ、画面が点《つ》くと、あなたは人がひしめき合う何もない部屋にいる自分に気づく。別の言い方をすれば、参加とはスマートフォンの内容となることであり、マクルーハンが書いたとおり、その内容とは、「精神の番犬の気を反らすために泥棒が差し出すおいしそうな肉片」なのである。参加の幻想は、警戒心のなさを覆い隠す。ここで思い起こされるのはウォルト・ホイットマンだ。孤独で疎外され、誰かとつながる夢を見続けながら、粗野な叫びを紙上の沈黙の言葉に変える、というわけである。

デスパレートなスクラップブックたち

二〇一四年一一月七日

一九世紀もまもなく終わるというころ、ワイオミング州の売春婦、モンテ・グローヴァーは、新聞や雑誌から詩を切り抜いてスクラップブックに貼り付けはじめた。彼女はそのような切り抜きを、「身近で見つけた大切に思うものを切り分けておくことで、人生の理想像を構築する」ために用いた、と『アメリカ社会におけるスクラップブック』の著者たちは記す。グローヴァーのスクラップブックには、「内に秘めたアイデンティティーと、最高の自分」が包含されていたとする。

その文章はこう続く。

それから一〇〇年以上経た現代の人びとのアイデンティティーは、役所のファイルやデータバンクに記録、登記されている。自分たちの人間としての公的なアイデンティティーは、X線写真、出生証明書、運転免許書、DNAサンプルに見られる。しかし、スクラップブックは、そのような規格化された、権威筋の記録とは異なるアイデンティティーの構成を表している。はさみを操りつつ、切り抜いたスクラップをまとめ上げたその自我が投影されているのである。

昨日、何人かのタンブラーをスクロールしながら読んでいたわたしは、スクラップブックはわたしたちの基本的な文化形態であり、時代を定義する人工物になったことに思い至った。テレビ番組や映画を観る、本や記事を読む、歌を聴くといったことは、確かにいまもわたしたちの生活のなかでそれなりの場所を占めている。だが、わたしたちを消費しているのはスクラップブック作り、とりわけ、制約のないオンライン上のものなのだ。仮に自分自身のスクラップを編集していないにしても、他人のスクラップをあちこち探し回っているのである。

スクラップブック作りの象徴である「カット・アンド・ペースト」は、わたしたちがコンピュータを使ってひたすら行ってきたことである。いまやスクラップブックこそが、ユーザーインターフェースなのである。そしてその雲《クラウド》は、空に浮かぶわたしたちの巨大な共有スクラップブックというわけだ。

画像共有サイト、ピンタレストは、そのいかにもスクラップブックらしいサービス内容からわかりやすいが、実はあらゆるソーシャルネットワーク、フェイスブック、ツイッター、タンブラー、インスタグラム、ユーチューブ、リンクトインがスクラップブックなのである。より基本的なメッセージ送受信システム——Eメールや携帯メール——までも、さらにスクラップ的になっていて、いまではわざわざメッセージを消去することもない（詩人のフィリップ・ラーキンは、「それは海のようにだんだん深くなってゆく」と詠んだが、まさにそのとおりである）。ブログもスクラップブックである。ハフィントンポストもメディウムもそうだ。「いいね！」のボタンを押すことも、さっとハサミで切り抜くことと変わらない。

スクラップブックを作ることとデータマイニング［ビッグデータを分析し有用なパターンやルールを発見すること］は、ウェブの陽と陰であり、光と影、地上と地下、暴露と秘匿である。今日のスクラップブックは、公的文書に対抗しつつもそれとの釣り合いを保ちながら、そのファイルの内容の一部となっている。イーロイ人の娯楽は、モーロック人にとっての格好の餌というわけだ。

そもそも懐古的な――現在をあらかじめ思い出としてまとめ上げておく――スクラップブック作りは、憂愁のアートである。執拗に先へ先へと追い立てられながらも、わたしたちはどこか自分に似ていると思うもののなかに、暮らしのこまごまとした断片を並べることに時間を費やす。もし昔のスクラップブックが家族的な準私的なものであるとすれば、最近のものは、社会的で、どこまでも公的なものである。それでもなおそれは憂愁の様式ではあるが、ある種の憂慮ともなる。自分でじっくり読みふけるために、理想化した人生、「最高の自分」を構築することでありながら、その一方で衆人の目にさらすための自己像をも構築することになるからである。

「つまり、ひとつの儀式化された、定式化されがちな行為としてのスクラップブック作りは、現代に付きものの自己分断の意識の認識かつそれに対する反応であるのは明らかである」とタマル・カトリエルとトーマス・ファーレルは、一九九一年の「文化の教科書としてのスクラップブック」と題する記事で述べている。おそらく彼らの指摘は正しいのであろう。そしておそらくデジタル方式のスクラップブック作りの魅力とは、それがあらゆるものを網羅し得て、尽きることがないことなのだろう。自分の断片を並べ続けている限り、それが断片にすぎないことに気づくことはない。一貫性がなくとも、ある一部が欠けているだけだ、と思えるからである。

制御不能

二〇一五年一月一七日

考える機械は、機械らしいやり方で考える。これは、ロボットの蜂起を戦々恐々と、あるいはわくわくしながら待っている者たちを落胆させるかもしれない。だがわたしたちのほとんどは、これで安堵に胸をなでおろすことになる。世の中の考える機械は、その知的能力でいまにも人間を出し抜こうというわけではなく、ましてや人間を下僕やペットとしてしたがえることはない。これからも人間のプログラマーたちの命令にしたがい続けるのだ。

人工知能の能力の大部分は、まさに意識がない点から生まれている。意識的思考につきものの気まぐれや偏向に無縁のコンピュータは、雑念や疲弊、懐疑、あるいは感情抜きで、電光石火の演算能力を披露できる。その怜悧《れいり》な思考回路は、人間の熱を帯びるそれを補完する。

事が厄介になるのは、コンピュータを人間の補佐をするものとしてではなく、代替として当てにしはじめるときである。それがいままさに急速に進みつつあるのだ。人工知能の発達のおかげで、今日の考える機械は、周囲の状況を知覚したり、経験から学習したり、自律的に判断を下すことができ、多くの場合、速さと精密さで人の能力をはるかに超え、比較にならない。複雑な世界で機械が自律的に作動できる状態に置かれたとき、それがロボットに内蔵されていようが、単純にアルゴリズムに沿った判断を出力するのであろうが、意識を持たない機械は、その膨大な能力とともに、膨大な危険性を併せ持つ。自身の行動に疑問を持つことも、自分のプログラミングの結果を評価することも――それが実行される文脈を理解することも――不可能であり、そのプログラミングの欠陥、あるいは作成プログラマーらの意図によっては大惨事となる。

二〇一二年八月一日の朝、わたしたちは自律型ソフトウェアの危険性を予告する事態を目にすることとなった。ウォール街きっての大手トレーディンググループであるナイト・キャピタルが、株式売買のための新しい自動プログラムを作動させたときである。ソフトウェアのコードにはバグが残っており、たちまち不合理な指示に基いた取引が殺到した。ナイト・キャピタルのプログラマーたちがその問題を特定し修正することができたときには、四五分が経過していた。人間にとっての四五分は決して長い時間ではないが、コンピュータにとっては永遠に近い。そのエラーに気づかず、ソフトウェアは四〇〇万回以上の売買を行い、このエラーで七〇億ドルの損失を計上、企業をほとんど経営破綻に追い込んだ。たしかに、わたしたちは機械に考えさせる方法は知っている。しかし、思慮深くさせる方法はまだわからない。

ナイト・キャピタルの大失態で失われたものは金だけだった。だが、ソフトウェアが経済や社会、軍事的に采配を振るうようになるにつれ、欠陥や故障、あるいは予期せぬ事態による損害は増え続けるいっぽうだろう。危険を一層高めているのは、ソフトウェアコードの不可視性である。個々の人間として、ひとつの社会集団として、わたしたちは、見ることも理解することもできないプログラムされたルーティンにますます依存するようになっている。その働きや、その働きを策定する動機と意図は隠されており、わたしたちの側からは見えないのである。それは力の不均衡を生み出し、人びとは隠れた監視や巧妙な操作に無防備になる。昨年、ソーシャルネットワーク側が情報フィードの操作を介して秘密裏に利用者に心理テストを行った手口が一部発覚した。コンピュータが監視および閲覧や行動の方向づけに精通するようになるにつれ、それらの乱用の可能性は高まってゆく。

一九世紀を通して、社会は、歴史家ジェームス・ベニガーの称する「コントロールの危機」に直面していた。物事を処理するテクノロジーが、情報処理テクノロジーを凌ぐこととなり、産業や関連する処理を監視し規制する人びとの能力では対応できなくなったのである。コントロールの危機は、列車の衝突事故から需要と供給の不均衡、行政サービスの中断というようなさまざまな形で現れたが、最終的には、ハーマン・ホレリスが米国国勢調査局のために開発したパンチカード・タビュレーターのような自動データ処理システムの発明で解決された。情報テクノロジーは産業テクノロジーに追いつき、人はぼやけてしまった世界を再びはっきりと見ることができるようになったのである。

今日わたしたちは、異なるコントロールの危機に直面しているが、それは先のものとは鏡に映したように正反対である。つまり二〇世紀初頭、人間による支配を再確立する一助となった情報テクノロジーというものを、いま改めて人間の支配下に置くべく葛藤しているのである。データを収集して処理する、あらゆる形態の情報を操作する能力は、社会かつ個人の利益に都合のいい方法でデータ処理を管理し規制する能力に凌駕されてしまったのである。この新たなコントロールの危機を解決することが、ここ数年の大きな課題のひとつであろう。この課題に対峙するにあたっての第一段階とは、人工知能の危険性が、遠い未来のディストピアにあるのではないと認識することである。それはいま、ここに存在するのだ。

われらのアルゴリズム、われわれ自身

二〇一五年三月八日

マリオ・コステハ・ゴンザレスの立場に身を置いてみよう。一九九八年、このスペイン人は経済的にいささか困った状況になっていた。債務不履行に陥り、清算するには不動産を競売にかけるしかなかった。競売は、バルセロナの歴史ある新聞「ラ・バングアルディア」紙で正式に通告された。問題は解決し、コステハは筆跡鑑定士としての日々に戻った。債務不履行や競売、それに関する三六語の公告は大衆の記憶から消えていった。

それから一〇年以上が経過した二〇〇九年、この話はいきなり復活した。「ラ・バングアルディア」紙が過去の記事をオンラインで公開すると、グーグルのウェブクローリング〝ボット〟が競売についての古い記事をかぎつけた。記事は自動的に検索エンジンのデータベースに加えられ、スペインにいる誰かがコステハの名前を検索するたび、その記事へのリンクが目に入るようになった。コステハは愕然とした。とうの昔に解決している個人的な問題についての記事が文脈を無視した形で現れ、そのせいで自分の評判に傷がつくのは不公平に思われた。何の説明もなく検索結果に出てくると、その記事はコステハを借金を踏み倒すようなやつだと思わせる。これは自分の沽券にかかわる問題だと思った。

彼はスペイン政府のデータ情報保護庁に正式な申し立てをした。「ラ・バングアルディア」紙にはウェブサイトからの記事の削除、そしてグーグルには検索結果からその記事へのリンクの削除を命令するよう求めた。データ保護庁は、記事が掲載された当時は正当性があったという理由で、新聞社への記事削除の求めは却下したが、グーグルの検索結果は不公平だという訴えは認め、競売の記事を検索結果から削除するよう同社に命じた。この決定にグーグルは仰天し、検索結果はよそで公開された情報をハイライトしているだけだとして上訴した。

この争いは、ルクセンブルグの欧州連合司法裁判所に場を移し、「忘れられる権利」訴訟として知られるようになった。二〇一四年五月一三日、裁判所は法的拘束力のある最終的な決定を言い渡した。コステハとスペインデータ保護庁の申し立てを認めるもので、グーグルは決定にしたがって検索結果から「ラ・バングアルディア」紙の記事を削除する義務があるとされた。思いがけずもヨーロッパ市民は、自分に関する好意的でない情報を検索エンジンから削除させる権利を手にした。

大半のアメリカ人が、そして相当数のヨーロッパ人が、この決定に面食らった。人びとは、これは実現不可能なだけでなく（一日あたり六〇億件の検索を処理する世界規模の検索エンジンが、個人の私的な文句をどうやって判定できるというのか）、オンライン上での情報の自由な流れを脅かすものだと考えた。検閲にお墨つきを与える、歴史に「記録の空白部分」を作るものだ、と裁判所を非難する声が上がった。「インターネットの崩壊」をもたらしかねないと心配する人もいた。

このような興奮した反応は、理解できるとはいえ、的外れだった。裁定を読み誤っているのだ。裁判所は「忘れられる権利」を定めたわけではない。本質的に隠喩的なこの言い回しは、裁定のなかでついでに言及されただけだ。法廷がつい触れてしまったことで混乱が生まれてしまった。開かれた社会では、思想と言論の自由が守られているし、思想と言葉はその人個人のものであるから、忘れられる権利は思い出される権利と同様、保障しがたい。この訴訟は、本来、構造的に情報を歪められないという個人の権利に関するものだった。だが、判決をより穏当な言葉で表すことさえもが誤解を招くことになる。裁判所の決定には解釈の幅があるとほのめかすことになってしまう。

実際に判事たちが決断をせまられていた本質的問題は、個人情報の処理にかかわる一九九五年の欧州連合データ保護指令が、グーグルのようなオンライン上の大規模な情報の収集と拡散に携わる企業にどう適用されるか、あるいはされないのかという点だった。この指令が出されたのは、国境を越えたデータ移転を容易にすると同時に、市民に対するプライバシー等の権利の保護を規定するためだった。「データ処理システムは人類に寄与するために設計されているがゆえに、自然人の国籍や居住地にかかわらず、その基本的権利と自由、特にプライバシー権を尊重しつつ、経済や社会の発展、貿易の拡張、個人の福祉に資するものでなければならない」と指令には記されている。

人びとを虐待的な行為や不当な扱いから守るため、個人情報を処理する「管理者」として機能する企業その他の団体に対して、保護指令は厳しい規制を課した。特に、そういった管理者によって拡散されるデータが、正確で最新であるだけでなく、公正かつ適切で、「データ収集やさらなる処理の目的に関して過度にならない」ことを求めた。保護指令で不透明だったのは、他者によって生み出された情報を集約する企業——世界中のグーグルやフェイスブックのような企業——が管理者のカテゴリに該当するかという点だった。欧州連合司法裁判所はこれに判断を下さければならなかった。

検索エンジン、ソーシャルネットワーク、その他データ収集サイトは、情報処理に関しては中立的で、基本的に受動的な役割を果たしていると常にアピールしている。自らは拡散しているコンテンツを作り出しているわけではない――それは、検索エンジンの場合はサイトの所有者に、ソーシャルネットワークの場合は個々のユーザーによってなされている。自分たちは単に情報を集め、役立つ形に並べ直しているだけだと。この見解はグーグルがたゆまず主張してきたもので――コステハの訴訟でも被告側の答弁に用いられた――大衆にもおおむね受け入れられ、基本的な考えになっている。ウィキペディアの創設者のひとり、ジミー・ウェールズは欧州司法裁判所の判断を批判し、「グーグルは、オンライン上のものを探す手助けをしているだけだ」と語ったが、これはグーグル社の主張を受け売りで言っただけではなく、インターネットビジネスの世間一般の考えを表していたのである。

しかし、裁判所は異なる見解をとった。オンラインでのデータ収集は中立的ではなく、元の形を変える力を持つ行為だと裁定した。情報を収集、整理、順位づけすることで、検索エンジンは新しいものを作り出している。情報処理のアルゴリズムを通して、その企業自身の編纂方針や判断を反映した商品を作っているということだ。「検索エンジンの働きとして行われる個人データの処理は、ウェブサイトの所有者によるそれとは異なりうるし、それに対する付加的なものだと考えられる」と判事は記した。検索結果の提示は「プライバシーと個人情報保護という基本的権利に影響を与えるから、検索エンジンの運営元は……データ保護指令によって規定された保証が最大限の効果を発揮するよう、その責任と権限、能力の範囲内で、その活動が（データ保護指令の）求めるものに合致することを確実にしなければならない」。

欧州司法裁判所は、データ保護指令に定められた保証や、個人情報処理に関する既存あるいは将来発効するその他の法律や方針について結論を出さなかった。データ収集サイトの活動をどう判断し規制すべきかを社会に伝えなかった。検索結果から除外される個人情報を企業や立法者がいかに決めるかについて、意見を述べることすらなかった——現在明らかになっているように、これはどの点から見ても厄介な仕事だ。判事たちはしかし、明快かつ慎重に、デジタル情報のアルゴリズム的操作とそれに伴う社会的責任を理性的に考える方法を教えてくれた。グーグルのように巨大な国際企業、多くの人びとになくてはならないサービスを提供する企業の利益は、ひとりの個人の利益に自動的に勝るものではない。検索エンジン等の情報収集サイトの運営に関して、公平性は少なくとも有用性と同等に重要だ。

グーグルやフェイスブックのような企業について、わたしたちは理路整然と考えられずにいる。これまで対処したことがないからだ。グーグルやフェイスブックはこの世に新しく現れたもので、わたしたちの法律や文化のテンプレートにぴたりとはまらない。想像を絶するスケールとスピードで稼働し、毎秒何百万もの情報取引を行っているから、顔や感情のない巨大なコンピュータ——人間の意志やコントロールの埒外に存在する情報処理マシン——だと思われがちである。しかしそれは誤ったイメージだ。現代のコンピュータとコンピュータネットワークは人間の判断を自動化するが、その判断はやはり人間の判断なのだ。アルゴリズムは人間によって設計されており、それには作成者の関心やバイアス、欠陥が反映されている。社会全体としてわたしたちはそういうアルゴリズムを注視し、適切なときに思慮深く規制する責務を負っている。

裁判所の裁定から一〇ヶ月経ち、インターネットが崩壊することはないとわかった。ウェブはいまも機能している。グーグルは個人情報削除の要請——その四〇パーセントを受理している——に判断を下すプロセスを構築するとともに、著作権保護下の資料削除の要請に判断を下すプロセスも構築した。先月、グーグルの「忘れられる権利に関する諮問委員会」が、裁判所の裁定および同社の対応に関する報告をまとめた。「実のところ、今回の裁定は一般的な「忘れられる権利」を確立したものではない。裁定が履行されても、データ主体についての情報を「忘れさせる」効果はない。しかしグーグルは、個人の名前を検索して得られた結果が「不適当、無関係、若しくは実質的価値を失っている、若しくは法外である場合に」、リンクを削除するよう命じられた。とはいえ、「データ主体が公人として果たしている役割等の特別な理由」があって、決定的な公共の利益が存在する場合は、削除の義務を負わない」。マリオ・コステハ・ゴンザレスの判例が示すように、個人の利益と、情報を素早く探したいという公共の利益、そしてインターネット企業の商業的利益のあいだに合理的なバランスを見つけるのは可能なはずだ。

かげりゆく牧歌的生活

二〇一五年三月三一日

シリコンヴァレーの連中には新しい趣味がある。それは専用サーキットを高速車で走ることである。とにかく夢中らしい。「レースカーに乗って完全に集中していると、ほとんど無心になれる」と、グーグル幹部のジェフ・ヒューバーは「タイムズ」紙のファラッド・マンジューに語っている。ヤフーの上席副社長のジェフ・ボンフォルテも「爽快感に全身を貫かれる」と言う。ヴァレーの連中は、自分たちの気晴らしがどう見られるかちょっと気にしているらしい――「金持ちの道楽事なんだからあまり吹聴しないように」と、元グーグル社員でエンジェル投資家のジョシュア・シャクターはマンジューをけん制する――が、結局「ハラワタにずしりとこたえるスリル」のおかげで、現在のシリコンヴァレーでは、趣味といえばドライブなのである。

シリコンヴァレーの連中は、こぞってサーキットを借り切ってフェラーリに乗り込む一方で、わたしたちには車の運転がいかに惨めなことか、ロボットに運転を任せればどれほど幸せになれるかを説いている。自動運転車についてのグーグル社員のTEDトークに触発されたのか、MITの自動化の専門家、アンドリュー・マカフィーは、グーグルモバイルが「ひどく退屈な任務から人びとを解放する」だろうと言う。「ワイアード」誌の輸送関連のレポーター、アレックス・デーヴィスは、「両手でハンドルを握って道路を見ていなくてもすむようになれば、運転手は乗客となり、仕事やレジャー、愛する人と連絡を取り合うための時間をもっと持てる」と書いた——つまり、もっと多くの時間をスマホに費やせるということである。未来的技術の開発を専門とするグーグルXラボの代表、アストロ・テラーは、車を運転して通り過ぎる人を見ていると、聞こえてくるのは吸い込まれる大きな音だけで、なぜなら生産的に費やせるはずの時間が巨大な排水溝に流れ落ちていくからだという。「車に乗っているときに意識をほかのことに向けられれば、合算して一年に一兆ドル以上、無駄に費やされている時間を取り戻すことができる」。

貸し切りサーキットでの運転は、心地よい無心や満足感までも誘発するが、公道を走るのはただ退屈なだけだというのである。

ここで興味深いのは、自動運転推進派が日常の運転について確信をもって語っていることが、わたしたちが持っている車の運転に対する見方や経験とまったく違うことである。人は運転が好きなのだ。調査や研究は一貫して、大多数の人がハンドルの前にいることを楽しんでいると示している。運転はリラックスできて楽しく、確かに、解放的ですらある——労働に追われる暮らしのなかのちょっとした息抜きとなる。車の運転を生産性を阻害する「厄介事」とみるのは、話が逆である。運転が与えてくれるのは、常に生産的でなければならないという重圧を解くきっかけなのだ。単純に運転「する」だけで喜びが得られるのである。

だからといって自動車の惨めな側面に目をつむるわけではない。研究者たちが車の運転について尋ねると、交通渋滞や、退屈な通勤や、状態の悪い道路や、煩わしい駐車や、その他もろもろの不満を聞くことになる。わたしたちの車の運転に対する見方は分析しにくいが、結局のところ、両手でハンドルを握り、道路を見るのが――そして言うまでもなく、アクセルを踏むのが――好きなのだろう。二〇〇六年のピュー・リサーチセンターの調査によれば、アメリカ人の約七〇パーセントが「運転が好き」だと答えており、「苦痛」だと答えたのはわずか三〇パーセントだった。今年MTVが発表したミレニアル世代対象の調査によると、一般に言われているのとは反対に、おおかたの若者も車が好きで、運転を楽しんでいる。一八歳から三四歳のアメリカ人の七〇パーセントが車を運転するのが好きだと言い、七二パーセントの人が、一週間車を運転しないなら、一週間携帯メールを我慢するほうがましだと答え、八五パーセントの人が「理想の車」をいつかは持ちたいと思っていた。

車の運転が好きだという人の割合は、交通渋滞の悪化により近年やや下がってきてはいる――ピュー・リサーチセンターの調査でも、一九九一年には八〇パーセントが好きだと答えていた――が、それでもまだ非常に高く、シリコンヴァレーが言う、車の運転は退屈だという話とは矛盾する。車の運転というささやかな喜びを味わうために、ポルシェを買ったりサーキットを借り切ったりできるほど裕福である必要はない。その快感は専用サーキットと同様に、一般公道でも感じられるのである。

車の運転は退屈で生産性を奪う時間の浪費にすぎないと言うシリコンヴァレーの連中は、個人的な偏向を普遍的な真理と勘違いしている。そして、運転者より乗客になれと人びとを説得する際に直面するであろう社会的および文化的な課題が見えていない。たとえ、車両を完全に自動化するための技術的ハードルがすべて克服されたとしても――バラ色の予測にもかかわらず、それはまだかなり未来の話だ――自律走行車の開発者たちは、車を運転することの心理が彼らの前提よりはるかに複雑で、乗客としての心理からもかなりかけ離れたものであることに気づくだけだろう。一九七〇年代、連邦政府が、おそらく確かな安全性と燃費効率を考えて、時速九〇キロの速度規制を全国的に施行しようとしたとき、国民は一丸となって反発し、速度規制は撤回された。もし誰もが喜んで車のキーをロボットに譲り渡すと考えているとすれば、そいつは頭がおかしい。

シリコンヴァレーは、わたしが「規格化されていない体験」と呼ぶものの真価を認めるのに、あまつさえ理解するのにすら苦労しているようである。車の運転が規格化されている——日常の生活から切り離され、専門の設備に移され、厳格な一連のルールのもとで行われ、自己満足の娯楽として理解されている——場合に限り、それは楽しめるものと考えられる。しかしシリコンヴァレーの考えでは、一定の娯楽としてではなく、世間の日常生活の一部として行われる場合も、運転は別種の規格化された時間の使い方として理解されるだけだ。つまり、生産的な業務としてである。あらゆる体験は明確に定義され、カテゴリに分類されなければならない。娯楽には娯楽のための場所と時間、生産には生産のための場所と時間がある。

シリコンヴァレーで生まれる消費者向け製品やサービスから感じられるのは、こうした規格化されていない、心理的に束縛されない、分野に縛られない経験を毛嫌いする態度だ。個人用アプリやガジェットの多くには、規格化されていない活動を規格化する作用が、少なくともそういう意図がある。フィットビットを腕にはめた瞬間、公園での心地よい散歩だったはずのものは、理学療法プログラムに変わる。かつてはちょっとした笑いや不快感を誘うだけで雲散霧消した日常の断片も、いまでは、フェイスブックやツイッターという配信システムのおかげで、消費者対象としてパッケージ化され定量的な評価の対象となる。あらゆる所見はそれぞれの視聴指数で計られる。

経験というものをこのようにあら探ししながら見るようになってしまったのはなぜだろう？　確かめる術もないが、ある種の人格の表出かもしれないし、市場経済がわたしたちの日常を植民地化していることの表れなのかもしれない。プログラミング自体の徹底して形式的な性質にも何かしら関係があるように思われる。デジタルコンピュータの普遍性が終わる——というよりもクラッシュによる停止を迎える——ところから規格化されない世界がはじまる。

知っているという思い込み

二〇一五年四月二日

インターネットは、わたしたちを浅薄にしているかもしれないが、同時にわたしたちを深遠であると思わせている。

エール大学の新たな研究によると、ウェブ検索は人びとに「知っているという思い込み」を与える。人びとはオンラインのものと自分の記憶にあるものとを混同しはじめ、そのために実際以上に賢いという自覚が植え付けられるというのである。研究者たちにより、被験者はふたつのグループに分けられた。一方はウェブを検索して時間を過ごし、もう一方はオフラインのまま過ごして、その後両方のグループは、さまざまな方法で、異なるテーマについての自分たちの理解を評価した。実験の結果は一貫して、ウェブの検索が人びとに、実際に知っている以上のことを知っていると思い込ませることを示した。研究者の報告では、その影響は、「検索過程の時間や内容、特徴を規制してからも」継続した。

影響は、人びとがオンラインで調べた特定の問題に限定されない。それよりもはるかに広範囲に及ぶ。あるテーマについての検索は、他の関係のないテーマをよく理解しているという感覚を増大させる。その検索者たちの過剰な自信が、(当該情報を提供するグーグルの機能への信頼の表れというよりも)自分の記憶に蓄えられた知識量の誤認から生じていることを明確にするため、心理学者たちは実験のひとつで、被験者に自分の脳活動について評価させた。その課題の前にネット検索をした被験者は、オンラインで情報を調べていない対照群よりも、自らの脳活動が著しく活発であると評価した。

同様の誤認は、他の情報源を探ることによっても発覚する可能性はあるが、思い込みは、その未曾有の情報量を考えると、おそらくウェブによるもののほうがより顕著である、と研究者たちは指摘した。書籍や図書館のような従来の知識の貯蔵庫とは異なり、「インターネットはほぼいつでもアクセス可能で、効率的に検索ができ、瞬時にフィードバックがある」。結果として、インターネットはより「人間の精神活動と一体化」し、「知っているという錯覚をさらに」助長すると思われる。

これはほんの一例にすぎないが、脳が人間の知識をどのように形成するか、あるいはしないかの仕組みに関するウェブの影響を調べた他の調査と一致している。コロラド大学のエイドリアン・ウォードは、「生物学的情報の蓄積」から「デジタル的情報の蓄積」への移行が、わたしたちの考え方に「大規模で長期的な影響を及ぼす」証拠となりうる発見をした。ウォードは、社会心理学者の故ダニエル・ウェグナーとの共同執筆である二〇一三年の「サイエンティフィック・アメリカン」誌の記事、「いかにしてグーグルは人間の脳を変えるか」において、イェール大学の研究と同様、ウェブ検索が人びとに「インターネットが自らに備わった認知ツールの一部になった感覚を与える」ことを明らかにした。人びとは「グーグルの検索アルゴリズムの成果であるところの知識の獲得を自分の手柄とする」というのだ。ここに予想に反する結果があると、ウォードとウェグナーは言及した。「「情報化時代」の到来は、いまだかつてない、知っていると勘違いしている世代を創出したと思われるが――実際のところはインターネットへ依存しているため、彼らはかつてないほど自分を取り巻く世界について知らないかもしれないのである」。知らぬが仏、とりわけそれが知識と勘違いされている場合は、である。

風をファックする

二〇一五年五月一五日

植物界や動物界ほど、みずみずしく、多方向に枝分かれした語彙のある分野はまずない。植物や動物には、地域や人によって異なる、不思議で刺激的な呼び名がさまざまある。ある地域ではチョウゲンボウ［小型のタカ］を「風をファックするもの」と呼ぶと、ロバート・マクファーレンは「オリオン」誌の記事で伝えている。その呼び方を知ると、「ホバリングするチョウゲンボウの姿に、ある種のみだらな動きを見ずにはいられなくなる」。

北アイルランド出身の詩人、シェイマス・ヒーニーが翻訳した中英語の詩、「野兎の名前」を思い出す。

足裏打ち、白顔、
溝荒らし、嫌なやつ。

こんなふうに詩は数十行も続き、挙げられている呼び方がそれぞれ、この小動物の性質を少しずつ伝えてくれる。

マクファーレンは、『オックスフォードジュニア辞典』から自然界のものを表す言葉が削られていると書いている。代わりに、デジタル関連や官僚主義的な抽象概念や記号を表す言葉が加えられているのだ。

オックスフォード大学出版局は、現代の子どもにはもはや意味をなさないと思われる見出し語のリストを発表した。削除される言葉には、ドングリ、ヨーロッパクサリヘビ、トネリコ、ブナ、つりがね草、キンポウゲ、ネコヤナギ、トチの実、リュウキンカ、シグネット、タンポポ、シダ、ハシバミ、ヘザー、サギ、ツタ、カワセミ、ヒバリ、ヤドリギ、蜜、イモリ、カワウソ、牧草地、ヤナギなどが含まれる。新たに収録される見出し語は、添付ファイル、棒グラフ、ブログ、ブロードバンド、箇条書き、セレブリティ、チャットルーム、委員会、カットアンドペースト、MP3プレーヤー、ボイスメールなど。

〝つりがね草〟を引きずり出して、〝箇条書き〟を突っ込んだ？　なんと嫌なやつらだろう。「今回の辞書の見出し語の取り換え――アウトドアや自然に関する言葉が、インドアでヴァーチャルなものに取り替えられたこと――は、わたしたちが送る生活がますますシミュレートされていることを表す、小さくも無視できない兆しだ」とマクファーレンは言う。「風景に関する基本的教養はどの世代でも低下している」。辞書におけるこの変化は、わたしたちの自然に対する理解が弱まりつつあることを示しているだけではない。ほかにも失われているものがある。「言葉の魔力のようなもの。ある種の言葉が持つ、わたしたちの自然や空間との関係に魔法をかける力」だ。

多くの人がマクファーレンをロマンチストと呼ぶだろう。最近は、ロマンチストという言葉が、先進技術マニアが自分たちより幅広い興味を持つ人を貶める言い方として、ラッダイトやノスタルジストに代わって用いられるようになっているようだ。これも象徴的な話である。過去を振り返るのはいつだって進歩に対する罪だった。そしていまや、心の内を見つめることもまた進歩に対する罪なのだ。というわけで、この世界は視界からだけではなく想像からも消えていき、さらにぼんやりとしたものになる——謎めいているのではなく、取るに足らないだけであり、そこにあるものなど名前をつける価値さえなくなるのだ。こんな世の中で、風がファックできるものだと誰が考えるだろう？

圧縮された時間

二〇一五年六月九日

ウォーレン・オーツ演じる中年車マニア、GTOは「すべてが速すぎるくせに、充分速くはない」と、モンテ・ヘルマンの一九七一年の傑作『断絶』のなかで嘆いた。わたしにもよくわかる。時計の針が速く進むほど、スローモーションでループするGIF画像にはまり込んだような気になる。

不思議なことだ。人類は驚くほど正確な体内時計を持っていることが証明されている。腕時計を外してスマホをしまい、電化製品のLEDをすべて消してもなお、時の経過をかなり正確に計ることができるのだ。わたしたちの脳は、時間を計る機械装置にうまく適応してきた。しかし、時間追跡の能力はすぐに調子が悪くなる。わたしたちの体感時間は主観的で、周囲の状況によって変化する。身近に起ることがあまりにせわしないと、本来ならさして長くもない遅延が果てしなく続くような気になってくる。ほんの数秒が延々と伸びていき、数分ともなれば永遠に続くかのように感じられる。「われわれの時間の感覚は」と、ウィリアム・ジェームズは『心理学原理』のなかで述べている。「対比の法則の影響を受けやすいようだ」

フランスの心理学者、シルヴィー・ドロワ＝ヴォレとサンドリーヌ・ジルは、二〇〇九年に「フィロソフィカル・トランザクションズ」誌に発表した論文で、時間のパラドックスというものについて論じている。「人間は、あたかも特別なメカニズムを有しているかのように正確に時間を推定することができるが、時間の体感の仕方は周囲の状況によって容易に歪められる」。ふたりは、時間の感覚が人びとの心の状態でいかに変わるかを説明している。たとえば、動揺していたり不安だったりすると、時間は遅々として進まないように思える。忍耐力がなくなるからである。社会環境も時間の感じ方に影響を与える。研究の結果、「個人は自分の時間を他者のそれと合わせる」ことがわかったと、ドロワ＝ヴォレとジルは記している。周囲の人間の「活動リズム」によって、人は自らの時間経過に対する認識を変えるのだ。

「時間の圧縮こそ、世紀末も近い現代の生活を特徴づけている」と、ジェイムズ・グリックは一九九九年刊行の著書『より速く』に書いた。しかし、それは特に新しいことではなかった。そういった圧縮は前世紀の特徴でもあった。「夢のような古き良き時代は終わり、もう永遠に戻ってこない」と、ウィリアム・スミスという評論家は一八八六年に嘆いていた。「いまや人間は超高速で生き、考え、働いているのだから」。グーグルで一、二分も検索すれば、古代人が当代の生活の恐ろしいスピードに不満を漏らしている言葉が見つかるだろう。過去は常に現在よりゆったりしているように見え、おそらく実際にもそうなのだ。

しかし、この数年で何かが変わってきた。体感時間のばらつきについてのこれまでの知見から、情報通信技術が特に強い影響を及ぼしているのは明らかだ。なにしろそれは、わたしたちが体験する出来事のペース、新たな情報や刺激が与えられるスピード、そして他者と話をする方法でさえもしばしば決定しているのだから。昔からそうだった――新聞、電話、テレビはみな生活のスピードを速めた――が、高性能で高速なコンピュータを一日中持ち歩くようになったいま、その影響はさらに強くなっているはずだ。最新のガジェットに慣らされたわたしたちは、何かをしたらほぼ瞬時に反応が返ってくることを期待するし、ほんのわずかな遅れにもすぐイライラと失望を募らせる。

わたし自身のコンピュータとの付き合い方を考えても、時間の感覚がテクノロジーによって変わってきたことを実感する。高速のコンピュータやネット接続から少しでも遅いものに切り替えると、処理──スリープ状態から復帰させ、アプリを起動し、ウェブページを開くなど──にほんの数秒長くかかるだけで、耐えられないほど遅く感じてしまう。わずか数秒をこれほど意識してイライラするなんて、以前にはなかったことだ。

ウェブユーザーを対象にした調査によれば、これは一般的な現象であるらしい。オンライン小売業に関する二〇〇六年のある有名な調査では、ページの読み込みに四秒以上かかるとサイト閲覧をあきらめる顧客が多数を占めることがわかった。それから数年のうちに、このいわゆる四秒ルールは取り消され、四分の一秒ルールに変わった。グーグルやマイクロソフトなどの企業による調査では、ページの読み込みが〇・二五秒遅れただけで人はサイト閲覧をあきらめることが判明している。「〇・二五秒。遅いか速いかは知らないが、いまではそれがウェブにおける競争優位を決めるマジックナンバーに近い」と、マイクロソフトのトップエンジニアは二〇一二年に語っている。わかりやすく言えば、〇・二五秒とは、まばたきするのにかかる時間とほぼ同じだ。

オンライン動画視聴に関する最近の調査は、メディアとネットワークテクノロジーの進歩が人間の忍耐力をいかに弱めているかをさらに証明している。研究者たちは、ネットワーク企業のアカマイ・テクノロジーと協力し、約七〇〇〇万人による二三〇〇〇万回の動画視聴のデータを記録した膨大なデータベースを調べた。その結果、二秒の遅れが生じた時点で多くの人が視聴をあきらめはじめることがわかったという。ユーチューブで再生ボタンをクリックしてから動画がはじまるまで待たされた経験のある人にとっては、驚くにあたらないだろう。それより興味深いのは、通信速度が速いほど視聴をあきらめる率が高いという因果関係がわかったことである。ネットワークが速くなればなるほど、わたしたちはせっかちになる。「毎ミリ秒が重要なのだ」とグーグルのエンジニアは言う。

つまり、オンラインで情報がより高速で流れるのを体験するにつれて、わたしたちは忍耐力をなくすのだ。しかし、イライラは単なるネットワーク効果ではない。フェイスブック、ツイッター、スナップチャット、メール、ソーシャルネットワーク全般が四六時中ざわざわしていることで、この現象は増幅される。社会の「活動リズム」がこれほどせわしないことはかつてなかった。イライラはガジェットからガジェットへと伝染していく。

オンラインメディアの制作やデータセンターの運営に携わる者にとって、これは明らかに重要な意味を持っている。しかしこれは、わたしたちがいかに考え、社会と交わり、一般に生きるかということにも大きく関わっているのである。ネットワークがこのまま速くなっていくと仮定すると――おそらくそうなるだろうが――人はますます忍耐力を失い、反応のほんのわずかな遅れ、欲望が満たされるまでのわずかな時間さえ我慢できなくなっていくと考えられる。結果として、待つことが必要なものや、瞬時には満足感が得られないものは体験しにくくなるだろう。個人だけでなく文化にも影響が現れる。至高のものというのは――芸術、科学、政治、なんであろうと――作り出すにも、理解するにも、時間と忍耐を必要とする。この上なく奥深い体験は、ほんの数秒で判断できるものではない。

テクノロジーに起因する忍耐力の喪失が、そのテクノロジーを使っていないときにも続くのかは定かでない。だがわたしは（自分自身や他人を見るに）、わたしたちの時間の感覚はやはり継続的に変わりつつあると思う。デジタル技術はわたしたちに、あらゆる種類の遅れをより強く意識し、それに対して敵意を抱くよう――そしておそらく、新たなメッセージや刺激がなく過ぎていく時間を許さないよう――教え込んでいる。忍耐力欠損状態とでも言おうか。時間の認識は人生にとってきわめて重要だから、メディアに起因する知覚のこのような変化は特に大きな影響を及ぼしうる。次の新しいものが現れるまで、あなたはどれくらい待てるだろうか？　からっぽの時間を、何秒耐えられるだろうか？

音楽は万能の潤滑油

二〇一五年六月二三日

今日、グーグルが無料の音楽ストリーミングサービスを発表した際、同社の音楽に対する考え方について興味深いことが明らかになった。

朝から晩までいつでも、あなたが何のための音楽を求めていようと――仕事用からエクササイズ用、ダンスフロア用まで――グーグルプレイミュージックにはそれがあります。あなたが何をやっていようと、それを応援するようキュレートされたラジオステーションを提供します。われわれが擁する音楽のエキスパートチーム――Songzaを生み出した人びとを含む――が一曲ずつ選択してステーションを作るため、あなたがやる必要はありません。

これは、同社が言う「アクティビティベース」の音楽プロモーションの延長線上にある。昨年、気分やアクティビティに適したプレイリストの「キュレーション」に特化した会社、Songzaを買収して間もなく、グーグルは自社の音楽サービスに改変を加え、その実用性をさらに強調した。

あなたがグーグルプレイミュージックのユーザーなら、つぎにアプリを開いたときには、時間や気分、アクティビティに合った音楽を再生せずにはいられなくなるでしょう。アクティビティを選ぶと、ステーションの選択肢がいくつか出てきます。あなたが何をやっていようと——朝のエクササイズに合ったステーション、渋滞中のストレスを軽減してくれる曲、友達と料理をするのに最適なミックス——それを応援してくれるものです。どのステーションも、その瞬間にぴったりの曲をあなたに届けるよう、われわれが擁する音楽のエキスパートたち（多数のＤＪやミュージシャン、音楽評論家、民族音楽学者）の手で——一曲ずつ——作成されます。

これは、Muzak の哲学の民主化にほかならない。音楽は資源に、生産要素になる。音楽を聴くこと自体は「アクティビティ」ではなくなり——音楽はそれ自体が目的ではなくなり——個別のアクティビティの質を高めるものとなる。グーグルが取り揃えているアクティビティ——「ジョブ」と言ったほうが正確かもしれない——の例がこれだ。

バーベキューをする
ロマンティックな気分
失恋
プログラミング
料理

空想にふける
お酒を飲む
車の運転
ビーストモードになる
恋に落ちる
家族の時間
まったりする
結婚する
夜の女子会
友達が家に来る
仕事中に楽しむ
遊びに行く前の一杯
子育て
リラックス
勉強
起床
仕事
エクササイズ

ある意味、これは避けがたいように思える。今日のポピュラーミュージックは、デジタル制作のテクニックに長けたエキスパート集団によって作られているのだ。ソングライターに提供される素材をもとに、ビート、編成、歌詞、フック、メロディ、ヴォーカル補正のスペシャリストたちが協力し、マスマーケットの耳に完璧に合うヒット曲を作り上げている。その製作過程はあまりに産業化されており、以前のモータウンの「ヒット工場」が手芸サークルにしか見えないほどだ。グーグルは、制作側ですでになされていることを、消費側で行っているだけなのである。

音楽は生産要素だということを受け入れたら、その要素を手に入れるのに必要なコストや手間を最小限に抑えようとするのは当然だ。経営資源に関するジェフリー・ムーアの有名な分類を借用すれば、音楽は「コア」というより「コンテキスト」だから、個人的なリソース――時間、お金、意識、情熱――を投資して自分で音楽を調達するより、アウトソーシングするほうが経済的に理にかなっている。グーグルが提案するように、プロに任せて「一曲ずつ」プレイリストを「作って」もらえば、「あなたがやる必要はない」のだ。自分だけの曲を選ぶ、あるいはそのために必要なセンスを磨くことすら、労力の無駄になる。人生に整然とした体系と価値を与えてくれる、重要な仕事《ジョブ》に集中できなくなってしまうのだから。

芸術は工業用潤滑油である。日々のアクティビティから摩擦を取り除くことで、それはより豊かな生活を生み出してくれる。

愛の統一理論を目指して

二〇一五年七月三〇日

わたしたち人間はたとえ最も打算的な者であっても、神話を生きている。先月、マーク・ザッカーバーグはフェイスブック上での月並みなQ&Aセッションで、宇宙論者のスティーヴン・ホーキングからの質問に応答した。「わたしは重力やその他の力についての統一理論を知りたい。あなたは、科学の分野における大きな問題のなかで何について知りたいですか？　また、その理由は？」そう問われたザッカーバーグは「人間に関する問題に最も関心があります」と答え、人間に関する疑問をいくつか挙げた。「わたしたちを永遠に生きられるようにするものは何か？」がひとつ。そして「どうやって人間をいまの百万倍学べるようにできるか？」がもうひとつ。

それからザッカーバーグは、予想外とは言わないまでも、実社会における彼の認識について、なかなか興味深いことを明かした。「わたしたちみんなが、誰を、そして何を大切に思うかのバランスをつかさどる根本的な数学的法則が人間の社会交関係の根底にあるかどうかも知りたい。きっとあると思う」。愛の統一理論、そう呼ぶことにしよう。

わたしたちは、世界でも有数のソーシャル・ネットワークを運営する人物を選ぶのに、なんと奇妙な選択をしてしまったことか。ザッカーバーグの答えはまたしても、それを明らかにした。わたしたちは、人間関係や結びつきは方程式でまとめられると考える気の利かない若者の手に、自らの社会生活を委ねているのだ。

ブルータスよ、その失敗は、われわれの星の巡り合わせのせいではない
われわれ自身のせいだ、われわれが従属する者になったのは

ブルータスが星の巡り合いに見ていたものを、ザッカーバーグはデータのなかに見ている。どちらも、人間に関するものごとは宿命によって支配されると考えている。

ザッカーバーグの誤った認識がどこからきているのか、それを理解するのは難しくない。アリやニワトリと同じように、人間も一定の傾向、一定の性質を共有している。もしその行動を統計的に分析すれば、その性質はそのまま数学的規則性として示される。現象の測定を現象の要因と混同したのは、決してフェイスブックの創業者がはじめてではない。ある程度の量のデータにパターンが表れたなら、さらにデータを集めれば、当然「根本的な数学的法則」が明らかになるだろう。

社交関係を宇宙的コンピューターが実行する宇宙的アルゴリズムのアウトプットであるとするザッカーバーグの考えは、人を数学グラフの節点とみなすことで財を築いた男のただの利己的な空想ではない。極端ではあるが、「ビッグデータ」をめぐる熱狂の余波から生じた、最近流行しはじめた新手の行動論主義の形を表している。

一九五〇年代半ばから六〇年代半ばまで、アメリカの社会学的思想は、行動論主義派が優位だった。

初期の実証主義者の流れを汲む行動論主義者は、社会構造や社会力学は、信頼できるデータを正確に科学的に分析することよってのみ理解できると確信していた。シカゴ大学の著名な政治学者、ディヴィッド・イーストンは、行動論主義の教義を一九六二年の記事で次のように記した。

政治行動には明らかにされうるひとつの共通性質がある。これらは説明的な値や予測値を用いた理論や、単なる一般化によって記述することができる……。そのような一般化したものの妥当性は、原則として関連する行動を参照すれば検証可能である……。データの記録や調査結果の報告を精密に行うには、計測と定量化が必要である。

行動論主義の台頭は、従来の社会学上の調査や政治に関する調査に見られた主観的な手法、とくに歴史的分析や哲学的考察に対する不満の現れだった。歴史や哲学は、先入観のない知識あるいは問題に対する確実な解決策ではなく、イデオロギーに関する論争をもたらすだけだと行動論主義者たちは考えていたのである。しかし、行動論主義は、技術的な発端も併せ持つ。戦後にデジタルコンピュータなどの機器が出現し、人間行動に関するデータ収集や解析に新しい展望が開かれるとの期待が、行動論主義に拍車をかけたのである。かくして客観性が主観性に取って代わることとなった。テクノロジーがイデオロギーに取って代わることとなったのである。

今日の新行動論主義もまた、コンピュータテクノロジーの影響を受けており、特に人びとの行動に関する情報を蓄積した巨大データバンクの設立と、その情報を構文解析するための自動化された統計技術の発展が大いに影響している。マサチューセッツ工科大学のデータ解析学者、アレックス・ペントランドは、二〇一四年刊行の啓蒙的なタイトルの著書『ソーシャル物理学』で、ちょっとした新しい行動論主義宣言を提言し、その際、意識的にか否か一九六〇年代初頭に繰り返し聞かれた用語を用いている。

われわれは社会構造を単に説明することから先に進んで、社会構造の因果関係理論を確立する必要がある。これを発達させていくことは、（神経科学者の）デヴィッド・マーが行動の計算理論と称したものに向かうステップとなる。つまり、なぜ社会がそのような反応を示すかの理由と、その反応が人間の問題をどのように解決する（あるいは解決しない）のかの数学的説明である……。この種の理論は、より良い社会システムを設計するため、われわれが新たに得た膨大な行動データと社会的な相互作用のメカニズムとを結びつけることができる。

彼らの先駆けとなった者たちと同様、今日の新行動論主義者たちも、膨大なデータの科学的解析は社会学的調査の主観的なやり方や、それが頻繁にもたらすイデオロギー上の障害を避ける手段だとみなしている。「社会物理学という科学の重要性は、精確で役に立つ数学的予測を提供するその有用性」にとどまらない、とペントランドは述べた。それは、「市場や階級、資本や生産という古びた語彙よりも優れた言葉」を確実に提供するものなのである。

「市場」「政治階級」そして「社会運動」などの言葉は、われわれの世界についての思考を形作る。

これらはもちろん有益なものであるが、反面、単純化しすぎた思想の象徴ともなる。つまり、これらのために明確かつ効率的に考える能力が狭められる。（ビッグデータが提供するのは）一連の新しい概念で、それを元にわれわれは、より精確に世界について議論し、将来を計画できるはずである。

ザッカーバーグの予想は外れ、ペントランドや新たに出てきた他の行動論主義者たちは、当初の数学的言語で表すことのできる「社会構造の因果関係理論」を新たに打ち立てることはないだろう。新行動論主義は、それ以前の行動論主義と同じく、社会力学の新しい洞察をもたらしはしても、その高尚な目標には達しない。歴史と哲学は、主観的で秩序立っていないにも関わらず、あるいはそのおかげで、人間を動かす何かを探求することにおいては、これからも中心的な役割を果たしていくだろう。イデオロギーの終焉は近くない。

しかし、新行動論主義と行動論主義を区別するものである。現在の行動データの収集は、社会調査としてのその価値とともに、大きな商業的価値も生み出し、データの科学的活用と商業目的の活用のあいだには必然的に緊張が存在する。その緊張は、ペントランドが指摘するとおり、「よりよい社会システムを設計」するあらゆる試みに影を落とす。それは誰にとってよりよくて、そしてそれを何によって測るのか？　たとえ社会的関係をつかさどる根本的な数学的法則が近い将来発見されないにしても、そういった関係をモニターし、操作する能力は、今後も莫大な利益をもたらす可能性がある。愛の統一理論というザッカーバーグの夢とは、キューピッドなどではなく欲深さ《キューピディティ》に触発されてのことではないか、と人は疑念を持つであろう。

二〇一五年九月一一日

六月に行われたQ&Aセッションでマーク・ザッカーバーグは、対人コミュニケーションの将来についての考えも垣間見せてくれた。「いつの日か、テクノロジーを用いてお互いに豊かな思考をそっくりそのまま、直接送り合えるようになると考えている。あなたは何か考えればいいだけで、望めば、友人たちも即座にそれを知ることができるようになる。これは究極のコミュニケーション・テクノロジーとなるだろう」。

なんたることだ。それには絶対、かなりの衝動制御力が必要になるだろう。いまは思考とその表出のあいだで働いている心のフィルターは、考え自体を組み立てる前に始動しなければならなくなる。だって、ありのままの思考の流れを他人と、それが友人であっても、本当に共有《シェア》したいと思うだろうか？ ザッカーバーグは瞬時的な思考の共有を望むかもしれないが、ラジオのトーク番組でやっているようななんらかの遅延送出システム［生放送での不適切発言が放映されるのを避けるためのディレィ放送など］を組み込む必要があるだろう。そうでもしないと、脳と脳のあいだをつなぐ道は、映画『マッドマックス』に出てきた道のようなものになってしまう。

でもやはり、遅延のメカニズムは、会話を脳から脳へのコンピュータ化されたメッセージ交換に替えるという目的にはそぐわない。要は、言語を系統的に組み立て表現するのにはつきものの躊躇やもたつきを取り除こうということなのである。政治学者のウィリアム・デイヴィスが指摘しているように、今日の「「スマート」テクノロジーの提供者たち」は、マシンと人間のシームレスなコミュニケーションという、冷戦時代のサイバネティクス〔生物と機械を統合して扱う学問分野〕学者だけが夢見ることのできた類のコミュニケーションを実現しようとしている。そのゴールは、「何も語らずして個人と環境のあいだで完璧に予測可能な交流ができる」システムの構築である。効率性の向上にとどまらず、シリコンヴァレーはそのようなシステムから利益までをも上げることになるであろう。人間の思考力をコンピュータで完全に解読可能なもの変えるという、脳とコンピュータをつなぐ独占的ネットワークを開発することで、テクノロジー業界はわたしたちの思考全体の送信と保存、分析ができるようになり、したがってわたしたちの思考を完全に所有することができる。「産業資本主義は生産の手段を私物化した」とデイヴィスは述べる。「デジタル資本主義は、コミュニケーションの手段を私物化する」。

それはすでに現実になりつつある。人間の感情表現をデジタル化することで、ソーシャルネットワークのプロトコルは、機械が送信や解釈をしやすいように会話を変えている。「いいね！」ボタンをはじめ、アイコンのタップやチェックボックスのクリック、ドロップダウンメニューの選択などのオンラインコミュニケーションの形を考えればわかる。それらは、判断や参加、感情の表出を規則化したり様式化することで、ニュアンスはもちろん、あいまいさや回りくどさも排除している。人間の会話を、コンピュータネットワークと、その所有者のニーズに合わせているのである。

「言語を話すことは活動の一部、ないしは生活様式の一部である」とウィトゲンシュタインは『哲学探究』で述べた。人間の言葉が生活と深く結びついていて、意識と感覚の両方を表すものならば、コンピュータは非生物で感覚を持たないため、ある一定の基本レベルを越えて「自然言語の処理」を習得するのはかなり困難であろう。人間のコミュニケーションをコンピュータに「理解」させる必要があるなら、最善策はその問題を徹底的に回避することかもしれない。コンピュータに自然言語を理解させる方法を見つけ出す代わりに、人間に人工言語を、コンピュータ言語を話させるのだ。まずは、「いいね！」ボタンや、その他標準化された通信プロトコルからはじめるのがいいだろう。次は人間に、あいまいで支離滅裂な言葉の組み合わせではなく、シンプルな形式的記号――たとえば顔文字や絵文字など――を使って自分の気持ちを表現させるように持っていくのがいいだろう。絵文字を使って話をするというのは、機械でも理解できる言語で話しているということなのだ。

マーク・ザッカーバーグのような人びとはもともと、自然言語には窮屈な思いを抱いてきた。いまや彼らは、それに関して何かできるはずである。

退屈した者たちの王国では、片手で操作する無法者が王である

二〇一五年九月一五日

この事実を打ち明けるのはやはり少し恥ずべきだが、わたしたちをのめり込ませるのはコンテンツではなく、それを動かす仕組みのほうである。詩人のケネス・ゴールドスミスは、最近のある日の出来事を「ロサンゼルス・レヴュー・オブ・ブックス」誌のエッセイに書いた。彼はその日、アメリカの前衛作曲家モートン・フェルドマンの音楽を聴きたい衝動に駆られたのだという。

MP3ドライブの中身をあさって、フェルドマンのフォルダを見つけて開いた。ディレクトリにあるさまざまなフォルダのひとつに、「モートン・フェルドマン全作品」とラベルのついたものがあった。それを見て驚いた。ダウンロードした覚えがなかったからだ。興味をそそられて日付を見て――二〇〇九年――MP3共有ブログの最盛期に拾い上げたものに違いないと気づいた。開いてみると、七九枚のアルバムがZIPファイルの形式であったので、三枚を解凍して一枚の一部を聴き、フォルダを閉じた。以来、そのフォルダは一度も開けていない。

音楽を聴く喜びは予想していたほどではなく、ゴールドスミスは音楽ファイルの操作のほうにより大

きな喜びを見出した。「われわれがこれまでのような意味でメディアと関わることはもうほとんどない」と彼は言う。「デジタルな生態系においては、作り出された物を取り巻く装置のほうがその物自体より魅力的で人を惹きつける」。かつて、デジタル化は音楽などの文化的産物を物理的な容れ物から解き放つと考えられていた。瓶などなくてもワインを堪能できるはずだったが、実際に起こっていることは違う。わたしたちは、ゴールドスミスが言うように「ワインより瓶のほうを愛するようになった」のである。

まるで、ふと気づくと巨大な図書館に、それもボルヘスの短編に出てくるような途方もない規模の図書館にいたのに、棚に並ぶ書物ではなく、デューイ十進分類法の複雑さに魅せられているようなものだ。ゴールドスミスの経験から、わたしはサイモン・レイノルズの著書『レトロマニア』（本書のレビューについては三九二ページを参照）の一節を思い出した。レイノルズは初めてiPodを手に入れ、シャッフル機能を使った再生をはじめたときのことを次のように記している。

シャッフルのおかげで、選択するという問題から一時的に救われる。みなと同じように、わたしも最初はすっかり夢中になり、みなと同じように、同じアーティストが繰り返されたり、不思議な曲順が生まれたりというミステリアスな体験をした。しかし、シャッフル機能のマイナス面もじきに明らかになった。わたしは仕組みそのものに魅せられ、何が次にプレイされるのか知りたいと常に思うようになった。次の曲に進みたいという気持ちに抗えなくなった。……すぐにどの曲も最初の一五秒しか聴かないようになり、それからまったく聴かなくなってしまった。

レイノルズはこう締めくくっている。「これを突き詰めていくと、ヘッドフォンを外してトラック表示を見るだけということになっただろう」。

人気の音楽共有サービス、Spotify の素晴らしい点は何か？　それは音楽とはほとんど関係がなく、重要なのはトラック表示の視覚的な充実だけである。曲の波形が色鮮やかに映し出されるとともにコメントが流れてくるのを眺められるのに、曲を聴く必要などあるだろうか？

インターフェイスの向こう側にあるものは、それが何であれ、ますます重要ではなくなってきているようだ。大事なのはインターフェイスそのもので、インターフェイスこそがコンテンツなのだ。

豊富さは退屈を生み出す。選択肢が無限にあると、どれを選んでも期待外れに感じられる。何かを聴いたり見たりするということは、それ以外の聴いていたかもしれない、見ていたかもしれないものをすべて逃しているということだ。レイノルズは、カーラ・スターが二〇〇八年に書いた記事「過去に録音されたすべての曲がMP3プレイヤーで再生できるようになったとき、それらの曲をひとつでも聴くだろうか？」から印象的な言葉を引用している。スターはこう打ち明けている。「曲を聴いている最中でさえ退屈している自分に気づくことがある。退屈を感じることができてしまうから」。

そういうわけで、コンテンツに退屈し、芸術に退屈し、わたしたちはインターフェイスの虜になる。メカニズムが持つ複雑で魅力的な機能を使いこなそうと懸命になる。ダウンロードにアップロード。記録に登録。表示や通知のモニタリング。タイムカウントを見る。ストリーミング、一時停止、スキップ。ハートやいいね！のボタンのクリック。いいね！の数の確認。わたしたちは文化を扱う技術屋になる。体験を扱う役人になる。

複雑なインターフェイスを使いこなしていると、当事者という錯覚に陥るとともに、選び取るという苦痛から解放される。しまいには、レイノルズが記しているように、仕組みをあれこれいじることで「欲望そのものの重荷から解放される」――それは、選択肢が急増するとともにいっそう負担になる重荷だ。そんなふうにして、あなたは自分がもう音楽ファンではなく、ジュークボックスの愛好者にすぎないことに気づく。

デジタルスロットマシンのメーカーが発見したように、巧みに設計されたインターフェイスは執着を引き起こす。プレイヤーがスロットに金を延々と注ぎ込むのは、勝ち負けのためではない。反応のいいマシンを操作する喜びのためなのだ。ナターシャ・ダウ・シュールは著書『意図された中毒――ラスヴェガスのマシンギャンブル』のなかで、カジノで出会ったモリーという名のビデオポーカープレイヤーについて書いている。

大勝を目指しているのかと尋ねると、モリーはふっと笑って素っ気なく手を振った……「今日勝ったら――実際、ちょくちょく勝ってるけど――またその金をマシンに注ぎ込む。勝つためにプレイしてるんじゃないってことが、みんなはどうしてもわからないみたいね」

では、なぜプレイするのか？「プレイし続けるため――それ以外のことがどうでもよくなる、あのマシンゾーンに居続けるためよ」

マシンゾーンにいるとはどんな感じなのか？モリーはこう説明する。「嵐の目のなかにいる、とでも言ったらいいかしら。目の前にあるマシンに映るものは澄み切って明るいのに、まわりの世界は高速で回転していて、何も聞こえてこない。誰もそこにいるわけじゃないの――マシンとだけ一緒にいる、そうとしか言いようがないのよ」

物が溢れている世界では、魅力的なインターフェイスは完璧な消費財だ。消費するという行為そのものが商品としてパッケージ化されている。クリックするたびに、わたしたちは消費行為を消費している。

このごろは、マシンゾーンこそわたしたちが大半の時間を過ごす場所である。これまでのメディア、エンターテイメント、ゲームの気晴らしの範疇をはるかに超え、わたしたちをすっかり取り囲んでいる。散歩に出かけるにしても、その動機づけとなるのは風景や新鮮な空気を楽しむ、あるいは体を動かす喜びを得ることではなく、スマホのエクササイズアプリにカウントされる歩数を増やすことなのだ。「あともうすこし歩けば」と、またしても画面をちらと見てつぶやく。「アプリがバッジをくれる」

仕組みはあまりにも魅惑的だ。あなたのことを理解し、気遣ってくれる。あなたのほうからも目をかけてやれば、それが無駄になることはないと仕組みは教えてくれる。

第二部　ツイートによる50のテーゼ

第一シリーズ（二〇一二年）

1　メディアの複雑さはそのメッセージの雄弁さに反比例する。

2　ハイパーテキストはテキストよりも保守的なメディアである。

3　直線的でない物語に最も適しているメディアは、直線的な文章である。

4　ツイッターのほうがフェイスブックよりも思考的なメディアである。

5　デジタルツールの登場によって芸術形式が向上したことは、いまだかつてない。

6　双方向性の利益はあっという間に負債に変わる。

7　現実の世界では行動することは知ることだが、メディアの世界ではその逆だ。

8　ネットワークの知性が向上するにつれ、そこに接続する者たちの知性は低下する。

9　コンピュータの新しい芸術形式のひとつであるビデオゲームは、コンピュータの囚人である。

10　私的なやりとりは、その伝達速度が早くなるにつれて面白くなくなっていく。

11　プログラマーは、この世界における影の立法者である。

12　人は常にリツイートを後悔する。

13　アルバムのジャケットは、ポピュラー・ミュージックに不可欠であることが判明した。

14　情報の氾濫は、不用心な者にとっては妄想の温床になる。

15　汝のイメージに誠実であれ。

16　偉大な文学作品はハイパーテキストでは書かれ得なかっただろう。

17　ソーシャルメディアは、不完全就業者のための緩和策である。

18　実利主義者は、オンライン上の文化的興行主役にひどく適している。

19　視聴料を払うようになってから、テレビはずっと面白くなった。

20　インスタグラムは、芸術のない世界がどういうものかを教えてくれる。

第二シリーズ（二〇一三年）

21　レコメンデーション機能は自信過剰の特効薬である。

22　ヴァインは一秒短いほうがもっといい。

23　地獄とは他人の自撮り写真のことだ。

24　ツイッターは、簡潔と冗長が必ずしも対義語となるわけではないことを明らかにした。

25　個人用広告は、人工知能への批判を与え続けている。

26 自分が何者であるかは、次の通知を受け取るまでに何をするかでわかる。

27 オフラインとオンラインの関係は池とプールの関係と同じだ。

28 恋する者たちが一番データを残さない。

29 ユーチューブのファンビデオは、初期のウェブの生きた化石である。

30 マーク・ザッカーバーグは現代のグリゴリー・ポチョムキンだ。

第三シリーズ（二〇一四年）

31 インターネット上のあらゆる点が、インターネットの中心点である。

32 フォロワー数が増えるにつれ、人は自己中心的になる。

33 物体には、そのイメージより無限に多くの情報が含まれる。

34　本には多くのページがあるが、電子本には一ページしかない。

35　もしハードドライブに魂が宿るのならば、クラウドには神が宿る。

36　出来事の本質は、その記録においては亡霊となる。

37　スナップチャットのメッセージの意味がわかるのは、それが消えたあとである。

38　信頼性とは完成された巧妙さである。

39　GPSシステムを作動させると、わたしたちは積み荷になる。

40　グーグルはわたしたちを検索する。

第四シリーズ（二〇一五年）

41　ツールはわたしたちを拡張し、メディアはわたしたちを制限する。

42　人びとは事実を隠喩として受け取るが、コンピュータは隠喩を事実として受け取る。

43　ロボットがわたしたちを恐れるまで、わたしたちはロボットを恐れる必要はない。

44　エンジニアはネガティブな倫理学者である。

45　摩擦は高度な技術への潤滑油である。

46　ハンドルのない車は喜劇だが、バックミラーのない車は悲劇である。

47　ブラウザのキャッシュを消去したとき、人は最も身軽さを感じる。

48　世の中のすべての事象は、存在もしくは不在として現れる。

49　記憶は不在のメディアであり、時間は存在のメディアである。

50　鳥は、窓ガラスに突っ込んだときが一番わたしたちに似ている。

第三部　エッセイと批評

あらゆる発明のなかでも最も偉大な発明は、最も単純なものでもあった。それは灯心である。誰が最初に気づいたのかはわからないが、何千年も前に、よじった布切れの先端に火をつけ、毛管現象を利用して、溜めておいた蝋《ろう》や油を送ることができるようになった。この発見は、歴史家のヴォルフガング・シヴェルブシュが『光と影のドラマトゥルギ』で書いたように、「輸送史における車輪と同じくらい、人工照明の発達において革命的」であった。灯心は火力を調節できたため、たいまつや小枝の束を燃やすよりも、確実かつ効率的に使うことができた。それは普及する過程で、わたしたちを環境に適応させるのにも大きな役割を果たしてきた。たいまつだけで、今日のわたしたちの文明にまで発展したとはとうてい思えない。

灯心は、驚くほど長いあいだもちこたえた発明品でもあった。それは一九世紀に至るまでずっと主要な照明技術としてあり続け、その後ようやく、はじめは灯心のないガス灯に、それから金属フィラメントが光を放つエジソンの電気の白熱電球に完全に取って代わられた。炎の後を継いだ白熱電球は、きれいで安全、さらに効率的でもあり、世界中の家庭やオフィスで歓迎された。しかし、そんな多くの実利とともに、電球は人びとの暮らしに微妙な予期せぬ変化を及ぼした。暖炉やろうそく、ランプは家庭の中心にあった。シヴェルブシュの指摘によれば、火は「家の魂」であった。家族は夜になると、チラチラ瞬く炎に引き寄せ寄せられるように中央の部屋に集まり、その日の出来事を話したり、他のことをしながらも一緒に時を過ごしていた。電球は、中央に寄せ集められたぬくもりとともに、そのような古代からの伝統を消し去った。夜になっても家族はそれぞれ別の部屋で勉強や読書、あるいは仕事をしてひとりで過ごすことが増えていった。それぞれより多くのプライバシーを得て自主性も高まったが、家族の結びつきは弱まった。

安定した冷たい電灯は、炎の魅力を欠いていた。惹き寄せられることも落ち着くこともないが、徹底して機能的だった。電灯は明かりを汎用品《コモディティ》に変えた。あるドイツの日記作家は一九四四年、夜間空襲のあいだ電球の代わりにろうそくを使うよう強いられ、その違いに衝撃を受けたという。「われわれは気づいた」と彼は書いた。「ろうそくの「弱々しい」光のなかでは、物は異なる、よりはっきりとした輪郭を持つ——ろうそくの炎は、物に「実体」としての特性を与える」。彼は、この特性は「電灯の光のなかでは失われる。物は（見た目には）ずっと明瞭だが、実際には、電灯の光は物を平坦に見せる。明るすぎるので、物はその本体や輪郭や質感を失う——要するに、その本質が失われるのである」と続けた。

わたしたちはいまも変わらず、灯心の先の炎に惹きつけられる。特別な日には、ロマンチックさや落ち着いた雰囲気を演出するためにろうそくに火を灯す。炎の形をした電球の付いた凝った燭台風の装飾用ランプを購入する。しかし、もはやわたしたちは、炎があらゆる光の源だったときがどのようなものかを知ることはできない。エジソンの電球が登場する前の暮らしを知る者たちの数はごくわずかにまで減り、その者たちが去るときには、その初期の、電気が通る以前の記憶をもすべて消え去ってしまうだろう。今世紀の終わりに向け、コンピュータとインターネットがあたりまえになる以前の世界の記憶についても同じ事が起こるだろう。わたしたちがその記憶を持ち去る者となるのである。

すべての技術的変化は世代の交代である。新しいテクノロジーの最大の力と結果が導かれるのは、それとともに成長した者たちが大人になり、時代遅れの自分たちの親を周縁に追いやったときである。旧世代が世を去るとき、彼らは新しいテクノロジーが出現したときに何を失ったかの知識も消し去り、後には獲得されたものの価値だけが残る。このようにして進歩がその痕跡を覆い、わたしたちがいまいる場所が、わたしたちが目指した場所なのだという幻想を絶えず新たにしているのである。

『クラウド化する世界』より
二〇〇八年

「デイヴ、ストップ。ストップ、やめてくれ。ストップ、デイヴ。頼むからやめてくれ、デイヴ」。スタンリー・キューブリック監督の『2001年宇宙の旅』のラストで、スーパーコンピュータのHALが、情け容赦のないディヴ・ボーマン船長に懇願する、妙にもの悲しい有名な一場面だ。その正常に動作しない機械によって、あやうく宇宙のかなたで殺されかけたボーマン船長は、落ち着いた冷ややかな態度で、人工知能をコントロールしているメモリーの回路を切ろうとする。「デイヴ、意識が遠のいていく」HALが哀れっぽく言う。「それがわかる。それがわかるんだ」。

わたしにもそれがわかる。この数年というもの、誰かが、いや何かが、わたしの頭脳をいじくり回し、神経回路の配置を変え、記憶をプログラムし直しているような、なんともいやな感じがしている。意識こそ遠のいていないものの——いまのところはそう言える——変わりつつある。いままで考えていたような方法では考えなくなった。それを何よりも実感するのは、文字を読んでいるときである。わたしにとって、本や長い記事に熱中するのはよくあることだった。わたしの思考は、物語や展開されている主張に引き寄せられ、何時間も長い文章を読み耽っていたものだった。しかし、いまやそれも稀である。二、三ページも読むとすぐに集中力が途切れ、意識が漂いはじめる。落ち着きがなくなり、筋を見失い、やることが他にもないか探しはじめる。まるで気まぐれな自分の思考を常に文章に引き戻そうとしているようだ。かつては自然にできた熟読が、いまでは努力が必要になってしまったのである。

　何が起きているのかはわかっているつもりだ。すでに一〇年以上、わたしは検索やネットサーフィン、ときにはインターネットの膨大なデータベースに加筆などして、オンライン上でかなりの時間を過ごしている。ウェブは物書きであるわたしにとって、天からの賜物である。それまでは図書館の書架や雑誌閲覧室に何日もこもらなければならなかった調べものが、いまではわずか数分でできるようになった。グーグル検索を数回繰り返し、いくつかのリンクをクリックすれば、必要とする情報や、あとで使える簡潔な引用句を見つけることができる。仕事をしていないときも、ウェブの情報の茂みをあさっている――メールを読み、書き、記事の見出しやブログの投稿をチェックし、動画を見て、ポッドキャストを聴いて、リンクからリンク、そしてまたリンクへと旅している（リンクは、たまになぞらえられる注釈とは異なり、単に関連作品を示すだけではない。ユーザーをそこへと推し進める）。

　わたしにとって、他はともかく、ネットは万能のメディアに、目と耳を介して意識に届く多くの情報のパイプになっている。こうしたきわめて膨大な情報が瞬時に手に入るメリットは数多い。実際そのように言われ、しかるべく称賛もされている。「WIRED」誌でクライブ・トンプソンは、「シリコンメモリの完全な再現能力は、思考のための計り知れない恩恵となるだろう」と書いた。しかし、そのような恩恵には対価が伴う。メディア批評家のマーシャル・マクルーハンが一九六〇年代に指摘したように、メディアは単なる受動的な情報のチャンネルではない。それはさまざまな思考をもたらすだけでなく、考え方をも形作っている。そしてどうやらネットがしているのは、人びとの集中力や思考力の容量を削り取っていくことらしい。いまではわたしの意識は、ネットが情報配信する方法で――素早い粒子の流れに沿って――それを取り込もうとしている。かつてわたしは言葉の海のスキューバダイバーであった。いまでは、ジェットスキーに乗るように、海面を猛スピードで進んでいる。

わたしだけではない。友人や知り合い――ほとんどが文筆業――に読書の問題について話すと、多くが似たような経験をしていると口にする。ウェブを使えば使うほど、長い読みものに集中するために努力しなければならなくなっているという。わたしがフォローしている何人かのブロガーも、この現象に言及しはじめている。オンラインメディアに関するブログの書き手スコット・カープは先日、いっさい本を読まなくなったと告白した。「大学では文学専攻で、大の読書家だった」と彼は書く。「いったいどうしたというんだ?」。答えとして彼は次のように推測している。「もし俺が読書すべてをウェブでするのが、いうなればただ便利さを求めているのだが、俺の読み方が変わったからではなく、むしろ俺の考え方が変わったからだとしたらどうだ?」

医療界におけるコンピュータ利用について定期的にブログを書いているブルース・フリードマンも、インターネットがいかに彼の精神的習慣を変えたかについて語っており、「ウェブだろうが印刷物だろうが、長い文章を読んで自分のものにする能力をすっかり失ってしまった」と今年記している。ミシガン大学医学部で長いこと病理学の教鞭を執るフリードマンは、電話でそれについて詳しく解説してくれた。考え方が「スタッカート」のようになり、それはネットで集めたさまざまな情報源から短い一節をざっと走り読みするやり方が影響しているという。「もう『戦争と平和』は読めない」と彼は認めた。「そうする能力を失ってしまった。三、四段落のブログ投稿でさえ、吸収するには長すぎる。ざっと読むだけだよ」。

こうした逸話だけでは立証が充分とは言えない。いまわたしたちは、インターネット利用が認知能力にどう影響しているかの実証になるであろう長期的な神経学的、心理学的実験の結果を待っているところである。だが、ロンドン大学ユニバーシティ・カレッジの研究者たちが実施した、ネットの検索習慣に関する最近の調査からは、わたしたちの読み方や考え方が大きな変換期の真っ只中にある、というのが読み取れる。その五年間の調査プログラムの一環として、ふたつのよく使われる研究サイトを訪問するユーザーの行動を記録するコンピュータのログが調べられた。そのひとつは英国図書館、もうひとつは英国の教育コンソーシアム運営のサイトで、それぞれ学術雑誌への投稿論文、電子書籍、その他文字情報を提供している。そこからわかったのは、サイトを訪れるユーザーは、「流し読み」をしていることで、ある情報源から他の情報源へと飛び回り、いちど閲覧したものにはめったに戻らないことだった。論文でも書籍でも、基本的に一、二ページ読んだだけで他に「ジャンプ」する。長い論文をダウンロードするときもあるが、ユーザーがあとからそれらを読んでいるという保証はない。研究者らは次のように報告した。「ユーザーはオンライン上で、従来の意味で読んでいないのは明らかである。実際、新たな「読む」形態が生まれつつある兆しが見える。なぜならユーザーは、タイトルやコンテンツ、あるいは概要を横断的に「パワー・ブラウジング」しながら、手っ取り早く成果を得ようとしているからである。それは従来の意味での読書をしないためにネット接続しているようでもある」

インターネット上に文字が溢れ、携帯メールは日常生活に浸透し、おそらく人びとは今日、一九七〇年代、八〇年代のテレビが主流メディアだったときよりも多くの文字を読んでいるだろう。しかし、それは異なる読み方であり、その背景にある考え方も異なる。「何を読むかだけではない」とタフツ大学の進化心理学者であり、『プルーストとイカ　読書は脳をどのように変えるのか？』の著者メアリアン・ウルフは言う。それは「どう読むかでもある」。ウルフは、ネットが促進する読み方のスタイル、「効率性」と「即時性」を最重要視する方法は、従来の技術である印刷機が、長く複雑な文章を普及させたときに育んだ深く読み込むような能力を弱めているのではないかと憂慮する。オンライン上で物を読むときには、「単なる情報の解読者」になる。文脈を判断し、集中して読むことによって形作られる、豊かな精神的結びつきを築く力がほぼ解体されてしまったのではないかというのである。

さらにウルフは、人間にとって読書は自然に備わっている能力ではないと説く。話す能力と異なり、遺伝子に刻み込まれていない。目にする言語の文字を理解する方法を脳に教え込まなければならないという。そして読む技能を学び、練習するのに利用するメディアなどの技術は、人の脳内の神経細胞を形作る上で重要な役目を果たす。研究によれば、たとえば漢字などの表意文字を読む者の脳内の神経回路は、文字言語がアルファベットの者たちのそれとはかなり違って発達することが明らかになっている。その違いは脳のさまざまな領域に及んでおり、記憶や、視覚や聴覚刺激の解釈といった重要な認知能力をつかさどる部分も含まれる。ネットの利用によって紡がれた神経細胞は、書籍などの印刷物を読むことによって紡がれたそれとは異なることも十分考えられるだろう。

一八八二年、フリードリヒ・ニーチェはタイプライターを購入した――正確に言うとハンセン・ライティングボールである。彼の視力は衰え、ページを見続けることは疲労と苦痛を伴い、頻繁に激しい頭痛に見舞われていた。書くことを制約しなければならなくなり、そのうち諦めなければならなくなるのではと彼は恐れていた。タイプライターは、少なくともしばらくは、彼を救った。ブラインド・タッチをマスターし、指先だけを使って目を閉じて書けるようになった。再び言葉が彼の頭から紙へと溢れ出た。

しかし、タイプライターは彼の作品に微妙な影響を及ぼした。ニーチェの友人だったある作曲家は、その文体の変化に気がついた。ただでさえ簡潔だった文体がさらに簡潔に、より短くなっていたのである。「おそらく君は、その機械を介して、新たな表現形式までも獲得するようになるだろう」と、友人は彼の作品について手紙で書き送り、その「音楽や言葉の「思考」は少なからずペンと紙の質に依拠する」と述べた。「そのとおりだ。われわれの執筆手段は、われわれの思考形成に関与している」とニーチェは返事を書き送った。タイプライターの強い影響を受け、ニーチェの文章は、「論文から格言へ、思考から駄洒落に、レトリックから電報文体へと変化した」と、ドイツのメディア学者、フリードリヒ・A・キトラーは書いている。

人間の脳には順応性がある。頭蓋骨内部の一〇〇〇億ほどのニューロンが緻密に連結して形成された頭脳活動の網状組織は、成人に達するまでにはほぼ定着するものと考えられていた。だが脳の研究者により、そうではないことが判明した。ジョージ・メイソン大学のクラスナウ高等研究所を率いる神経科学教授のジェームズ・オールズは、成人の脳でも「たいへん可塑性がある」と語る。神経細胞は、常に古いつながりを破壊しては新しいつながりを形成している。「脳は自ら活動しているあいだにプログラムし直して、その働き方を変える力を持っている」とオールズは指摘する。

わたしたちは、社会学者のダニエル・ベルが称する「知的技術」――肉体的能力ではなく、むしろ精神的能力を伸ばす道具——を使うにしたがい、それら技術の特質を不可避的に帯びていく。一四世紀に普及した機械時計は、そのもっとも顕著な例であろう。歴史家であり文化批評家のルイス・マンフォードは、著書『技能と文明』で、時計がいかにして「人間の出来事から時間を分離し、数学的に計測可能なひと続きの独立した世界であることを信じさせる役割を担った」かについて、「分割された時間の理論的枠組み」は、「行動と思考の両方の基準点」になったと論じた。

規則正しく時を刻む時計は、科学的な思考と科学的な人間を作り上げるのに役立った。しかしそれは、何かを奪い去りもした。マサチューセッツ工科大学のコンピュータ科学者であった故ジョセフ・ワイゼンバウムは、一九七六年の著書『コンピュータ・パワーと人間理性：判断から計算まで』において、時間を記録する道具の普及により現れた世界観は、「劣化版の昔の世界観のままであり、なぜならそれは、昔の現実認識の基礎となった、まさにその土台としてあった直接体験を拒絶することで成り立っているからだ」と述べた。いつ食事をし、働き、眠り、起床するかを決めるにあたり、自分の感覚ではなく、時計にしたがうようになったのである。

新しい知的技術を採り入れる過程は、人が自らの説明に用いる比喩の変化にも表れている。機械式時計が出現したとき、人びとは自分の脳が「時計のように」働いていると考えるようになった。今日のソフトウェアの時代においては、「コンピュータのように」働いていると考えるようになっている。だが、神経科学によれば、変化はそうした比喩よりもはるか深くにまで及んでいるらしい。人間の脳の可塑性のおかげで、適応は生物学的レベルでも起きているのである。

インターネットは、認知能力に対し、特に広範な影響を及ぼすおそれがある。英国の数学者アラン・

チューリングは一九三六年発表の論文で、当時理論的機械としてのみ存在していたデジタル式コンピュータは、他のどんな情報処理装置の機能でも実行するようプログラムできることを証明した。それが今日わたしたちが目にしているものである。非常に強力なコンピューティングシステムであるインターネットは、他のほとんどの知的技術を包括するようになっている。それはわたしたちの地図や時計になり、印刷機やタイプライターになり、計算機や電話になり、ラジオやテレビになっている。

ひとつのメディアを吸収するとき、ネットは、それ自体の表現形態においてそのメディアを再形成する。そのメディアコンテンツにリンクや点滅する広告やその他デジタル式装飾を導入し、すでに吸収している他のメディアのコンテンツを総動員してそのコンテンツを包囲する。たとえば、新しいメールが到着したという知らせが、新聞のサイトで最新ニュースの見出しを眺めているときにも入ってくるという具合である。その結果、注意が散漫となり、集中力が削がれる。

ネットの影響は、コンピュータ画面側だけはない。人びとの意識がインターネットメディアのつぎはぎ情報に適合するにつれ、従来のメディアもその受け手の新たな期待に合わさざるを得なくなった。テレビ番組には、画面上を水平に流れる文字やポップアップ広告が組み入れられ、雑誌や新聞は記事を短縮して要約を載せ、容易に拾い読みできる情報の断片でページを埋めるようになった。今年三月、「ニューヨーク・タイムズ」紙が各版の二、三ページ目を記事の要約に割くことを決めたとき、デザイン部長であるトム・ボドキンは、「ショートカット」によって、忙しい読者はその日のニュースに手早く「触れる」ことができ、実際にページをめくりながら記事を読むという「効率の悪い」方法を取らずにすむ、と説明した。古いメディアは、新しいメディアのルールにしたがうより他にないのである。

今日のインターネットのように、ひとつのコミュニケーション・システムが人の暮らしのなかでこれほど多くの役割を果たした――あるいは、わたしたちの思考にこれほど広範な影響を及ぼした――ことはこれまでになかった。しかし、ネットについては書かれ続けているにも関わらず、それが実際に人びとをどのようにプログラムし直すかについての考察はほとんどない。ネットの知的倫理は依然としてあいまいなままなのである。

ニーチェがタイプライターを使いはじめたのとほぼ同時期に、フレデリック・ウィンズロー・テイラーという精力的な若者が、フィラディアのミッドヴェール・スチール工場にストップウォッチを持ち込み、そこの機械工の効率向上を目的とする一連の歴史的実験に着手した。ミッドヴェールの工場主らの了承のもと、彼は数人の工員たちを集め、さまざまな金属加工機械を操作させ、機械の操作と同様に、すべての動作を記録して時間を計った。あらゆる作業を小さな個別のステップに分解した後、それぞれを異なる方法で試してみることで、テイラーは、各工員の働き方の一連の細かい手順――いまなら「アルゴリズム」と称するであろうもの――を作り上げた。ミッドヴェールの工員たちは、新しい厳格な管理体制に不平をこぼし、まるで機械のように働かされるようになったと文句を言ったが、工場の生産性は大幅に向上した。

蒸気エンジンの発明から一〇〇年以上経て、産業革命はついにその哲学をうち立て哲学者を擁立したのだ。テイラーの厳密な工業手順――彼はそれを「システム」と呼ぶのを好んだ――は、国内の、そしてやがて世界中の製造業者に採用されていった。スピード、効率、生産量を最大化したい工場主らは、時間動作研究を用いて作業手順を定め、労働者たちの仕事を取り決めていった。目標は、テイラーが一九一一年の有名な論文「科学的管理法の原理」で定義した、一つひとつの仕事に対して、「唯一無二の最適な作業法」を見つけ出して採り入れ、それによって「機械技術全体に及ぶ経験則を段階的に科学で置き換える」ことであった。いったん彼のシステムがあらゆる労働に適用されれば、産業のみならず、社会の再編成が起き、完璧な効率性の理想郷《ユートピア》が実現する、と彼は請け合った。「これまでは人間が第一だったが、これからはシステムが第一でなければならない」と彼は宣言した。

テイラーのシステムはいまも機能しており、工業生産の価値体系であり続ける。そしていま、コンピュータ技術者やソフトウェアプログラマーたちによる人びとの知的生活への影響力が強まるにつれ、テイラーの価値体系は、精神の領域までをも同じように支配しはじめた。インターネットは、効率化と、情報の収集や伝達、加工の自動化のためのひとつの機械であり、そのプログラマー部隊は、「唯一無二の最高の方法」——完璧なアルゴリズム——を見つけ出し、「知的労働」と形容するようになった知能活動を一つ残らず遂行することに専心している。

グーグルの本社、カリフォルニア州マウンテンヴューにある通称グーグルプレックスは、インターネット信奉者の聖地であり、その壁の内側で順守されている教義は、テイラー主義である。同社のCEOエリック・シュミットは、グーグルは「計測の科学を基礎とする企業」であり、「あらゆるものをシステム化する」ことに専心していると述べた。「ハーバード・ビジネス・レビュー」誌によれば、同社の検索エンジンや他のサイトを介して収集したユーザー行動の膨大なデータを基にして、日に何千回という実験を繰り返し、その結果を用いてアルゴリズムを精査し、ユーザーが情報を検索し、そこから意味を抽出する方法を制御する力を高めつつあるという。テイラーが肉体労働に対して行ったことを、グーグルは知的労働に対して行っているのである。

同社はその使命として「世界の情報を整理し、世界中の人びとがアクセスできて使えるようにすること」と宣言している。「完璧な検索エンジン」を目指しているのであって、それを「人の意図することを正確に理解し、求めに沿ったものを的確に提供する」ことと定義している。グーグルの観点では、情報は一種の汎用品《コモディティ》であり、工業的効率性でもって探し出し処理できる実用的資源である。わたしたちがより多くの情報に「アクセス」し、より迅速に同社の意を汲むことができるほど、わたしたちはより生産的に物事を考えられるようになるという。

ではそれの終着点はどこか？　スタンフォード大学でコンピュータ・サイエンスの博士過程在籍中にグーグルを創設した、優れた才能を有する若者セルゲイ・ブリンとラリー・ペイジは、同社の検索エンジンを、わたしたちの脳に直接接続できるＨＡＬのような人工知能装置に変えたいという願望を頻繁に口にしている。「究極の検索エンジンは、人間と同じくらい賢い――あるいはそれ以上だろう」とペイジは数年前の講演で語った。「わたしたちにとって、検索エンジンの開発は人工知能の開発の手段なのである」。一方ブリンは、二〇〇四年の「ニューズウィーク」誌のインタビューで次のように述べた。「もし世界中のあらゆる情報が直接あなたの頭脳とつながるようになったら、あるいはあなたより賢い人工知能が世界の情報とつながったら、いまよりも間違いなく幸せになれる」。昨年行われた科学者の代表者会議でペイジは言った。グーグルは、「本気で人工知能の構築に取り組んでおり、しかも大規模に行っている」。

こうした野心を抱くのも、ごく当然のことで、立派でさえある。なんと言っても、自由に使える莫大な資金と、従業員にコンピュータ科学者の小隊を擁する数学の天才コンビなのだ。基本的には科学技術企業であるグーグルは、技術を活用するという、エリック・シュミットの言う「これまで解決されてこなかった問題を解決する」という願望を動機としている。そして、人工知能はそのなかでも最も難しい問題である。だったらブリンとペイジがそれを解決する当事者になろうとしてもよいではないか？

それでも、人間の頭脳が人工知能によって補完されたり置き換えられたりすれば、みんな「いまよりも間違いなく幸せになれる」と単純に想定してしまえる彼らには不安を覚える。それは、知能が機械的処理の結果であり、個別に分離でき、計測して最適化できる一連の独立したステップだと信じていることを示唆する。人びとがオンライン接続したときに入る世界、グーグルの世界では、あいまいな思考の余地はほとんどない。あいまいさは洞察へのとば口ではなく、修正されるべきバグでしかない。人間の頭脳は、より高速のプロセッサーとより大容量のハードドライブが必要な旧式のコンピュータなのである。

わたしたちの頭脳が高速データ処理装置のように働くべきという考え方は、インターネットの仕組みのなかだけに組み込まれているのではない。それは、ネットワークを支配しているビジネスモデルにも組み込まれている。わたしたちがウェブを素早くサーフィンすればするほど——次々とリンクをクリックし、ページを閲覧していけばいくほど——グーグルや他の企業がわたしたちの情報を得て、広告を送り込む機会が増える。ネット関連企業の大半は、わたしたちがリンクからリンクへと飛び回るうちに落としていくデータのかけらを拾い集めることで儲けている——かけらが多いほど好都合なのである。これら企業が絶対にさせたくないのは、のんびり何かを読み耽ったり、集中してじっくり考えたりすることである。わたしたちを注意散漫にすればするほど、彼らの経済的利益に適うのだ。

おそらくわたしは悲観論者なのであろう。技術的進歩を称賛する傾向があるように、新たなツールや機械の最悪の事態を予期する逆の傾向もある。ソクラテスは、プラトンの著書『ファイドロス』のなかで、文字の発達を嘆いていた。これまで自分の記憶のなかに刻み込んできた知識に代わって、紙に記された言葉に依存するようになるにつれ、その対話体の作品の人物が言うには、人びとは「記憶することをやめてしまい、忘れっぽくなる」ことを恐れていた。「適切な教育もなしに膨大な情報を得ることができるため、人びとは、「総じて無知であるにも関わらず、精通しているかのごとく考えられる」。そして、「真の知識ではなく、見せかけの知識でいっぱいになる」ことを憂慮した。ソクラテスは間違ってはいなかった――新しい技術は彼の恐れた影響を及ぼすことが多かった――が、近視眼的でもあった。読み書きがさまざまな方法で情報を広め、新鮮なアイディアを生み出し、人間の（叡智と言わないまでも）知識を拡張させる役割を担うことを予見できなかった。

一五世紀にグーテンベルクの印刷機が登場すると、また別の意味での憂慮が見られた。イタリアの人文主義者ヒエロニモ・スクアリシアフィコは、本が容易に手に入るようになると、知的怠慢を招き、人間が「学ばなくなり」、知識が弱まることを憂慮した。またある者たちは、安価な活字本や新聞は、宗教的権威を徐々に衰えさせ、学者や写字者の職業的身分を侵害し、混乱や道楽を招くと主張した。ニューヨーク大学の教授クレイ・シャーキーの指摘どおり、「印刷機に対しなされた議論の多くは的を射ており、予見的でもあった」。しかし、ここでもまた、悲観論者は、活字文字によりもたらされることになった無数の恩恵を想像することはできなかった。

そういうわけで、もちろん、わたしの悲観論に対して懐疑的になるべきなのだ。多分、インターネットへの批判をラッダイト、あるいは懐古主義者であると一蹴する人びとが正しいと証明されるであろう。そしてわたしたちのデータ満載の超活発な頭脳は、知的発見や普遍的知識の黄金時代をもたらすのであろう。しかし、ネットはアルファベットではなく、印刷機の代替えとなるかもしれないが、何かまったく違うものを生み出す。活字本の連続したページがもたらす熟読のような行為が尊いのは、その著者の言葉から得る知識だけでなく、わたしたちの意識の内に知的な共振を生じさせるからでもある。じっくり気を反らされずに本を読むための、さらに言えばじっくり考えるための静かな空間において、わたしたちは独自の連想をし、独自に推測し、類似性を見出し、独自の思想を育む。熟読は、メアリアン・ウルフが主張するように、深遠な思考とは切り離せないものなのである。

もしこうした静かな空間を失ってしまったら、あるいはそれを「コンテンツ」で埋めてしまったら、わたしたちは自分にとってだけでなく、文化にとっても、大切な何かを犠牲にするだろう。劇作家のリチャード・フォアマンは最近のエッセイで、危惧されるものについて雄弁に述べている。「わたしは伝統的な西洋文化の出身で、その理想(わたしの理想)は、複合的で密度の濃い、『大聖堂のような』構造の教養のある明晰な人格——一個人として構成され、西洋の伝統をそのまま受け継いだ、一個人としての自我を内に秘めた者である」。しかし、と彼は続ける。「わたしたちすべてが(自分自身も含め)、内に秘めた密度の濃い集合体としての自我が、新しいタイプの自我——情報過多の圧力と「すぐ利用できる」技術のもとに進化してきたもの——に取って代わられているように思える」

わたしたちの「濃密な文化的遺産の個人的宝庫」が失われていくにつれ、「ボタンに触れるだけでアクセスできるあの膨大な情報ネットワークに接続しながら薄く広がっていく「パンケーキ人間」になる恐れがある」とフォアマンは結論づけた。

『2001年宇宙の旅』の例の場面が頭から離れない。それが妙にもの悲しく、また奇妙でもあるのは、知能が解体されていくことに対して見せたコンピュータの感情的な反応であり、回路が一つひとつ切られていくときのその絶望、船長への子どものような懇願——「それがわかる。わかるんだ。こわいんだ」——そして無知の状態としか言いようのないものへと返るその最終的な逆転である。HALの感情の吐露は、映画の人間たちの無表情さとは対照的である。人間たちは、ほとんどロボットのように効率的に任務を遂行していく。彼らの思考と行動は台本化されているようで、まるでアルゴリズムの手順にしたがっているようだ。『2001年宇宙の旅』の世界では、人びとは機械のようになっていき、最も人間らしかった人物も機械になる。それこそがキューブリックの暗い予言の核心である。わたしたちが世界を理解する媒介としてコンピュータに依存するようになるにつれ、人工知能のなかに飲み込まれていくのはわたしたち独自の知能なのだ。

「アトランティック」誌より
二〇〇八年

一九〇六年、ニューヨークの裕福な医師で慈善家のジュリア・バーネット・ライスは、騒音防止協会を設立した。ハドソン川を見下ろすマンハッタンの邸宅に夫と六人の子どもとともに暮らしていた彼女は、往来の激しい水路を行きかうタグボートの絶え間ない警笛に業を煮やしていた。夜はたいてい、二、三千回も川面に響かせたが、そのほとんどは船長同士の音による挨拶にすぎなかった。

ライスは安眠を妨げる深刻な騒音がもたらす健康被害の調査報告書を携え、ひとりロビー活動を開始し、警察署、衛生局、港湾規制事務局、ついには連邦議会まで出かけて行った。当初は門前払いを食らったものの、彼女の嘆願はやがてワシントンの支持者の耳に届き、その奮闘は実を結ぶ。ニューヨークならびに他の東海岸の都市には、タグボートの警笛や汽笛に対して厳しい規制が敷かれた。こうして夜はずっと静かになり、安らぎがもたらされた。

この勝利に後押しされたライスは、静かな環境を促進する協会を設立すると、いままで言うところの騒音公害を生み出すものたちと闘い、見事に黙らせた。ひとつの目覚ましい成果として、病院の近くを通ったりその周辺で遊んだりするときには静かにすると学童たちに誓わせたことが挙げられる。この取り組みは、マーク・トウェインも強く支持をした。騒音防止推進運動の長い歴史のなかで、ライスは、功績を残した数少ないひとりと言える。だが、彼女の一連の成功も間もなく終わりを迎える。騒音防止協会は道半ばで挫折を強いられた。新しい強力な騒音の発生源——自動車——が街に登場したのである。エンジンの付いた車の騒音はあっという間に運動家の抗議の声をかき消してしまった。

ジョージ・プロチニックが現代社会の騒々しさをテーマにした著書『沈黙を求めて』のなかで明らかにしたように、〈不要騒音防止協会〉の話には、皮肉な落ちが付いている。マンハッタンで最初に自動車を運転した人物は他ならぬ、ジュリア・ライスの夫アイザックだったというのだ。彼はセントラルパークの当時静かだった脇道を新しい小型車で走り抜けるのが特に好きだったらしい。騒音と闘う上での大きな課題は、いまも変わらず、騒音をたてている人が、それがいらぬものだと気づかないことだ。ある人にとっての騒音は、他の人にとってのおもしろ半分の無謀運転なのである。

自動車による交通は今日、世界中に広がる有害な騒音の最大の発生源となっている。プロチニックは世界保健機関（WHO）の統計を引いて、車のエンジン、ブレーキ、タイヤから発せられる音のほうが、実際には排気口から吐き出される排気ガスよりも著しい健康被害をもたらしていると指摘する。車の騒音によるストレスと不眠は、特に心臓に負担をかけ、毎年何千もの人びとが心臓発作で死亡している。その一方で、主観的な音の感じ方のもうひとつの特徴として、最も気に障る騒音は何かと尋ねられると、人びとは交通による騒音ではなく、むしろ近所の庭で吠える犬の鳴き声や通りで繰り広げられる深夜の騒々しいパーティーを指摘するという事実がある。社会から消えることのない騒音は気にならなくとも、隣人がたまに楽しんだり羽目を外したりするのには我慢ならないというわけである。

わたしたちは身の回りの騒音に慣れきっているので、それを問題として捉えることさえ稀である。ジュリア・ライス式の抗議は少なくなった。実際今日では、都市の騒音規制プログラムはより静かな街づくりとはほとんど関係ない。目指しているのはむしろ「音風景」をデザインすることで、たとえば、通りの車の流れやバーやレストランから漏れる音声のあり方を少し調整し、街の喧噪を和らげようとしている。音風景は小売業者のあいだでも好んで取り入れられるようになっており、一般的なバックグラウンドミュージックを避け、手の込んだ店舗用のサウンドトラックを作ってブランドイメージを高め、買い物客をレジへと向かわせようとしている。あるサウンド・デザイナーがプロチニックに語ったところによれば、アバクロンビー・アンド・フィッチのアウトレットショップ内の音響システムから繰り出される激しいビートは、パーカー購入と同時に最高潮に達し「祝祭的気分を盛り上げる」よう巧みに設計されているという。

音風景を作り出すことは、より身近なレベルでも起きている。周りの喧噪から逃れたいとき、わたしたちは静かな場所を探そうとはめったに考えない。逆に個人用の音声ボリュームのつまみを上げる。通勤時に交通の騒音を遮断するため、自分の車の音響システムをアップグレードし、強力なアンプと超低音用スピーカーを取り付ける。火の戦いには火で応ずるというように、家ではテレビやステレオの音量を上げ、街の騒音や隣家の犬の鳴き声を消し去る。

音をコントロールする道具のなかでいま最も人気を博しているのは、なんといっても至るところで見かける iPod だろう。しゃれた白いイヤホンを耳に差し込んだとたん、自分のデザインした音風景の隠れ家に逃げ込める。音の環境は完全に自分仕様になる。iPod は単に都市基盤の音からわたしたちを隔離してくれるだけではない。プロチニックが指摘するように、「そんな基盤全体を覆い尽くし錯綜する喧騒」——携帯電話での話し声、ビデオゲームの音、iPod から漏れ聞こえる音楽といった騒音をも遮ってくれる。いまやわたしたちはみんな、音のせめぎ合いのなかで闘っているのだ。

残念ながら人間の身体は、隠れ家の音量には適合していない。人間の耳は、他の動物同様、音を立てないことに重きを置いた世界で進化してきた。タイミングよく威嚇のうなり声を出せば、時には捕食しようと襲いかかる敵を追い払えるだろうが、生き残れるかどうかは、自身の音を聞かれずに、他の動物の動きを聞き取れる能力で決まることが多かった。耳は顎に伝わる振動を感知するという本来の形態から、驚くほど敏感なアンプへと発達し、まさに文字通り、針が落ちる音まで聞き取れるようになった。聴覚を専門とする生物学者がプロチニックに語ったところによれば、音は人の耳に入った瞬間から聞く瞬間までに百倍の音量になるらしい。その生理学上のアンプは、静まり返った夜、捕食動物が近づいてきて危険だと事前に察知するには非常に役立つが、iPodや改造車、大音量のテレビの現代においては逆に欠陥となる。難聴が蔓延し、なおかつ騒音から逃れるためにさらなる騒音へと、人びとはボリュームを上げ続けている、とプロチニックは書く。

彼は、科学研究者、兵士、音響技術者など、音が明らかに重要となる仕事についてのルポには長けている。だが、もっと世俗とは無縁の領域——修道院や禅寺の庭園——をたどり、その静寂の魅力を伝えようとすると、いまひとつおぼつかなくなる。トラピスト会修道士のもとを訪れ瞑想をした彼は、「静寂を前にすると、人の精神は外へと向かう」と述べた。だが五ページ後には、「静寂を追い求めることは、多くの場合、人を深くさらに深く内へと向かわせる」とも書いた。述べられているのはどちらも真実かもしれないが、静寂がいかに、時を同じくしてわたしたちを相反する高度に抽象的な世界に向かわせるのか、その訳を突き止められるとよかった。実際、わたしたちは陳腐な言葉のあいだで中途半端なまま取り残された。
いっぽうで本著は、なぜ社会がますます騒々しくなっているのかの解説には役立つだろう。便利で面白いテクノロジーや娯楽のための製品、あるいはその副産物としての騒音が避けられないことの論証はそう難しくはない。だが、静寂の利点を説明するとなると、わたしたちは言葉に詰まるのである。

「ニューリパブリック」誌より
二〇一〇年

「スペルマ」。いまどきめったに耳にしない言葉である。かびまみれの生理学参考書の生殖器の項目から抜き出されたように、古めかしく難解な響きがあるだけでなく、どうしようもなく政治的に正しくない気がする。無分別な輩や酔っ払いが酒の席で厚かましくも口にするくらいだろう。

だがずっと爪弾きにされてきたわけではない。ラルフ・ウォルドー・エマソンは、一八五八年に「アトランティック・マンスリー」誌へ寄稿したエッセイで、読書体験を語るのにこの言葉を選んでいる。「ある種の本は生命力と生殖力《スペハマティック》を備え、読者を変えてしまう」。エマソンにとっての最高の本——真の本——とは、「人生のなかで、両親、恋人、あるいは鮮烈な体験に匹敵するもので、たいへん効力があり、説得力があり、革命的で、信頼できるものである」。本は生きているだけでなく、命を与えてくれる、少なくとも新たな展開をもたらしてくれるのだ。

エマソンの読書に対する考察は、その数世紀前に発表されたフランスの随筆家ミシェル・ド・モンテーニュのそれとは大きく異なる。彼は本を「物憂い気晴らし」と称した。エマソンにとって薬であったものは、モンテーニュにとってはワインであった。わたしの経験から言わせてもらえれば、ふたりの意見はどちらも正しい。モンテーニュと同じように、わたしも本の魔力に取り憑かれて多くの幸せな時間を過ごし、文章の美しさや機知、巧妙なプロット、洗練された議論に酔いしれてきた。しかしまた、エマソンのように、本が持つ変化をもたらす力を感じることもあり、そうなると読書はたんなる娯楽や啓発ではなく、再生の手段にもなる。本を閉じる人間は、その本を開いた人間とは違うのだ。エマソンの流れを汲むひとり、詩人のロバート・フロストは、「ぬかるみの季節のふたりの浮浪者」のなかで人生のまたとない瞬間をこう描いている。

愛と欲求がひとつとなり
業が命を賭けた勝負のとき

これは生命力と生殖力《スペルマティック》をきわめた読書体験を見事に表していると思う。

わたしの人生はさまざまな本で彩られてきた。少年時代は、『指輪物語』や『火星年代記』によって神秘がもたらされ、狭い世界を飛び出して未知の不思議な世界をさまようことができた。一〇代は、ロックミュージックに落ち着かない心を煽られたが、ケルアックの『オン・ザ・ロード』、ヘミングウェイの『われらの時代』、フィリップ・ロスの『ポートノイの不満』、ジョセフ・ヘラーの『なにかが起こった』などのさまざまな本のおかげで冷静さを保てた。二〇代は、一連の薄い詩集——テッド・ヒューズの『ルペルカル』、フィリップ・ラーキンの『聖霊降臨祭の婚礼』、シェイマス・ヒーニーの『北』——が、新しい見方や感じ方を切り開くための楔となった。このリストは、ハーディ『帰郷』、ジョイス『ユリシーズ』、エリザベス・ビショップ『詩集』、コーマック・マッカーシー『ブラッド・メリディアン』、ジョーン・ディディオン『60年代の過ぎた朝』、デニス・ジョンソン『ジーザス・サン』とまだまだ続く。これらの本がなかったらいったいどんな自分になっていただろう? 自分ではない誰かであったろう。

心理学者や神経生物学者は、文学作品を読んでいるときの脳の働きについて研究をはじめている。その結果、エマソンの見解に科学的な根拠が与えられるようになった。この分野の先駆者のひとりは、トロント大学の認知心理学教授で、高い評価を受けた『ホームズ対フロイト』などいくつかの小説も発表しているキース・オートリーである。彼は、カナダの「クゥイル&クワイア」誌にこう語った。「われわれは長いあいだ、語彙やリテラシーなどの観点から、読書の効用を考えてきた。しかしいまでは、それよりはるかに広範な影響があることがわかってきている」。文学作品、とりわけ物語文学は、得体の知れない強力な方法でわたしたちの脳をとらえるものだ。オートリーは二〇一一年の著書『たとえば夢のようなもの――フィクションの心理学』のなかで次のように説明している。「われわれはフィクションを読むとき、(読者反応の理論で示唆されているようには) 反応しないし、(受容研究で示唆されているようには) 受け取らないし、(美術鑑賞のようには) 鑑賞しないし、(ニュークリティシズムでときおり言われているような) 正しい解釈の追求もしない。われわれはそのフィクション作品の自分ヴァージョンを、独自の夢を、独自の再現を作っている」。本の想像上の世界で起きていることをどう理解するかは、「自分の内部でその動きをどう再現するか」によって決まるようだ。

数年前にセントルイス・ワシントン大学の心理学研究者が実施した興味深い研究が、オートリーの論を明確な形で提示した。研究者たちは、脳スキャンを用いて、物語を読んでいるときに脳内で起きている細胞活動を観察した。そこでわかったのは、「読者は物語のなかで新しい状況に出会うたびに、頭のなかでそれをシミュレーションしている」ということだった。読者の脳内で活性化した神経細胞（ニューロン）群は、「人が現実世界で同様の活動を行う、あるいは想像、観察する際に活性化されるそれに酷似していた」。たとえば、物語の登場人物が鉛筆を机に置くと、筋肉の動きをコントロールするニューロンが読者の脳内で発火する。ドアから部屋に入る場面では、空間認識をつかさどる脳の部分に電気信号が送られはじめる。

ここで起きているのは、ただの複製ではない。読者の脳はたんなる鏡ではないのだ。研究者たちによれば、物語のなかで描写される行動や感覚は、（個々の読者の）これまでの経験から得た知識によって」ひとつにまとめ上げられるという。人は本を読むと――オートリーの言葉を借りるなら――その本から自分なりの独自の夢を作り、あたかもそれが現実であるかのようにその夢のなかに生きるのである。

わたしたちは本を開くとき、少なくとも脳レベルで言えば、新しい世界――著者の言葉だけでなく、自分の記憶や欲望から呼び起こされる世界――に本当に入り込むような感覚になる。その世界に経験的知識に基づき没頭することで、読者に情緒的な力が生まれるのである。芸術によって喚起される感情を心理学者はふたつに分けている。一方は「審美的感情」で、これは鑑賞者として客観的に芸術に接する際に生まれる感情だ。たとえば美的感覚や感動、あるいは芸術家の技巧や作品全体としての調和などに抱く畏敬の念がそうである。モンテーニュが読書を物憂い気晴らしと称した際にはこれらの感情を想定していたであろう。そしてもう一方は「物語的感情」で、これは神経系が共感作用を起こし、わたしたちが物語の一部になるとき――物語を体験させるものと、物語を体験するものとの境目がなくなるとき

——に味わう感情のことをいう。エマーソンが「真の本」には生殖力《スペルマティック》と生命力があると言ったときに思い浮かべていたのはこの感情のほうだろう。

人は本がどう自分を変えたかについてよく語るものだ。趣味で本を読む人を対象にした一九九九年の調査によると、ほぼ三分の二の人が、読書によって、後々まで続く影響を受けたと思っていた。これは根拠のないことではない。激しい感情を経験すると脳の機能に変化がもたらされるということはすでに明らかになっており、物語によって喚起される感情についても同じことが言えるだろう。オートリーは、トロントのヨーク大学の心理学者、レイモンド・マーと共同執筆した二〇一〇年の論文のなかでこう述べている。「文学小説によって喚起される感情は、読後の認知処理に影響を及ぼす」。この影響の全容についてはまだ実験によっては明らかにされておらず、完全に解明されることはないかもしれないが、一般論として、本の世界に没頭する時間がきわめて長いと、特に強い感情反応が生じ、結果的に認識にも大きな変化が出てくるようだ。こうした影響はその後、「物語文学への没入に伴う、体験の深いシミュレーション」によって著しく増幅されると、オートリーとマーは言っている。

二〇〇九年にオートリー他三名が行った実験では、文学によって揺り動かされる感情は、わずかだがたしかに、人びとの性格さえも変えうるという結果が示された。この研究ではまず、一六六名の大学生に、外向性、誠実性、協調性などを測る一般的な性格検査を行った。その後、被験者の一方のグループはチェーホフの『犬を連れた奥さん』を読み、もう一方の対照グループは、物語から文学的要素を省いたあらすじを読んだ。それから両方のグループにあらためて性格検査を受けさせた。その結果わかったのは、「短編を読んだグループのほうが対照グループよりも性格が有意に大きく変化し」ており、これは物語が喚起した強い感情反応に関連しているだろうということだった。オートリーは、「各人にそれぞれやや異なる変化が見られた」ことが特に興味深かったと言う。本はすべての読者の心のなかで書き直され、その本はそれぞれの読者の心を独自に書き直すのである。

文学を読むという行為の何が、わたしたちの考え方や感じ方、ひいてはあり方にまで影響を与えるのだろうか？　フロリダ大学マクナイト脳研究所の研究員であるノーマン・ホランドは、文学の心理学的影響について長年研究しており、この問いに対して興味深い答えを提示している。ニューロンのレベルにおいて、文学作品中の出来事に対する情緒的および知的な反応は、その出来事を実体験した場合に感じる反応と似ているが、読むときの心理は、現実世界を生きていくうえでの心理とはかなり異なると、彼は著書『文学と脳』で述べている。日常生活のなかでわたしたちは、車のハンドルをきるにしても、目玉焼きを焼くにしても、スマートフォンのボタンをタップするにしても、常に周囲のものをコントロールするか、さもなくば自らそれにに合わせようとしている。しかし本を開くと、わたしたちの期待や意識は変わる。わたしたちは「自分の行動ではその芸術作品は変わらないし、変えられるはずもない」と理解しているから、周囲のものや人に影響を及ぼそうという欲求から解放され、「行動の契機となる（認識）システムを解く」ことができるのである。こうして自由になったわたしたちは、文学作品の想像の世界へ入り込める。心理学の天才サミュエル・コールリッジが二世紀前に使った言葉を借りれば、作者の言葉を「詩的信仰」をもって読むのである。

「自分の身体や周囲の環境のことを忘れてしまう、トランス状態に似た特殊な精神状態になる」とホランドは説明する。「別世界へ「運ばれる」のだ」。日々間断なく追われる社会生活の忙しさを忘れて初めて、文学の再生の力に自分自身をゆだねることができる。だからといって、読書が非社会的だというわけではない。文学の主題は社会であり、本に没頭していると、人間関係の機微や予測できない変化について学ぶことがよくある。いくつかの研究によれば、読書は少なくともわたしたちをもう少し共感的に、もう少し他者の内面に気がつくようにするという。二〇一三年に「サイエンス」誌に掲載された、ニュースクール大学の研究者による一連の実験は、文学小説を読むことで、他者が何を考え感じているかを理解する能力、心理学者が「心の理論」と呼ぶものが強化されうることを示している。研究者のひとり、デイヴィッド・カマー・キッドは「ガーディアン」紙にこう語っている。「フィクションは社会経験のたんなるシミュレーターではない。社会経験そのものだ」。読者が閉じこもるのは、より深くつながるためである。

文学の心理的、認知的影響の発見は、本を読んでいる人間には特に驚くべきことではない。おおかた直感的にわかっていたことを確認するだけだろう。とはいえ、科学が大切なことに変わりはない。読書、そしておそらく文学は、歴史上の命運を分かつ瞬間にさしかかっている。新たな媒体——コンピュータ画面——が印刷物の代替として普及したというだけでなく、読むことそれ自体の価値が問われているのである。最近は、読書に対する奇妙にゆがんだ見方が一部で広がっている。ソーシャルネットワーキングの信者たちに言わせてみれば、従来の形の本は「受動的」な媒体で、ウェブサイトやアプリ、ビデオゲームなどが持つ「双方向性」に欠けるものなのだ。紙のページには、リンク、「いいね！」ボタン、検索ボックス、コメント欄など、オンライン活動の刺激となる慣れ親しんだツールが何ひとつない。だから、本の読者というのはたんなるコンテンツの消費者、モンテーニュの物憂い読者を戯画化したような自律性のないものだというのである。ニューヨーク市立大学でジャーナリズムを教えるメディアコンサルタントのジェフ・ジャーヴィスは、このような考え方をブログ記事にまとめた。印刷物は「よくても読者との一方向の関係を築くだけである」と言う彼は、インターネットの時代においては「本は時代遅れの情報伝達手段だ」と結論づけた。そして、「印刷物とは言葉が死にゆく場所だ」と放った。

本をたんなる「情報伝達手段」、官僚の事実資料のやり取りに使われる媒体のように言う者は、文学体験の可能性を語る案内役は失格だろう。しかし愚かな考えも、進歩のスリップストリームに入れば、どこまでも広がっていく。一部の電子書籍デヴァイスや関連ソフトウェアのメーカーは、文学にはデジタル的アップグレードが必要であり、孤立性をなくして「社会的《ソーシャル》」になれば読書体験は向上する、という考えを受け入れつつある。あるグーグルの役員は、本は「オフラインでも充分生き生きとしているが、オンラインではさらに活発になる」と請け合う。こういった見方には、たんなるテクノロジーへの熱狂にとどまらないものが反映されている。もっと根の深いものがある。社会は、孤立の価値にこれまで以上に懐疑的になっており、ほんのわずかなあいだ閉じこもってじっとしていたり、無為に過ごしているように見えたりするだけで、すぐに疑いの目を向けるようになっている。これは、受容の精神が受身の精神として捉え直されているところに見て取れる。形式的な基準で評価できない「成果」を快く思わない教育システムに見て取れる。人文科学の自己卑下に見て取れる。協力し合うチームを褒め称え、独立独行の個人を見下しているところに見て取れる。ここにはすべての経験をインタラクティブに交流するものにしたいという総体的な意識が見て取れる。

イギリスのダラム大学の神学教授アンドリュー・ラウスは二〇〇三年、自身の講義のなかで「自律行為」と「隷属行為」の相違点を指摘した。隷属行為とは「限定的なタスクが念頭にあるときに人が縛られてしまうもの」だという。これは生産と消費の行為、何かをやり終える行為であり、わたしたちの多くは一日のほとんどをこれに費やしている。一方自律行為は、瞑想や祈りとともに読書も含まれるが、多かれ少なかれ「知そのものを追い求める」行為である。有益さや評価を意識していないものであり、わたしたちはこれに耽ることで、短い時間ではあっても、日常の束縛から逃れることができる。美的あるいは神秘的な可能性に触れることができる。かつては文化という概念そのものの中心にあった「生産的な社会をうまく機能させる以上のことが人間の暮らしにはある」という理想を受け入れ、そこに身を置くことができる。ルースが言うには、この理想は現在「文明というものの理解とともに、深刻な危険にさらされている」。

コンピュータは、人びとの相互のやり取りを補佐するためにある。処理をやめることはない。社会が隷属行為に焦点を合わせていくにつれ、コンピュータは自ずと中心的役割を果たすようになる。その関係は共生となり、相互やり取りの対極にある自律行為は、周縁へ追いやられる。しかし一方で、周縁こそ昔から本を読んでくつろぐのに最適な場所だったとも言えるだろう。ノーマン・ホランドが言うように、この上なく深い読書には現実世界で行動したいという気持ちを静める作用がある。そのために必要なのは日々のせわしなさから逃れることだが、それは言うまでもなく現代社会においては限界がある。モンテーニュとエマソンの考えは、実は相対するものではなく調和するものなのかもしれない。読者は、物憂い気晴らし、夢の状態に入らなければ、本の生殖力や生命力を存分に享受することはできないのかもしれない。受動的などとは程違い、本を読む者の外向的な静謐は、最も深淵な内面活動の表れであり、それは社会のセンサーには記録されないものなのである。

『手を止めて、これを読め！』より
二〇一二年

生命、自由及びプライバシーの追求

一九六三年の最高裁の法廷意見において、首席判事のアール・ウォーレンは、「電子通信の分野における途方もない発展は、個人のプライバシーに対する大きな危険となる」と警告した。その発展はそれから何十年も続き、危険性も増している。現在、企業がインターネット上のサービスや広告のカスタマイズに躍起になっているなかで、個人情報の不正取得が蔓延している。プライバシーという概念そのものが脅威にさらされている。

たいていの人はカスタマイズとプライバシーをどちらも望ましいものだと考えるとともに、どちらかを重視したらもう一方をある程度あきらめなければならないと理解している。個人の状況や欲求に応じた品物、サービス、景品を得るには、企業や政府などの外部機関に自身の情報を渡さなければならない。こうした取引は、昔から消費者や市民としてのわたしたちの生活の一部だった。しかしネットの時代となったいま、このような取引を理解し、コントロールする能力が失われつつある——自身の情報のどれを開示し、どれを開示しないのかを、それが及ぼす影響をわかったうえで自覚的に選ぶことができなくなってきている。わたしたちの生活の驚くほど詳細なデータが、わたしたちの知らないうちに——ましてや、承諾などしているわけもなく——オンラインデータベースから収集されている。

インターネットは非常に社会的《ソーシャル》な場所ではあるが、アクセスするときはひとりきりのことが多い。それに、オンラインでは自分は匿名だと思い込んでいる。その結果、ネットはショッピングモールや図書館にとどまらず、個人の日記だとか、ときには告白の場だと思ってしまう。訪れたサイトや検索内容を通じて、自分の仕事や趣味、家族、政治信条、健康状態だけでなく、秘密や妄想、さらにはちょっとした過ちまで明かしてしまう。匿名性などというのは幻想だ。わたしたちがオンラインですることはほぼすべて、キーストロークやクリックの一回一回にいたるまで、クッキーや企業のデータベースに記録、保存されており、ユーザー名やクレジットカードの番号、使っているコンピュータに割り振られたIPアドレスを通じて直接的に、あるいは検索やサイトの閲覧、購入履歴を通じて間接的に、わたしたちの身元と紐づけられている。

数年前、トム・オワドというコンピュータコンサルタントがある実験結果を発表し、慎重に扱われるべき個人情報がインターネットでいかに簡単に入手できるか、背筋も凍るような結果を提示した。平易なプログラムを書いただけで、彼はアマゾン・ドット・コムのカスタマーが買いたい、あるいはギフトに贈ってもらいたい物を一覧にしておく「ほしい物リスト」をダウンロードできた。このリストにはたいてい、カスタマーの名前と居住する州と市が含まれている。標準仕様のPC二台で、オワドは二五万件以上の「ほしい物リスト」を一日でコピーできた。そうしてデータベースが手に入ると、ヴォネガットの『スローターハウス5』からコーランまで、物議を醸したり政治的に微妙だったりする書籍や著者を検索した。ついで、ヤフーの個人情報検索を使い、そのリストの持ち主の住所や電話番号を特定した。

最終的にオワドは、ジョージ・オーウェルの『一九八四年』など、特定の書籍や思想に関心を持つ人びとの所在地を示す米国全土の地図を作成した。うつ病の治療や養子縁組やマリファナ栽培に関する書籍に興味を示す人びとの地図も、同じように簡単に作れただろう。「かつては」と彼は結論づける。「個人あるいは集団を監視するためには令状が必要だった。今日では、思想を監視することがますます簡単になっている。そして、その思想の持ち主にまでさかのぼることも」。

オワドが人力でやったことは、サイトやデータベースから情報を抽出するデータマイニングソフトで自動的に行える。ネットの本質的な特徴のひとつは、蓄積されたさまざまな情報が互いに連結していることだ。データベースの「開放性」がそのシステムの利便性を高めている。しかし同時に、遠く離れたデータ同士の隠された関係を暴くことをも容易にしている。

二〇〇六年、ミネソタ大学の研究チームは、データマイニングソフトで個人の詳細なプロフィールを生成するのが——情報が匿名であっても——いかに簡単かを示した。このソフトウェアは単純な原理に基づいている。それは、人は自分や自分の意見についての情報の断片をウェブ上の異なる場所にたくさん残しておく傾向にあるということだ。精巧なアルゴリズムはそのデータ間の対応関係を見出し、驚くほど正確に個人を特定できる。そこから個人の名前まで突き止めるのはさほど難しくない。研究チームによれば、たいていのアメリカ人の名前と住所は、郵便番号、誕生日、性別の情報があれば特定できるという——この三つは、ウェブサイトに登録する際に渡すことが多い。

インターネットが仕事や余暇により深く組み込まれるにつれ、わたしたちはますます無防備になっていく。SNSの人気が高まったここ数年、人びとはこれまで以上に自分の生活に関する個人的な情報をフェイスブックやツイッターのようなサイトに預けるようになった。携帯電話にGPS発信機が搭載され、フォースクエアのような位置追跡サービスが台頭したことで、人びとの動きの記録を瞬間ごとに集める強力なツールがもたらされた。読書に関しても、紙の本からKindleやNookのようなネットワーク化されたデヴァイスへシフトするにつれ、企業が人びとの読書習慣についてより詳しく――一ページに費やす時間まで――モニターすることが可能になった。

「プライバシーはゼロだ」とスコット・マクネリは、サン・マイクロシステムズのCEOだった一九九九年に述べた。「それを受け入れたほうがいい」。シリコンヴァレーのほかのCEOたちも、ちょうどこの数ヶ月のあいだに同様の発言をしている。「誰にも知られたくないことがあるなら、そもそもそれをすべきではないかもしれない」とグーグルのエリック・シュミットは一二月に、同社の個人情報収集について質問された際に答えた。インターネット企業はプライバシーの侵害に無頓着かもしれないが――つまるところ、彼らはそれで利益をあげているのだから――わたしたちのほうは、ウォーレン判事が言ったように、用心すべきなのである。

現実に迫っている明らかな危険は、個人情報が悪人の手に渡ってしまうことである。データマイニングツールは、まっとうな企業や研究者だけではなく、犯罪者や詐欺師、変態野郎も利用できる。わたしたちに関するデータがますますオンラインで収集、共有されるようになると、認可されていないデータの傍受も多くなる。身元を特定できる情報が盗まれ、犯罪組織の手に渡れば、金融詐欺に悪用されるかもしれない。ストーカーが位置情報を使って居場所を検索するかもしれない。これに対する第一の防御線は、きわめて常識的なこと――何を公表するかを認識し、用心することだ。しかし、どれだけ気をつけても、知らないところで収集された情報の拡散から身を守ることはできない。わたしたちのどんなデータがオンラインで利用可能になっているのか、そしてそのようなデータがどう利用され、交換され、売却されているのかをわかっていなかったら、悪用を防ぐのは難しい。

もっとわかりにくいリスクは、わたしたちの行動や考え方にまで影響を及ぼす形で、個人情報がいつのまにか使われているかもしれないということだ。カスタマイズの裏の顔は操作である。数学者やマーケターがデータマイニングのアルゴリズムを向上させれば、人びとの行動やオンライン広告などへの反応はより正確に予測できるようになる。

売り口上や商品のオファーは、わたしたちのこれまでの行動パターンと密接に結びつくようになるにつれ、将来の行動を引き起こす誘因としても強い働きを果たすようになる。広告主はすでに、人びとのウェブ閲覧傾向をモニターすることで、きわめて個人的なことを推論できるようになっている。彼らはそうして得た情報をもとに、一人ひとりに合わせた広告キャンペーンを打つことができる。たとえば、肥満に関するサイトを訪れた男性は、減量法に関連する宣伝文句を多く目にするようになるだろう。不安について調べた女性は、医薬品の宣伝攻勢に遭うだろう。カスタマイズと操作の境界線はあいまいだが、ひとつ確かなことがある。どの企業が自分のことを知っているのか把握していなければ、その境界線が踏み越えられたかどうかは決してわからないということである。

個人のプライバシーの侵害によってもたらされる最大の危険は、個人あるいは社会全体として、プライバシーという概念を軽んじ、そんなものは時代遅れで重要ではないと思うようになりかねないことだ。プライバシーなど邪魔なだけ――効率的なショッピングや交流の障害――だと考えはじめるかもしれない。そうなったら悲劇だ。コンピュータセキュリティの専門家、ブルース・シュナイアーが言っているように、プライバシーとは、いかがわしいことや恥ずかしいことをしたときに隠れる単なる衝立ではなく、自由というものに本来備わっているものである。常に見られているように感じると、わたしたちは自立の感覚や自由意志を失いはじめ、それとともに個性も失なっていく。「監視の目に縛られた子どもになってしまう」とシュナイアーは言う。

プライバシーは、生命や自由にとって欠くことのできないものだ。そして最も広く深い意味において、幸福追求に不可欠なものである。人類は社会的な生き物だが、個人的な生き物でもある。何を共有しないかは、何を共有するかと同じくらい重要だ。「公」の自己と「私」の自己の境界をどう定義するかは人によって大きく異なるが、だからこそ、その境界を各人がそれぞれ最善のものに設定できるよう、すべての人の権利を守るべく警戒していることがとても重要なのである。

「ウォール・ストリート・ジャーナル」紙より
二〇一〇年

トム・ビッセルは、乱れきったわたしたちの時代にふさわしいルネサンス的教養人だ。多才かつ熱意に満ちた作家、退屈を感じては世界中を飛び回る休みない旅人、嚙みタバコとマリファナの愛好家であるだけでなく、デジタルのゾンビや悪霊を倒す天才スレイヤーでもある。著書の『ひとつだけじゃない人生』は暴力的ビデオゲームの虜になった一〇年間を綴っている。そのはじめに、彼はジルという名のベレー帽をかぶったエネルギッシュなアバターになり、とりわけ回復力の高いゾンビと戦ったことを書いている。プレイステーション初期の名作「バイオハザード」のその場面は、不気味に静まりかえった邸宅のダイニングルームをジルがさまようところからはじまる。不吉な濃赤色の液体の溜まりを調べたあと、彼女は廊下に出て、ゾンビが間近にいることに気づく。「嚙みごたえのある戦い」が起こり、ジルは巧みかつ残酷なナイフさばきのみで生き残る。

ビッセルが書いているように、一九九六年に発表された「バイオハザード」は、「信じられないほど凄惨な」ゲームの新時代を切り開いた。「バーチャルなサディズムを体験できる場をビデオゲームという形で提供した最初のソフトのひとつだ。それなりに爽快感があったと認めなければならそこになる」。サディズムも爽快感も、ゲーム機に高速のコンピュータチップが搭載され、高速のネットワーク接続が可能になるにつれて、徐々に高まっていった。二〇〇八年後半に発売されたXbox 360の「Left 4 Dead」

においては、ビッセルは四人のオンラインチームの一員となり、美しくレンダリングされた「ゾンビだらけの戦場」をくぐり抜けていった。胆汁を吐くモンスターに目をくらまされた彼は、深手を負った仲間を見捨てて隠れ家に逃げ込み、ドアをロックする。だが、仲間の体力ゲージが減っていくのを見ているうちに、気持ちが変わる。隠れ家を出て、ショットガンで大勢のゾンビをあの世へ送り返し、勇ましく仲間の救出をはじめる。この「英雄的行為」は彼に深い印象を残した。「このわずかなあいだに体験したすべての感情――恐怖、疑念、決心、そして最後の勇気――は、それまで小説を読んだり映画を見たり音楽を聴いたりしているあいだに味わったのと同じくらいかなり鮮明だった」

『ひとつだけじゃない人生』の最良の部分は、このように、ビッセルが実際にプレイしたゲームを語っているところだ。彼の血と暴力の描写は冷静で、人の心をつかみ、しかも面白い。多数のゲーマーを魅了し、ハマらせて、ビデオゲームの粗野で理屈抜きの興奮を読者に伝えている。ビッセルのように知的で教養のある人間がなぜ、大人になってからの多くの時間をゲームに捧げるのか、その理由もわかるような気がしてくる。

しかし、この簡潔な本の大半は、ビデオゲームをプレイしている話ではなく、それに関する議論に費やされている。ビッセルはゲームのトップメーカー――Epic、BioWare、Ubisoft――のオフィスを訪ね、カットシーンや声優の演技、人工知能システムについて話す。ジャンル横断的な〝アートゲーム〟の「Braid」を生み出した型破りなゲームデザイナー、ジョナサン・ブロウと美をめぐる話をする。最も長い章のひとつは、ラスベガスで二〇〇九年に行われた業界のコンベンションをレポートしたもので、「物語の語り口やスタイル、プロットなどについて論議されていたが、あたかも、ブラウン大学で芸術記号論の博士号を取得したロボットが話しているようだった」と書いている。

　時間を持て余している頭のいい学生が仕上げた課題のような部分も多いが、この本のジャーナリスティックな部分は啓蒙的で、ときに魅惑的だ。ゲームの限界を押し広げようともがくデザイナーが直面する難題が、深く掘り下げられている。ビデオゲームは近年いっそう洗練されてきた――それが描く光景はしばしば道徳的な両義性を帯びている――が、ビッセルが「バイオハザード」シリーズについて言うところの「壮大な愚かしさ」にいまも苦しめられている。ビデオゲームという形こそが、クリエイターの野心をくじいているのである。

　すべてのゲームの中心には行為者性に関する妥協がある。体験の支配権はクリエイターとプレイヤーのあいだでどっちつかずになっている。このため、一流の芸術作品の特徴である、繊細で予期できない感情の共鳴をゲームが生み出すのは難しく、ほぼ不可能かもしれない。ゲームというのは定義上プレイされるものであって、小説を読んだり、絵画を鑑賞したり、歌や交響曲を聴いたりするときに味わえる、没入と超越の入り混じった状態、安らぎを、プレイヤーに体験させるものでは決してないからだ。

　アーティスティックな才能や自負がどうであれ、ゲームデザイナーは結局のところツールメーカーとなる運命なのだろう。素晴らしいオモチャを作り、熱烈な関心を呼び起こすが、それは長くは続かないということだ。ビッセルの話からはっきりとわかるように、現代最高のゲーム――美しく精巧なアニメーション、洗練された台詞、魅力あるキャラクター、斬新なストーリーを備えたもの――であっても、ゲームくささを超越できずにいる。

　最終章でビッセルは、今日最も愛され、最も嫌われているビデオゲームシリーズのひとつに目を向ける。無秩序で虚無的な闇の社会のアドベンチャー「グランド・セフト・オート」である。この部分で彼は、残り少ないページのなかで、それまで述べてきたこと全体に奇妙な影を落とす個人的な告白をしている。「グランド・セフト・オートⅣ」を四六時中プレイし、ビデオゲームへの情熱が最高潮だった時期、彼は鼻中隔が溶けるほどの量のコカインを吸っていたというのだ。

あるとき、彼は気がつくとエストニアの首都タリンの裏通りにいて、ロシア人の売人に札束を渡していた。「それから少しすると」と彼は振り返る。「僕は服を着たまま寝ていた。髪はごわごわで、すえた臭いを放っていた。」。「グランド・セフト・オート」のいかがわしい連中が、ビッセルの実生活に滲出してきたかのようだ。あるいはその逆かもしれない。このゲーマーは誰の悪霊を倒してきたのだろうと、読者は思いはじめる。その疑問には、残念ながら、ほとんど答えが与えられない。「ビデオゲームとコカインは」と彼は言う。「僕の衝動性を餌とし、ひとりでいることをますます好きにさせ、気分をよくも悪くもした」。だが、これらふたつの悪癖の意味を、彼はそれ以上深く追求することはない。読者は謎に包まれたまま取り残される。

『ひとつだけじゃない人生』の最後の数ページは、ごくわずかかもしれないが、より深みのある書籍になっていたかもしれないという可能性の片鱗がうかがえる。高画質で動きの速い仮想世界で、衝動的に行動して刺激を得、鬱憤を晴らしている。大人になりきれない興奮した男という、奇妙な生き物の分析も可能だったかもしれない。しかしビッセルは、ゾンビに対しては恐れを知らぬ戦士だったかもしれないが、成人ゲーマーの精神という靄がかった未知領域を探索するとなると怖気づいた。彼は隠れ家にとどまっている。

「ニューリパブリック」誌より
二〇一〇年

グーグルの検索ボックスに「p」と入力すると、「パンドラ（Pandora）」にはじまり「ピープル誌（people magazine）」で終わるキーワードが一〇個、サジェストされる。「p」のあとに続けて「r」と入力する。キーワードの一覧は更新され、「プライスライン（priceline）」にはじまり「妊娠計算機（pregnancy calculator）」で終わるリストになる。さらに「o」を加える。リストはまた新しくなり、「プロムに着ていくドレス（prom dresses）」から「プロキシサイト（proxy site）」という一〇個のキーワードが現れる。

グーグルはわたしの心を読んでいる――あるいは、読もうとしている。人びとの検索ワードを収集した何テラバイトものデータを利用して、わたしが一文字入力するごとに、わたしが何を調べようとしているのか最も可能性が高いものを予測するのだ。同社は数年のテストを経て、二〇〇八年に検索語のサジェスト機能を導入した。グーグルサジェストと呼ばれるこの機能は、以来ずっと微調整を続けて今日に至っている。この春には、検索する人のいる場所に合わせてサジェストする語を変えるという最新の機能が加わった。

グーグルサジェストやほかの検索エンジンが提供する同様のサービスは、情報の発見を能率化してくれる。サジェストされた語をクリックすれば、自ら入力するよりも少し早く、検索結果のページにたどり着き、それと一緒に関連広告が現れる。技術的に、グーグルサジェストは素晴らしいものだ。クラウドコンピューティング――つまり、ソフトウェアや情報を、あなたのコンピュータのハードドライブからではなく、遠く離れたところにある巨大なデータセンターから提供する――の力を証明している。わたしが最初の「p」を入力すると、その文字はインターネットを通じて、何百マイルも離れた建物にあるGoogleのサーバーへ送られる。サーバーは文字を読み、「p」ではじまる検索語のうち最も頻繁に検索される一〇個を集めたリストを、わたしのコンピュータ画面に送り返す。この複雑なデータ処理には一秒もかからない。まったく魔法のようだ。

しかし、少し薄気味悪くもある。わたしが入力したものに合わせた検索語をずらりと提供されるたび、自分が見張られていることを思い出す。グーグルは、わたしがキーボードで打ち込むものをすべてモニターしているのだ。こういった長距離での個人情報のやり取りに内在するプライバシーリスクが、二月に明らかになった。グーグルサジェストのトラフィックを傍受して、人びとの検索内容を復元したことをヨーロッパの研究者三人が公表したのだ。欠陥に気づかされたグーグルは、データ送信に新しい保護策を講じたが、脆弱性は依然として残されたままだと研究者たちは主張している。

わたしはグーグルが好きだ――憎めない会社なうえに、どこまでも役に立つ――が、不快にも思う。まるで、子どものやること、考えることをすべて知りたがる過保護な母親のようだ。しかも過干渉で、子どもの好きなようにさせることができず、なんでも先回りする〝ヘリコプターママ〟のようでもある。あなたがキーワードを入力しはじめると、彼女はすぐに割って入ってきて、あなたのために入力を終えようとする。最初は、その気遣いがうれしい。しかしそれも束の間、あなたは怒り出し、息が詰まるような感じがしてくる。

マシュー・クロフォードは著書『魂を作る工作』で、「行為者性を奪われる」という、現代のわたしたちの苦悩について雄弁に語っている。あらゆる企業がわたしたちのニーズや好みをすべて見越して、市場の都合で厳選された選択肢を提示するため、わたしたちには主体的に行動する余地がなくなっていく。わたしたちの役割は、どこかで測られた人気に基づいて選ばれた選択肢のなかからどれを選ぶのか、ということにまで狭められる。「何をするにしても、その機会があまりにも少ない」とクロフォードは書いている。「物事があらかじめ、遠くで勝手に決められているからだ」。何もかもが簡単になるが、満足度は低くなる。

ソフトウェアのプログラマーたちは、新たなレベルで個人の行為者性を奪っている。プログラムをユーザーフレンドリーにしようとするあまり、知的探求や社会参加という個人的なプロセスまでをもスクリプトに落とし込もうとしているのだ。グーグルがサジェストしてきたキーワードをクリックするたび、わたしたちは彼らのスクリプトにしたがうことになる。フェイスブックで自分や自分の関係を説明するカテゴリをリストから選ぶ際も同様だ。そういった選択は楽だが、わたしたち自身の選択ではない。それはカスタマイズのふりをした一般化だ。そういった決定を自動化するのは、自己の構築、あるいは少なくともその一部を、企業に下請けさせるということである。

「アトランティック」誌より
二〇一〇年

ユートピアの図書館

H・G・ウェルズは一九三八年の著作『世界の頭脳』で、地球上の誰もが「考えられていることや知られていることすべて」に簡単にアクセスできる時代――それほど遠くではないと感じられる未来――が来ることを予想していた。三〇年代はマイクロ写真が急速な進歩を遂げた時代で、ウェルズはマイクロフィルムが人類の知の集大成を普遍的に利用可能にするテクノロジーになると考えた。「その時代はすぐそこまで来ている」と彼は書いている。「世界のどこからでも、あらゆる学生が自分の勉強部屋のプロジェクターで好きなときに、あらゆる本、あらゆる書類を完全な複写で見ることができるだろう」。

ウェルズの楽観的な考えは現実とはならなかった。第二次世界大戦が理想への挑戦を中断させ、平和が戻ったあとも、技術的な制約が彼の計画を実現不可能にした。マイクロフィルムは書類の保存や維持のための重要なメディアであり続けるだろうが、知識を伝搬するための広範なシステムの基盤となるには扱いにくく脆弱で、高価すぎることが判明した。だがウェルズの思想は死んでいない。あれから七五年を経た現在、これまでに出版されたすべての本の公共リポジトリ――プリンストン大学の哲学教授ピーター・シンガーが「ユートピアの図書館」と称するもの――をつくるという夢は充分に手の届くところに来ている。インターネットの発達により、わたしたちはどんな書類でも効率的かつ安価に保管し送信できる情報システムを手にし、コンピュータやスマートフォンを持っている相手であれば誰にでも必要に応じてそれを届けることができる。残されている作業は、グーテンベルグの活版の発明以降に出現した何億点もの本をデジタル化し、索引を付け、詳しいメタデータを追加し、表示機能や検索機能のあるツールとともにネット上に公開することだけである。

簡単な話に聞こえるかもしれない。それにもしデータをあれこれいじるだけの話であれば、普遍的なオンライン図書館はすでに存在しているだろう。結局のところグーグルは、この問題に一〇年間取り組んでいるのである。だがこのネット検索大手が手がける本のプログラムは座礁に乗り上げている。法律の泥沼にはまり込んでいるのだ。そしていま、普遍的な図書館をつくるというもうひとつ別の重要プロジェクトが具体化している。シリコンヴァレーではなく、ハーバード大学から生まれた動きである。米国デジタル公共図書館――DPLA――には、壮大な目標と著名な学者たち、そして大口の寄付者たちが揃っている。しかし、これだけの強みがあるにも関わらず、その成功が保証されているとはとても言えない。先のグーグルと同じように、DPLAも普遍的な図書館をつくるうえでの今日の主な問題が技術とはほとんど関係ないとわかりはじめている。出版業界を取り囲む法律的、商業的、そして政治的問題が厄介に絡み合っているのだ。インターネットであろうがなかろうが、この世界はまだユートピアの図書館の準備ができていないのかもしれない。

ラリー・ペイジは文学的感性が優れているかどうかはわからないが、大きなことを考えるのは大好きである。二〇〇二年、このグーグルの共同創業者は、自分の若い会社が世界中の本をスキャンしてデータベースを構築する時期にきたと判断した。もし印刷本をオンラインに載せられなければ、グーグルは世界の情報を「世界中の人びとがアクセスできて使えるようにする」という使命を達成できないと恐れたのだ。オフィスで何冊か本でスキャンを試したあと――ペイジがカメラを担当し、当時の製品マネージャー、メリッサ・マイヤーがメトロノームの音に合わせてページをめくった――グーグルにはこの仕事を成し遂げるだけの知性も資金もあると結論づけた。さっそくエンジニアとプログラマーからなるチームを編成し作業にあたった。そして数か月のうちに、本を開いたときのページの盛り上がりを修正する立体赤外線カメラを搭載した精巧なスキャン装置を開発していた。この新たなスキャナーのおかげで、背表紙を切り離したり損傷したりせずに短時間で本をデジタル化できるようになった。さらにチームは、四百以上の言語で、通常使われないフォントや原文の珍しい文字を読み取れる文字認識ソフトも作成した。

ペイジたちは二〇〇四年、のちにグーグルブック検索と名づけることになったこのプロジェクトを公表する――グーグル社が少なくとも最初はこのサービスを基本的に検索エンジンの延長として考えていたことを思い出させるものである。ニューヨーク公立図書館、オックスフォード大学やハーバード大学の図書館を含む、世界最大級の学術図書館のうち五つの図書館が提携を結んだ。蔵書をグーグルにデジタル化させ、それと引き換えに電子データを受け取ることに同意したのである。グーグルは盛大にスキャンをはじめ、数百万点ものデジタルコピーを作成した。必ずしも著作権が切れたパブリックドメインの本だけに限定せず、まだ著作権の保護下にあるものもスキャンした。トラブルのはじまりはそこからだった。アメリカ作家組合とアメリカ出版社協会が、本全体をコピーすることは、検索結果で数行分しか表示されないとしても、著作権の「多大な」侵害だとしてグーグル社を訴えたのである。

そこでグーグル社は重大な決断を下した。応訴してグーグルブック検索は著作権の保護下にある書籍の「フェアユース」に相当するとして反論するのではなく――その論拠であれば勝訴できたと考える法学者もいる――相手方と包括的な和解に向け協議したのである。二〇〇八年、同社は作家と出版社側に多額の金銭を支払うことに同意し、代わりに書籍の商用データベースを構築する許可を得た。その和解の内容では、グーグルはデータベースの購読権を図書館等の施設に売ることができ、それと同時に電子書籍の販売や広告表示の手段としてこのサービスを使うこともできた。

これはこの論争の根を深くしただけであった。図書館員や学者たちはこの和解にこぞって反対した。多くの作家たちが自分の作品をそこから除外するよう求めた。司法省は独占禁止法に触れる懸念を提起した。国外の出版社は声高に異議を唱えた。昨年、法的な駆け引きがようやく終わったあと、連邦地方判事のデニー・チンは、「まさに行き過ぎ」だとしてこの和解を退けた。さまざまな根拠を挙げながら、この協定は「著作権者の許可なく書籍全体を活用するための著しい権限をグーグルに与える」だけでなく、過去の「著作権のある作品の大規模コピー」に対する報賞までも与えるものだと主張した。同社はいまほぼ振出しに戻ったと感じているだろう。最初の訴訟がこの夏審理される予定である。グーグルは、フェイスブックをはじめとするほかの競合相手からの脅威に直面し、もはやブック検索を最優先事項とは考えてはいないかもしれない。開始から一〇年を経て、ペイジの大胆なプロジェクトはいま行き詰まりを見せている。

もしラリー・ペイジと正反対の人物を探そうと思えば、ロバート・ダーントンよりふさわしい人物を見つけるのは難しいだろう。著名な歴史家にして受賞歴のある作家、仏レジオンドヌール勲位所有者、二〇一一年のナショナル・ヒューマニティ・メダル受賞者である七二歳のダーントンは、ペイジにはないものをすべて兼ね備えた人物だ。洗練され、世知にたけ、文学界に深く根づいている。もしペイジが陶磁器店の乱暴者だとしたら、ダーントンはその陶磁器店の店主である。

だがダーントンにはペイジとひとつ共通点がある。それは、誰もが利用できるインターネット上の図書館、彼の言うところの「あらゆる知識をあらゆる市民が利用できる」図書館を実現するという熱烈な願望である。一九九〇年代にダーントンは、歴史の学術書を電子化する画期的なプロジェクトをふたつ立ち上げ、二〇〇〇年まで、電子書籍とデジタル・スカラーシップ［デジタルコンテンツの学術利用］の可能性における学究的な数々のエッセイを書いていた。二〇〇七年にはハーバード大学に招かれ、そこの図書館長に任命されるという、夢を実現するまたとない機会を与えられた。ハーバード大学はグーグルのスキャン計画における当初の提携先だったが、ダーントンはすぐにブック検索をめぐる和解批判の急先峰となり、この取引に反対の立場で記事を書き、講演を行った。彼の批判はご多分にもれず手厳しいものだった。グーグルブック検索は、「営利的投機行為」であり、和解のおおまかな条件では、グーグルは「あらゆるライバルを押しつぶす、覇権的で無敵の資金力を持つ、技術的に難攻不落で法的に反論不可能な企業」になっても不思議ではないと断言した。「鉄道や鉄鋼ではない、情報へのアクセスという新たな業種の独占企業」になると言うのであった。

ダーントンの物言いを過剰反応と見る向きもある。ミシガン大学のポール・クーラントは、「ディストピア的空想」をまき散らしているとダーントンを非難した。だがダーントンの懸念ももっともなことだった。彼は何年ものあいだ、商業出版社が学術誌の購読料を小刻みに上げていくのを目の当たりにしてきた。多数の定期刊行物のための年間更新料は数千ドルにのぼり、学術図書館の予算を圧迫していた。ダーントンは、和解で承認された広範な商用的保護により、グーグルがそのデータベースの購読料を望むがままに課金する権限を得ることになると危惧したのである。図書館はグーグルに無料でスキャンさせたまさにその書籍へのアクセスを得るため、途方もない金額を結局支払うことになるかもしれないのである。グーグル社の幹部は、ダーントンも認めるように、理想主義と善意にあふれているようだが、彼ら、あるいはその後継者たちが将来、利益に飢えた亡者にならない保証はない。「われわれ図書館のコンテンツの商業化」を許すことによって、この合意が「インターネットを、公的空間に属する知識を私物化する道具に変えてしまう」と論じた。

もし図書館や大学が協力し、慈善団体から資金を得られれば、アメリカの真のデジタル公共図書館を設立することができるとダーントンは言う。彼のDPLA（米国デジタル公共図書館）の構想は、現在のテクノロジーではなく、啓蒙主義の偉大なる哲学者たちに由来する。一八世紀、印刷技術や郵政事業の発達に促され、思想がヨーロッパや大西洋を渡り広まるにつれ、ヴォルテールやルソー、トマス・ジェファーソンといった思想家たちは「文壇」の市民、国境を超えた自由思想のエリート階級を自認するようになった。知識への熱情と醸成の時代であったが、ダーントンが「ニューヨーク・レヴュー・オブ・ブックス」誌のエッセイで指摘したところでは、「文壇は原則としては民主主義であったが、実際は名門出身者と金持ちに支配されていた」。

インターネットを使うことで、わたしたちはようやくこの不公平な事態を是正することができるようになった。書籍の電子コピーをオンライン上に載せることで、コンピュータとインターネット環境があれば誰でも国内有数の図書館の蔵書を利用できるようになる、とダーントンは主張する。わたしたちは完全に自由で、開かれていて、民主的な「デジタルの文壇」をつくることができる。DPLAにより、「われわれの国の基盤である啓蒙主義の理想を実現する」ことができるようになるというのだった。

ハーバード大学のバークマン・センターは、ダーントンの挑戦を受け入れた。二〇一〇年後半、同センターはDPLAを創設し、啓蒙主義の夢を情報時代の現実に変える取り組みを率いることを発表した。このプロジェクトはアルフレッド・P・スローン財団から資金提供を受け、ダーントンやクーラントをはじめ、スタンフォード大学の図書館長マイケル・ケラーや、インターネット・アーカイブの創立者ブルースター・ケールといった多数の指導者たちがそろう運営委員会を招致した。委員長に選ばれたのはジョン・ポールフリー、インターネット関連の著作で影響を及ぼしたハーヴァード大学の若き法学教授である。

バークマン・センターは、DPLAの運営を少なくともなんらかの基礎的な形で二〇一三年四月までに開始するという野心的な目標を定めた。この一年半のあいだに、プロジェクトはいくつかの面で急速に進展した。公開の会合を開いて図書館を宣伝し、アイデアを募り、ボランティアを募集した。その利用者の定義から技術的問題に至るさまざまな難題に対処するため、六つの作業グループを組織した。さらに「ベータ・スプリント」と称する公開競争を行い、革新的な運営構想や有用なソフトウェアを組織や個人から幅広く募った。

昨年チン判事がグーグル社の契約を無効にしたとき、ダーントンはDPLAを世界最良のデジタル図書館として宣伝するまたとない機会を得た。そして実際に幅広い支持も得られた。その計画は好評を博し、なかでも米国国立公文書館館長デイヴィッド・フェリエロからは絶賛され、さらにはいくつかの重要な提携を結ぶに至った。欧州委員会の支援する、同様のコンセプトを持つ電子図書館であるヨーロピアナもそのひとつである。

それと同時に、DPLAが「公共図書館」と名乗ったことは反発を招く結果になった。COSLA(Chief Officers of State Library Agencies)[米国の博物館・図書館サービス機構(IMLS)と州立図書館の長から構成される]という組織は二〇一二年五月の会議で、DPLA運営委員会に対しプロジェクトの名称変更を求める決議を採択した。州の図書館委員たちは、「わが国ならびに世界の文化的かつ科学的遺産をあらゆる人びとが無料で利用できる」ようにする取り組みに支援を表明する一方で、DPLAが国の公共図書館であると名乗ることで、「国内に一万六千以上ある公共図書館がひとつの国立デジタル図書館に置き換わるという根拠のない確信」の裏付けになることを憂慮したのである。そのような見解が認められれば、地方の図書館の予算はより削減されやすくなるのだという。批評家のなかには、ひとつのデジタル図書館が学者や一般市民の幅広いニーズに応えられるとするDPLAの前提を傲慢だと考える者もいた。DPLAは、公共図書館との関係を強化するため、昨年その運営委員会に五人の公共図書館員を迎え入れた。そこにはボストン公共図書館長のエイミー・ライアンやサンフランシスコ市立図書館長ルイ・エレラが含まれていた。

名称に関する軋轢は、この創生期のオンライン図書館が直面しているより深い問題を示している。それはそれ自体を定義できないという問題である。DPLAは多くの意味であいかわらず謎である。どのように運営されるのか、実際どのような形になるのかすら、具体的に知る者はいない。その不明瞭さのいくつかは意図的なものだった。バークマン・センターは立ち上げ時、その多くの後援団体のいずれかを遠ざける可能性のあるトップダウンの命令は避け、主要な決定は共同的かつ開放的なやり方で行いたいと考えた。だが現在のDPLAの職員やプロジェクトに関わるメンバーによると、一七人の運営委員会メンバーのあいだには、この図書館の使命とその範囲の認識について根本的な相違があるという。この話し合いにおいての主要な論点に対しては、ポールフリーの言葉によれば、「まだ結論は出せない」とされている。

たとえば、電子化した書籍をどの程度DPLA本体のサーバーで管理するのか、そうせずにむしろ他の図書館や公文書館のコンピュータに保存されているデジタルコレクションへリンクを張るのかという問題についてもまだ合意に達していない。他にも運営委員会は、書籍以外にどのような資料を含めるかについても明確な結論を出していない。写真や映画、音声記録、収蔵品の画像、さらにはブログの投稿記事やインターネット上の動画といったものまですべて検討されている。ほかの未解決の問題として、広範囲に影響がある問題のひとつで、人気の電子書籍も含め、最近出版された本も何らかの形で読めるようにするかどうかということがある。ダーントン個人としては、出版社や公共図書館の領域を荒らすのを避けるため、デジタル図書館は過去五年ないしは一〇年以内に出版された作品に手をつけるべきではないと考えている。DPLAが「現在の商業市場を侵食する」のは間違いだと忠告する。一方で、説得力のある反論はまだ聞いていないとしながらも、自分の見解が誰からも受け入れられるものではないとも認める。ポールフリーは、DPLAは電子書籍の貸し出しについて検討しているが、その範囲を最近の出版物まで広げるかについてはまだ結論を出していないとだけ答えるだろう。

もうひとつ定まっていないのは、DPLAそのものを世間に対してどのように発信するかという重要な問題である。テクニカル・プラットフォーム開発を監督するバークマン・センターの研究者ディヴィッド・ワインバーガーは、DPLAが「フロントエンドのインターフェース」、たとえばウェブサイトやスマートフォン用のアプリといったものを提供するのか、それともほかの組織が利用できる舞台裏のデータ情報センターとしてとどまるのかについても合意に達していないと言う。技術チームの当面の目標は比較的控えめである。まずは目録情報を取り込み、協賛する機関から統計データなどのデータを借用するための柔軟なオープンソースのプロトコルを確立する。次にそのメタデータをまとめて統一データベースを作成する。それから便利なアプリケーションを開発する創造力溢れたプログラマーを触発することを願って、オープンなプログラミングインターフェースを提供したいとしている。ポールフリーは、DPLAが独自のウェブサイトを運営することを期待しているが、そのサイトの機能や範囲について予知することは、従来の図書館のオンラインサービスと重複する可能性があるので慎重にならざるを得ないと話す。DPLAが「メタデータのリポジトリ」以上の存在になることを望んでいるとしながらも、最終的に多様で広範囲にわたる資料のコレクションをつなげるのに必要な「パイプ」の提供だけになっても成功と考えると述べている。

大所帯で多様な運営委員会が、複雑で議論の分かれる問題について意見が統一できないことはさほど驚くことではない。また、DPLAの指導者たちが図書館専門職や出版業界の人びとの怒りを買うに違いない決定を下すのに神経質になるのも納得がいく。だがDPLAが世間に向けて発信している英雄的な自画像――ウェブサイトでは「人類の文化的かつ科学的遺産をあらゆる人びとに無料で利用できるようにする」と宣言している――と、実際に何がつくられているかをあいまいにするその場しのぎの言い逃れとのあいだでは、緊張が高まっている。DPLAの正体とその仕組みについての不確定要素が明確にされなければ、プロジェクトに遅れが生じるか、結局頓挫することにもなりかねない。

たとえ明日、運営委員会のメンバー間で意見の一致を見たとしても、DPLAの最終的な形はあいまいなままだろう。このプロジェクトで最も大きな未解決の問題は、役員の決断によっても、さらには組織的な合意形成がなされたとしても解消されないものかもしれない。それはグーグルブック検索に突きつけられた、大がかりなオンライン図書館をつくろうとする他のあらゆる取り組みを苦しめるのと同じ問題なのだ。つまり、どうやってこの国の厄介な著作権の制約を切り抜ければよいのか? 「法律問題が足枷になっている」とダーントンも認めている。

米国議会は一七九〇年、最初の連邦著作権法を可決させた。イギリスの先例にならい、議員たちは生計を立てる必要のある著作者の要望と、他者の思想に自由にアクセスできる権利を人びとに与えることによる社会の利益との均衡をうまくとろうと模索した。この法律は、「地図、図表、本」の「著作者や所有権者」に一四年間の著作権の登録を認め、もしその期間が終了するときも存命だった場合、さらに一四年間延長されることとした。複製防止を最長二八年間に制限することで、立法者たちはいかなる書籍も長期間にわたって私的制約の下に置かれることがないようにしたのである。さらに、正式な登録を義務づけることで、ほとんどの本がすぐにパブリックドメインに入るようにした。歴史家のジョン・テッベルによれば、この法律の制定後一〇年のあいだに出版された一万三千点の書籍のうち、著作権登録がなされたのは六百点未満であった。

一九七〇年代に入ると、米国議会は今度はまったく異なるアプローチをとった。映画スタジオや他のマスメディア、エンターテイメント企業などからの圧力を受け、著作権の保護期間を劇的に延ばす一連の法案を可決させ、新しく出版された本だけではなく、さかのぼって前世紀に出版されたほとんどの本に適用されることとなった。現在、作品の著作権は著者の死後七〇年まで延長されている。議会はさらに作者が著作権を登録するという条件も撤廃し、ここでもまた、その変更がさかのぼって適用された。現在、著作権はどんな作品でもそれが創作された瞬間に成立する。作者側に権利を主張する意思がなくても、著作権を所有することになり、その作品は数十年にわたってパブリックドメインから除外される。その結果として、一九二三年以降に書かれたほとんどの著作物が無許可の複製や販売を禁止されたままになるのである。諸外国でも、知的財産の貿易における国際的な基準を確立する一環として、似たような法律が制定された。

政治家たちは常にひどい未来像を描くものだ。グーグルとDPLAが実証するように、この著作権の改正は、過去百年に出版されたほとんどの本をスキャンして保存し、インターネットで読めるようにするという試みに厳しい制約を課す。さらに、登録の条件の撤廃は、数百万冊ものいわゆる孤児本——著作権所有者が不明か見つからない本——がオンライン図書館の手の届かないところに置かれることを意味する。著作権保護は作家や芸術家が作品で生計を立てるうえできわめて重要なものだ。だがこの規制は、本来それが奨励すべきところの創造性そのものを阻害するほど広範なものになってしまった。この結論抜きに現状を見ることは難しい。「今日の革新は、しばしば技術的理由でなく、法的理由で制限される」とセントルイス・ワシントン大学の経済学者で『〈反〉知的独占』の共著者であるディヴィッド・K・レヴァインは述べている。多くの分野で「著作権侵害訴訟の悪夢を恐れて、人びとは新しいものをつくらなくなっている」というのである。

これにさらなるねじれが加わる。著作権の壁に守られた本や創作物だけが使用禁止のすべてではない。図書館が蔵書を分類するために使うメタデータの多くが、再利用の方法においてグレーゾーンに入ってしまうのである。これは多くの図書館が、商業的な業者や、OCLC（オンラインコンピュータ図書館センター）という数々の目録情報を配給している図書館協同組合から膨大なメタデータを購入するか使用許可を得ているからである。図書館員は蔵書の分類に多くの情報源からのメタデータを使ってきたため、どれが使用認可にありどれがそうでないのか、誰がどんな権利を所持しているか分類するのはきわめて困難である。ディヴィッド・ワインバーガーによれば、この混乱はDPLAのメタデータを集める一見地味にも思える努力をいっそう複雑なものにする。DPLAはこの問題の解決に努めていると彼は言うが、このヴァーチャル図書館が門戸を開いたとき、利用者たちは質の低い目録で間に合わせるしかないのかもしれない。

議会が法律を変えない限り、世界中からアクセス可能なオンライン図書館創設のあらゆる試みは著作権に阻まれるだろうと考える学者もいる。ニューヨーク・ロースクールの著作権の専門家ジェイムズ・

グリメルマンは、新しい法律が制定されなければ、孤児作品をデジタルデータベースに含めることは「とても、とても難しい」と感じている。ヴァージニア大学のメディア学教授シバ・ベイドヒャナサンは、研究資料をネット上で読める国際的なプロジェクトを立ち上げたいと望んでいるが、近年の作品も含むデジタル図書館をつくるには著作権を大幅に変えることが不可欠だと考えている。そして世論が政治家を動かして必要な措置がとられるには何年もかかるだろうとみている。

ポールフリーは法的問題を語りたがらないが、議会の対応なしに事態が進展する可能性があることを表明している。DPLAは、出版社や作家との徹底的な議論を進め、少なくとも一九二三年以降に出版された孤児作品やその他の書籍のうちの一部を提供できるとする合意に達する可能性があるとの感触を得ている。一部の著作権の専門家によれば、非営利組織であることから、このような交渉を行い裁判所のお墨付きを得るにあたり、DPLAはグーグルブック検索よりも有利にあるという。

DPLAは著作権を尊重することにこだわるという立場を明確にしている。もし交渉によってにせよ、立法行為によってにせよ、現行の法的制約を回避する方法が見つからなければ、すでにパブリックドメインに入っている本だけに限定せざるを得ないだろう。その場合、独自性を打ち出すことは難しくなる。なにしろインターネットにはすでに著作権の切れた本を読めるサイトがいくつも存在しているのである。グーグルはいまでも一九二三年以前に出版された何百万点もの作品の全文を提供している。図書館コンソーシアムによって運営されている巨大な本のデータベースのHathiTrustや、企業家のブルースター・ケールのInternet Archiveもそうである。アマゾンのKindle Storeは何千点もの古典作品を無料で提供している。そして尊敬すべきProject Gutenbergがある。同プロジェクトは一九七一年（プロジェクトの創始者マイケル・ハートが独立宣言の全文をイリノイ大学の大型汎用コンピュータに入力したとき）以来ずっと、著作権の切れた作品を手作業で入力してインターネット上に公開し続けている。ＤＰＬＡは、学術図書館が所蔵する貴重な書類のコレクションが検索できることなど、独自の価値ある特徴を示すことができるかもしれないが、そのような特徴はおそらく一部の学者の関心を引くだけだろう。
難題をいくつも抱えてはいるものの、ＤＰＬＡには数多くの熱心なボランティアと気前のいい寄付者が揃っている。来年の今頃には最初の節目を迎え、なんらかの形でメタデータのやり取りをはじめているかもしれない。だがそのあとは？　ＤＰＬＡは前世紀の前半以降にまでそのコレクションの領域を広げることができるだろうか？　人びとの興味をかき立てるサービスを提供できるだろうか？　もしＤＰＬＡが単なる「パイプ」役で終わったら、このプロジェクトはその壮大な名に負うことも、そしてそのいささか壮大にすぎた約束をも果たすことができないだろう。Ｈ・Ｇ・ウェルズの夢は――さらに言えばロバート・ダーントンの夢は――ふたたび先送りされることになるのである。

「ＭＩＴテクノロジーレビュー」誌より
二〇一二年

マウンテンヴューの若者たち

二〇〇一年十二月、シリコンヴァレーに設立されたグーグルという名の新興会社は、その企業理念を「Googleが掲げる一〇の事実」というリストの形で自社のウェブサイトに掲載した。理想主義的で独善的なこのリストは同社の未来の方向性を打ち出すものだった。「スーツがなくても真剣に仕事ができる」というのがそのひとつで、「悪事を働かなくてもお金は稼げる」というのもある。だが、「一つのことをとことん極めてうまくやるのが一番」というもっともあたり障りのなさそうな掟こそ、グーグル社にとってもっとも運命的なものとなった。スペシャリストであることを誓った次の瞬間、彼らはその誓いを破り、新たなマーケットに手を広げはじめ、自身のビジネスとインターネット全体に広範囲にわたる影響をもたらすようになったのである。

グーグルがこの企業理念を発表したのは同社の重要な局面においてだった。グーグル社はその三年前の一九九八年後半に法人化されたが、その名を冠した検索エンジンはすでにネットの海をさまようのに最良のツールだと広く認知されていた。だが同社は必死に金を稼ごうとしていた。経済的な成功を収めるため、スタンフォード大学院の同窓生である若き創業者ラリー・ペイジとセルゲイ・ブリンは、検索結果だけでなく、その結果に結びつけた広告を提供する必要があることを認識していた。当時、検索連動型広告の市場は別のインターネット新興企業、オーバーチュアが独占し、ヤフーやAOLといった大手のポータルサイトと提携を結んでいた。グーグル独自の広告システム、アドワーズはオーバーチュアのものより複雑だったが、大手の情報サイトは、グーグル・ドットコムを運営する会社とやがてユーザーの取り合いになるのではないかと危惧したのだ。グーグルの格調高い企業理念、「一つのこと——つまり、ウェブ検索だ——をとことん極めてうまく」やるという誓いは未来のパートナーに向けた、彼らの市場を荒らすことはないという表明だった。その言外の意味は明らかだ。「信用してもらって大丈夫。われわれに邪心はありません」

この戦術はうまくいった。二〇〇二年のあいだにグーグルはアースリンク、アスク・ジーブスをはじめとする複数のポータルサイトや大手サイトとの契約にこぎつけたが、もっとも重要なのがAOLだった。これにより、オーバーチュアは壊滅的な打撃を受けてヤフーに買収されることになり、グーグルは現在のような利益追求マシンの道を歩みはじめた。一方、グーグルのパートナーたちにとってはそれほどうまくことは運ばず、その多くは設立間もない企業の成功を手助けする役割を演じたことを後悔するはめになった。会社が成長するにつれ、グーグルは当初専門にしていた検索サービスだけでなく、Eメールやニュース集約サイト、インスタントメッセージ、地図サービス、財政アドバイス、動画配信等、数えきれないほどの事業に乗り出している。「一つのことをとことん極めてうまくやるのが一番」というフレーズはいまもグーグルの企業理念のひとつであり続けているが、二〇〇五年の終わりにはこの項目にアスタリスクが付き、脚注で以下のようにさらりと説明されるようになった。「時の経過とともに、わたしたちは提供できるサービスの範囲を広げてきており——たとえばユーザーが情報にアクセスしたり利用したりするために使う手段はウェブ検索だけではありません——（四年前は）考えられなかった製品が現在わたしたちの商品の重要な一部となっています」

新しいサービスを開拓しようとするグーグルの熱意は、ユーザーがオンライン上で買いものをする量を増やし、実入りのいい広告収入の道を新たに開くことにつながった。だがその拡大傾向の熱心さは同社のアキレス腱になる可能性を秘めている。去年の一一月、EUはグーグルが独禁法に違反している疑いがあるとして調査を開始した。さらに六月には、米国連邦取引委員会が似たような調査に乗り出したことが明らかになった。ふたつの委員会は、あらゆるところで使われている検索エンジンを利用して同社がユーザーを自分たちの別のサイトに集め、競争と革新を妨げているのではないかという疑惑を明らかにしようとするはずだ。議論されるのはインターネットの核となる問題にほかならない。つまり、ナビゲーターは目的地にもなりうるのか?

グーグルの一〇の理念を書いたマーケターのダグラス・エドワーズは、同社に在籍していた当時の回想録を出版した。『I'm Feeling Lucky――グーグル社員番号59の告白』は同社の形成期について詳細に書かれたものでも公正なものでもないが、内部の人間によって書かれた初めての本だ。まさに出航しようとするインターネット界の巨艦に乗ることがどんなものかを伝える軽い読み物である。同時に、無数の方法で人々を情報や考えに結びつけ、きわめて短期間で商業や文化において非常に大きな役割を果たすことになった会社の本質に光を投げかけてもいる。

エドワーズが入社したのは一九九九年の終わり、同社の検索エンジンがその優れた検索結果で注目を集めはじめたころだった。ペイジとブリンがまだ新入社員に気前よく株式を付与していたころに採用されたのはかなり幸運だった。思いがけない収入が最終的にいくらになったのかエドワーズは口を濁しているが、二〇〇四年に株式公開が行なわれてまもなく同社を去ったときには、莫大な財産を築いていた。だがテクノロジーしか眼中にない創業者たちが、マーケティングなどよくて堕落したビジネス界における必要悪だと公言する会社で、マーケティング担当者として雇われたのはあまり運がなかった。彼が入社して間もないころ、セルゲイ・ブリンはきわめて大まじめにマーケティング費用全額を「チェチェン難民のためのコレラの予防接種費用」に使うことを提案した。ロシアの内戦に関与するのは非現実的で、軽率かもしれないことにようやく納得すると、今度は別の提案を行なった。「高校生たちにグーグルのロゴのついたコンドームを配っては?」。

グーグルは破竹の勢いで急成長し、そこには創業者や技術者、科学者たちの献身や能力、尋常ではない冷静さなど賞賛すべきところがいくつもある。いつ見ても職場にいて、マウンテンビューのオフィスの狭い廊下をローラーブレードで行き来しているペイジとブリンは、官僚的組織を象徴するものを忌み嫌っていた。彼らにとって大切なのは、個人の仕事の質とその思考の鋭敏さだった。会社の組織、運営、倫理のあらゆる面が徹底して議論され、よいアイデアは上級役員の提案であろうと社員食堂のコックの提案であろうと採用された。独創性や創意工夫は十分に報いられ、正論は侮蔑とはいかなくても疑念をもって迎えられた。この会社を実力主義と呼ぶのは控えめにすぎるだろう。

だがエドワーズの本を読み進むにつれ、グーグルにはすばらしい資質がたくさんありながら、狭い視野と内向きの思考が会社の成長を阻んでいることがわかってきた。その欠点は、強みと同じように、創業者の個性から来ていると言える。ペイジとブリンはテクノロジー以外の世界が存在していることに気づかず、芸術や政策決定はおろか、大衆文化にすら興味を示さない。正確な単位で測れないものや数字で表されていないものを理解するのを苦手とし、ギーク的安全地帯の外に押し出されると、偏屈で怒りっぽい人間になる。明晰な頭脳に恵まれたブリンは、エドワーズの記述を見る限り、特に幼稚な人間だという印象を受ける。本のなかで彼は常にわがままな子どものようにふるまっている。重要な人事が話し合われている会議へスパンデックスのサイクリング用の服装で現れ、同僚たちの頭の上をラジコンの飛行機を飛ばして悦に入ったりした。また別のときには会社の広告写真の案を拒絶した。「魅力的でない人たち」が写っているからだと言って、次のように説明した。「グーグルのことを考えたときに楽しい気分になってもらいたいから、うちの広告は絶対に見て美しいものでなければならないんだ」

ペイジはそれほど冷淡ではないが、友人と同じようにグレーの濃淡を理解できないタイプの人間のようだ。特に自身の会社を見るときはそうで、語彙も黒と白、両極端である。よいものは「グーグリー」、悪いものは「グーグリーじゃない」。グーグルの動機を疑ったり、その活動を批判したりする部外者は「クソ野郎」となる。「邪悪」という言葉がこともなげに使われる。これほど視野が狭く利己的なものの見方は、野心的なテクノロジー企業を立ち上げようとしている若い起業家なら許されるかもしれないが、成長を遂げ影響力を増している企業として、その傲慢さは問題とされる。近年同社の評判を傷つけている多くの失策の原因である。

エドワーズの話は二〇〇五年三月、彼が会社を去ったところで終わっている。以降、同社の勢いと影響力は増すばかりだ。グーグルはネット上における情報の中央手形交換所であり、主要な料金所のひとつになった。人びとはより多くの時間をオンラインで過ごし、より多くのことをオンライン上で行うにつれ、より多くグーグル検索を使い、グーグル広告をクリックするようになっている——そして会社の懐は潤う一方だ。だがグーグルの近況はその純利益が示すほど明るくはない。スマートフォン向け基本ソフトのAndroidや、クラウドコンピューティングを使ったパッケージソフトのグーグルアップスなどいくつか魅力的な製品を生み出してはいるものの、強力な収入源となるものはまだ見つかっていない。派手に宣伝されたグーグルベース、グーグルウェーヴ、グーグルバズ、グーグルヘルスなどはおしなべて失敗に終わった。グーグルの優秀なエンジニアによって開発されたこれらのプログラムは普通の人間が使いこなすには複雑すぎることが証明されたのだ。また、グーグルブックスの野心的な構想は訴訟の壁にぶち当たった。著作権のある書籍を著作権者の利益を考慮せずにスキャンしたペイジの傲慢さが理由のひとつである。

グーグルは倫理的な批判も浴びることになったが、高慢な創業者たちにとってはさぞいらだたしいことだっただろう。中国で政府からの圧力を受けて検索結果を検閲していたことを明らかにしたとき、同社は激しい非難にさらされた。のちに彼らは方針を転換し、中国内の検索エンジンを閉鎖した。同社は文化的摩擦が生じるとき、とりわけ個人のプライバシーを主張されるときには尊大な態度を示す傾向にある。ストリート・ビューの開発にあたりデータベースを構築するためヨーロッパの街の隅々にカメラを搭載した車を走らせたときは、各地で抗議の声が上がり、ドイツでは警察の捜査が行われた。個人情報の不当な利用や権威主義体制への媚びへつらいにかけては、グーグルよりひどい実績を持つ会社はいくつもある。だが、「悪事を働かずに金を稼ぐ」という公約を掲げている会社ならば、高い基準を持っているはずだと考えても当然だろう。

グーグルはいま諸外国とのあいだに生じた軋轢を、実績のある方法で修復しようとしている。巨額の投資を行って当局の機嫌をとるというものだ。今年「ニューヨーク・タイムズ」紙が報じたところによれば、「同社の手元の現金三百六十億ドルを分け与えるため」幹部をヨーロッパ諸国に派遣した。景気低迷に苦しむアイルランドでは、不正な不動産融資に介入した嫌疑をかけられている政府機関からダブリンの大きなオフィスビルを購入した。フランスでは、大手保険会社アクサの本社が入っていたオフィスにパリ本社を開設し、文化センターを併設する。ドイツでは、プライバシー問題をはじめとするインターネット上の問題を研究する学術機関をベルリンに設立するための資金を拠出することになっている。働き口が少ないヨーロッパで、今年だけで千人のヨーロッパ人を雇い入れる計画だ。

グーグルが直面する最大で最も脅威的な課題は、身近なところから来ている。近年広まっている自己完結型のソーシャルネットワークが人びとのネットの使い方を変え、情報を探すのに従来の検索エンジンに以前ほど頼らなくなってきたのである。フェイスブックやツイッターといった若く野心的な企業が幅を利かせ、グーグルをマイナー株のように見せはじめたのである。同社の演算処理能力や複雑なコンピュータシステムの構築技術のすばらしさは揺るぎないものの、社会能力の欠如は、競争上の大きな障害になる恐れがある。

新たな競争相手の出現は、独禁法違反の捜査が入ったタイミングを少し皮肉に思わせもする。論者のなかには、連邦取引委員会の調査はグーグルの勢いがすでにピークを迎えたことの証左だと考える向きもある。彼らによれば、一九九八年に司法省がマイクロソフトを独禁法違反の疑いで提訴したことと類似しているという。当時はまさにコンピュータ業界の影響力がマイクロソフトからグーグルのような革新的なインターネット企業に移りはじめたころだった。とはいえ、ネット検索におけるグーグルの世界的なシェアがいまも圧倒的であることを認めるのは重要なことだ。いくつかのつまずきはあったものの、同社は競合の前に立ちはだかり、ユーザーを引き戻すために新しいサービスを提供し続けている。また、批評家が主張するように、同社のサイトやサービスが有利になるよう検索結果を修正しているのならば、自らの利益のために多くのオンラインマーケットの未来を動かすことができるだろう。

四月、エリック・シュミットのあとを受け、ラリー・ペイジがグーグルの最高経営責任者に任命された。シュミットは数年前、彼自身の言葉によれば「大人の監督」をペイジとブリンに提供するために雇われたテクノロジー業界のベテランだった。ペイジは会社にとって——そしてインターネットにとって——またしても重要な局面で指揮を執ることになった。独占禁止法違反の捜査や強気な新興のライバル企業、オンライン上のプライバシーやセキュリティーに関する消えることのない社会的懸念に彼がどう対応するかが、将来グーグルがさらに発展するか低迷するかを決めるのである。それができるかどうかは会社が直面している問題を黒と白、おれたち対やつらの見方で見るのをやめて、クソ野郎の言っていることにも一理あると認められるか否かにかかっている。「グーグリー」であることを少しやめて、もう少し世慣れる必要があるだろう。

それほど簡単にはいかないかもしれない。エドワーズの本は二〇〇二年にペイジと交わした会話ではじまっている。提案をことごとく却下、あるいは無視されて傷ついたエドワーズは、怒りっぽいボスのご機嫌取りにペイジのオフィスを訪ねた。「あなたとセルゲイの指示に常に納得してきたわけじゃないけれど」と彼は言った。「でもそのことについて考えていて、振り返ってみると、たいていはあなたたちが正しかったことがわかったと伝えたかったんだ」。ペイジはコンピュータ画面から顔を上げたが、けげんな表情を浮かべていた。「たいていは？　いつおれたちが間違えた？」。

「ナショナル・インタレスト」誌より
二〇一一年

蔡倫の子どもたち

グーテンベルグなら誰もがその名を知っている。だが宦官の蔡倫《さいりん》はどうだろう?

高い教育を受け、勉強熱心な若者だった蔡倫は、中国・後漢の宮廷で和帝に重用され、一〇五年のある運命的な日に紙を発明した。当時、文字や絵が書かれていたのは主に滑らかだが高価な絹か、頑丈だが扱いにくい竹簡だった。もっと使いやすいものはないかと探していた蔡倫は、樹皮を割いたものと麻の繊維に水を少し混ぜ、石臼で突きつぶしてゆるいペースト状にしてから平らに伸ばし、天日に当てて乾かしてはどうかと思いついた。この実験はうまくいった。多少の改良はなされたものの、現在の製紙法はこの蔡倫の手法と基本的に変わっていない。

その数年後、解決策がないと見ていた宮廷スキャンダルに巻き込まれた蔡倫は自ら命を絶った。しかし、彼の発明はそれ自体の命を獲得した。製紙の技術は中国全土に瞬く間に広がり、シルクロードを西に伝ってペルシア、アラビア、ヨーロッパに到達した。数世紀のあいだに紙は動物の皮、パピルス、木の板に代わって世界中で選ばれる読み書きの媒体となった。金属加工職人のグーテンベルグが一四五〇年ごろ印刷機を発明し、インクで汚れた指をインクで汚れた機械に変えることで写字生の仕事を機械化したが、蔡倫こそが人びとに読み物を与えてくれた、ある者たちが言うには、世界を与えてくれたのである。

紙は歴史上最も汎用性のある発明品で、その用途は芸術目的から役所仕事、衛生用品に至るまで多岐に及ぶ。だがわたしたちがそのありがたさについて考えることはめったにない。紙はどこにでもあり、使い捨てなので——平均的なアメリカ人は年間二五〇キロの紙を消費している——わたしたちはそのありがたみを忘れることとなり、人によってはそれを腹立たしいものとすら思っている。絶えずゴミ箱に捨てたり、トイレに流したり、鼻をかんだりするものを大切にすることは難しい。だが紙がない現代生活というのは想像もできない。イアン・サンソムは近著『紙　哀歌』のなかで「もし紙がなくなったら、すべてが失われるだろう」と書いている。

だがちょっと待ってほしい。哀歌？　サンソムの副題は半分は冗談でも、半分は真剣だろう。わたしたちが生きているあいだに紙がなくなることはないだろうが、デジタルコンピュータの発明により人類はついに蔡倫に対抗できるものを手に入れたのだ。この一〇年、先進国におけるひとり当たりの紙の年間消費量は急落している。パソコンとそれに付随するプリンターの最初の到来によって、それ以前より紙の消費が増えたなら、普遍的なコミュニケーションシステムとしてのインターネットは逆効果だったろう。実際には、より多くの情報が電子的に保管され、やり取りされるようになるにつれ、小切手を書く、手紙を送る、報告書を回覧する、あるいは一般的に考えを紙に書きとどめることが少なくなっている。いまや恋文ですらサーバーを介して送られているのだ。

一八九四年、「スクリブナーズ・マガジン」誌にフランスの文学者オクターヴ・ユザンヌが「本の終わり」というエッセイを発表した。トマス・エジソンが蓄音機を発明して間もないころで、本や雑誌はやがて持ち運び可能な「音声を録音できる多様な装置」に取って代わられるだろうとユザンヌは考えた。

印刷された紙のページをめくるのは現代の「有閑人」にとっては大きな負担だと主張している。「現在われわれが経験している読書は、じきに多大な疲労をもたらすものとみなされるだろう。持続的な注意が求められることにより脳内のリン酸塩を大量に消費するだけでなく、疲労を招くさまざな姿勢を強いるからだ」。印刷機とその古風な製品である紙は新たなテクノロジーにはかなわないというわけだ。

ユザンヌには脱帽である。彼はオーディオブック、iPod、さらにはスマートフォンの到来さえも予期していた。ただし、印刷物が廃れるという部分は完全に間違っていた。それでも彼の予言はインテリ層のあいだでずっともてはやされ、二〇世紀のあいだ何度も繰り返されてきた。新しい通信媒体――ラジオ、電話、映画、テレビ、CD-ROM――が登場するたびに、評論家たちはたいていは印刷物の形式で、新たな死亡通知を報道機関に送り付けるのだった。H・G・ウェルズもマイクロフィルムが本に取って代わると著書で述べた。

二〇一一年、エディンバラ国際ブック・フェスティバルで――なぜ勝者に盾突くのだろう?――「本の終わり」というタイトルの講演会が開かれた。講演者のひとり、スコットランド人作家のユアン・モリソンは、「二五年以内にデジタル革命が紙の本の終わりを告げるだろう」と明言した。ベビーブーマーが紙にインクで書かれた文字を読む最後の世代になる、モリソンにとってそれは自明のことであったようだ。本や雑誌、新聞の未来――すなわち言葉の未来――は「電子出版」にある。当時この話は完全に筋がとおっているように思われた。単なる憶測を述べていたユザンヌとは異なり、モリソンは読書や出版の傾向について厳然たる事実を指摘することができた。多くの人びとが画面に群れをなして押し寄せていた。紙の時代は終わったのだった。

あれからちょうど三年後のいま、その青写真はぼやけはじめている。今後かなりの期間にわたって言葉が紙の上に印刷され続けるという、同様に厳然とした事実があるからである。電子書籍の売り上げは二〇〇七年後半にアマゾンからキンドルが発売されたあとロケットのように急増したが、ここ数か月は元に戻り、紙の本の売り上げは驚くほどの回復力を見せている。印刷書籍の売り上げは米国における本の売り上げ全体の四分の三を占めており、近年ブームとなっている中古本も含めるとその割合はさらに高くなるだろう。最近の統計からは、電子書籍愛好家ではあっても、印刷書籍もいままでどおりたくさん購入していることが明らかになった。

新聞雑誌はそれよりも多難な道を歩んでいる。ネット上で似たようなものが無料で読めるようになったことや、印刷広告の量が激減したせいである。だが紙の雑誌の購読数は安定しているようで、なかには存続が危ぶまれる雑誌もあるが、読者をしっかりつかんでいるところも少なくない。電子購読は着実に増えているものの、市場のほんの一部のシェアに過ぎないし、雑誌の読者の多くは電子版に乗り換えたいと強くは思っていないようである。昨年行われたiPad等のタブレット型コンピュータの使用者を対象とした調査によれば、四分の三がいまでも雑誌は紙で読むほうが好きだと回答している。窮地に立たされている新聞業界だが、希望の光もある。有料コンテンツの広がりと、印刷版と電子版の購読の抱き合わせ販売が印刷版の販売減少に歯止めをかけているようなのだ。大手新聞数社は最近、紙の購読者数を増やしてもいる。

特筆すべきは、メディアフレンドリーなモバイルコンピュータやアプリが爆発的に普及したにもかかわらず、紙の印刷物の見通しが改善されていることである。もし紙媒体の出版物が死滅しかけているのなら、状況は安定しているのではなく、悪化の一途をたどっているはずである。

画面上で見る文字や絵と、紙上で見る文字や絵はほとんど同じだとわたしたちの目は告げる。だが目は嘘をつく。読むことは身体活動のひとつだということが明らかになりつつある。わたしたちは世界を経験するように情報を取り込んでいる——触覚とほぼ同様に視覚も使っているのである。科学者のなかには、人間の脳は実際、書かれている文字や言葉を物理的な対象物として解釈しており、わたしたちの精神が事物を象徴としてではなく、事物そのものとして把握することで進化してきたことの証拠であると考える者もいる。

紙のページと画面の違いは、紙の手触りを楽しめるかどうかという単純な話ではない。人間の脳にとって、何ページもの紙がひとつにまとまった物理的対象と、一度にただの「一ページ」の情報しか表示されない平らな画面は大きく異なる。印刷されたページの存在と、それを前後にめくり読めることが、書物を読了する精神力にとって、とりわけ長く複雑な内容の場合は重要だということが明らかになった。たとえ意識はしていなくても、あたかもその主張や物語が空間への旅を繰り広げているように、わたしたちは印刷された書面の内容の見取り図を素早く脳裏に思い描いているのである。何年も前に読んだ本を手に取り、特定の部分をすぐに探し当てることができたなら、この現象を体験していることになる。手に物としての本を持っているときは、頭のなかにもその内容を持っているのと同じことなのである。

空間記憶はより集中した読書とより深い理解につながっているようだ。ノルウェーの若者を対象にした最近の実験によれば、解説文でも物語でも、紙媒体で読んだグループのほうが同じものを画面で読んだグループより、内容をより理解しているという結果が示された。この調査結果は、最近の読書に関する他の一連の研究と一致している。「実証的かつ理論的調査において、その文章の物理的構成を豊かな空間的広がりをもって脳内に描くことが読むことの理解に役立つことがわかる」とノルウェーの研究者は書いた。紙の本の読者がテキスト全体の「空間の伸展と物理的な規模を目で見ると同時に触って感じる」ことが、おそらく内容の理解を深める一助になっているのではないかと述べている。

これはまた、大学生はいまでも圧倒的に、電子版より印刷版の教科書を選んで使っているという米国やその他諸国の調査結果の説明にもなるだろう。学生たちによれば、従来の書籍のほうが学習ツールとして柔軟性があり、集中して読み込むことができるため、理解力も記憶力もより深まるのだという。オクターヴ・ユザンヌが述べたように、印刷された活字を読むと「脳内のリン酸塩」が大量に消費されるというのは本当なのかもしれない。だがそれは喜ぶべきことのはずである。

電子書籍や刊行物にはもちろんその利点がある。まず便利だ。ほかの関連書籍へのリンクを提供していることが多い。その内容は容易に検索でき、共有できる。アニメーションや音声、動画、インタラクティブ機能を盛り込むことも可能だ。改訂も容易にできる。短いニュース記事やシンプルな物語、注意深く読むというよりさっと目を通したいものの場合は、画面は紙よりも多分優れているだろう。

わたしたちはおそらく、電子出版物を紙の印刷物の代替えになるものだと誤解していたのだろう。しかしそれらは異なるもので、それぞれにふさわしい読み方があり、異なる種類の知的経験、美的経験を提供してくれるもののように思われる。紙媒体を引き続き選ぶ読者もいるだろうし、電子媒体を好きになる読者もいるだろう。また両者のあいだを喜んで行き来する者もいるはずである。今年米国では、およそ二〇億冊の本と三億五千万冊の雑誌が印刷され、人びとの手に渡った。わたしたちはいまもなお、蔡倫の子どもなのである。

「ノーティラス」誌より
二〇一三年

過去形のポップス

「誰が昨日の新聞をほしがるんだ?」一九六七年、ミック・ジャガーはそう歌った。「誰が昨日の娘をほしがるんだ?」。活気あふれる六〇年代において、その答えは明白だった――「世界の誰もほしがらない」。だがそれは昔の話だ。いまわたしたちは昨日の新聞をめくり、昨日の娘と遊びたくてしょうがないように見える。ポップカルチャーは過去に取り憑かれている――再利用し、焼き直し、再現し続けている。わたしたちは最先端の時代に暮らしながら、巻き戻しボタンから手を離せないのだ。

ロック評論家のサイモン・レイノルズが新著『レトロマニア』で明らかにしたように、音楽業界ほど過去に取り憑かれている世界はない。かつてポップミュージックを前に推し進めていた「探し求めることへの衝動」は、この二〇年のあいだに焦点を〝現在〟から〝過去〟へと移してしまったと彼は論じている。ファンもミュージシャンも考古学者に鞍替えしてしまった。その証拠は至るところにある。再結成ツアーや再発売、ボックスセットにトリビュートアルバム。R&Bミュージアム、ロックの殿堂、パンク図書館。レコード盤やカセットテープ、そして――あろうことか――8トラックテープのコレクター。リミックス、サンプリング、「キュレートした」プレイリスト。いま、ポップミュージックで儲けようと考えると、巻き上がるのはアーカイブの埃だ。

懐古趣味はいまにはじまったものではない。少なくともホメロスがオデュッセウスをカリュプソーの住む島に漂着させ、時を戻したいと切望させて以来、芸術や文学の世界では繰り返されている。それに、ポピュラーミュージックには昔から強烈な復古主義的なところがあった。とりわけレイノルズの出身国である英国ではそうだ。だがレトロマニアは単なる懐古趣味ではない。絞り染めを着たベビーブーマーの夢やX世代の白髪交じりのモヒカンよりも根が深いものだ。懐古趣味は過去を過去ととらえる感覚に根差しているが、レトロマニアは過去を現在としてとらえる感覚から生まれている。昨日の音楽は、どんなジャンルにおいても、現代文化に欠かせない空気になった。レイモンドによれば、わたしたちが暮らしているのは、「歴史を破壊すると同時に、明確なアイデンティティーと感触を持つひとつの時代としての現代の感覚を少しずつ失わせていく、ポップの時代」なのだ。

こうなった理由のひとつに、この五〇年のあいだにポップミュージックの絶対量が増えたということがある。ロックであれ、ファンクであれ、カントリーであれ、エレクトロニカであれ、どれもすでに耳にしている。最も先鋭的なミュージシャンでさえ、模倣品を作らざるを得ない。この流れを強めたのは、デジタルファイルで曲を作り配信する方向へシフトしたことだ。子どもたちがレコードやCDを買うために小遣いを捻出しなければならなかったころは、何を聴いて何を見送るか真剣に吟味する必要があった。その場合、たいていは古いものよりも新しいものを選ぶことになり、過去は遠ざけられていた。ところが、無料でやり取りできるMP3ファイルやSpotifyのような聞き放題のストリーミングサービスのおかげで、選択をする必要がなくなった。過去に録音されたほぼあらゆる曲がクリックひとつで手に入る。経済的な障害がなくなったことで、古いものがどっとあふれ、新しいものを埋没させた。

音楽の供給過多が変えたのは、聴く中身だけでなく、聴き方もそうだとレイノルズは述べている。フックや歌詞、主旋律をすべて覚えている熱心なファンは消え、「次へ」のボタンを押し続けずにはいられない移り気な聞き手に取って代わってしまった。レイノルズ自身がその典型例だとしているが、彼の経験はハードドライブに音楽ファイルが詰まっている人であればみな馴染みがあるだろう。彼は当初、曲の海を航行するためにコンピュータを使うことに「夢中になった」が、まもなく音楽よりメカニズムに興味を持つようになったという。「すぐにどの曲も最初の一五秒しか聴かないようになり、それからまったく聴かなくなってしまった」。これを突き詰めていくと、「ヘッドフォンを外してトラック表示を見るだけということになっただろう」と書いている。

多いほうか少ないほうかを選べと言われれば、たとえそれによって感覚や感情の結びつきが損なわれることになっても、わたしたちはみな多いほうを選ぶ。誰も認めたがらないが、デジタル音楽革命はわたしたちがすでに知っていたことを明確にしただけだと言える。わたしたちは少ないものを大切にし、ふんだんにあるものは使い捨てにできるとみなすのだ。

過去のすべての時間がいまこの瞬間に圧縮されるようになるにしたがい、わたしたちはそれを再利用せずにはいられなくなっている。しかも過ぎ去った時代だけでなく、ごく最近の過去までも使いはじめた。この一〇年のあいだに「何かが起こってからそれが見直されるまでの間隔がいつの間にか短くなった」とレイノルズは書いている。六〇年代のリバイバルや七〇年代のリバイバル、八〇年代のリバイバルだけでなく、シューゲイザーやブリットポップなど九〇年代の音楽シーンのリバイバルも目につきはじめている。近年流行がこれほど早く廃れてしまうのは、それが再び流行するまで待ちきれないからではないかという気がすることもある。なにか新しいことに飛びつくのは、とりわけ冷笑的な時代には社会的にリスキーである。それが再び時流に乗るのを待ったほうが安全だ。「ヴィンテージ」のラベルがついていればなおいい。

一方ミュージシャンにとっては、作品が現在からかい離する危険性がある――悪い意味で「時代を超越」してしまうのだ。六〇年代中盤や七〇年代後半のようなポップミュージックが最大級の高揚と創造性を体現していた時代は、社会的不満が充満し、若者たちは過去や息苦しい伝統を拒絶していた。反抗のためのサウンドトラックを提供するロックミュージシャンたちは、父親たちを称えるのではなく、打倒せねばならないと感じていた。たとえ歌詞がセックスやハイになることについてだったとしても――往々にしてそうだった――その歌は政治的な力に満ちていた。ボブ・ディランがフォークのルーツを封印したあとまもなく言ったように、日々生まれ変わるのに忙しくない人は日々死ぬのに忙しいのだ。

現在、若者文化は政治に無関心であり、ポップスのサウンドトラックはただのサウンドトラックにすぎない。生まれ変わるのに忙しくない人はiPodを聴くのに忙しい。フリート・フォクシーズやフレンドリー・ファイアーズ、ブラック・キーズ、ビーチ・ハウスとどれをとっても、いまのバンドは過去と戦うよりそのなかでくつろごうとしているように見える。彼らがよいバンドでないということではない。レイノルズが怠りなく指摘しているように、現在驚くほど多様で良質なポップミュージックがたくさん作られている。だが破壊的なエネルギーがなければ、そこにたいした価値はない。ただ流れていくだけだ。

『レトロマニア』は重要で概して説得力のある本だ。そして話が無秩序に広がっていく本でもある。その美学はアウトキャストの「ヘイ・ヤ!」よりクラッシュの『サンディニスタ!』に近いと言える。しかしレイノルズは鋭く、自分の仕事をよくわかっている。話が藪のなかに迷い込んだときも、細部は鋭いままだ（九〇年代前半に広がったレイブの起源が、イングランドでビートルズ旋風に先駆けて現れたトラッド・ジャズブームにあると誰が知っていただろう？）。レイノルズは彼自身ある意味レトロマニアとのそしりを受けるかもしれない。なんといっても、意気消沈させる過去の影響を憂慮しつつ、彼はかつての批評家の不平に共鳴しているのだ。一八三六年、「われわれの世代は後ろ向きだ」と、ラルフ・ワルド・エマーソンはこぼしていた。「なぜわれわれは過去の干からびた骨に混じって模索したり、現役世代にワードローブのなかの色あせた衣装を着せたりするのだろう？」。懐古的でない時代を望むこと自体、ある種の懐古趣味と言えるのかもしれない。

だがレイノルズは、いまのレトロマニアはこれまでに経験したものとは程度も種類も違うと説得力のある主張を展開している。それはメインストリームが苦境にあるというだけではない。斬新な視点をゆがませ、最先端の文化をぼやけさせてもいる。中高年が昔を振り返るのと、若者が過去にすがって生きるのはまったく違う——はるかに嘆かわしいことだ。ギターを叩き壊す新しいやり方を誰かが編み出す必要がある。

「ニュー・リパブリック」誌より
二〇一一年

湿地の草をなぎ倒す愛

常にわたしが立ち返る詩の一節があり、それは本書を執筆しているあいだもしきりに思い起こされた。

事実は労働の知るもっとも美しい夢である。

ロバート・フロスト初期の作品群における最高傑作のひとつ、ソネット「草刈り」の終わりから二行目である。二〇世紀初頭、彼がまだ二〇代と若く、新たに家族をもうけたころに書かれたものだ。彼は農夫として働いており、祖父が買ってくれたニューハンプシャー州デリー市の小さな土地の一角で鶏を飼い、何本かのリンゴの木を育てていた。彼の生涯でも困難な時期であった。金も望みもほとんどなかった。ダートマスとハーヴァードの二つの大学を学位を取らずに退学していた。とるに足らない仕事を転々とし、ことごとく失敗していた。病気がちで、悪夢に苛まれていた。初めての子である息子はコレラに罹り、三歳で亡くなった。結婚生活は苦境に陥っていた。「人生は切羽詰まっていた」とフロストは後に振る返っている。「うろたえるばかりだった」。

しかし、デリーに暮らすこの寂寥とした歳月のあいだに、彼はひとりの作家として、そしてひとりの芸術家として認められることになるのである。農業的暮らしの何かしらが――繰り返す単調な日々、孤独な労働、隣り合わせる大自然の美しさと素直さ――が彼を触発したのだろう。労働の過酷さが人生の過酷さを軽減した。「もしわたしが時を感じない不死の感覚を持っているとするならば、そこで過ごした五、六年で、時間の感覚を失ったところからきているのでしょう」と後にデリーでの暮らしをそう書き留めている。「わたしたちは時計のねじを巻くことをあきらめました。長いこと新聞をとっていなかったため、時の感覚を失ってしまったのです。あらかじめ計画していたか、そうなることを予見してのことだったならば、これほど完璧にはいかなかったでしょう」。フロストは、農作業の合間の時間をやりくりし、最初の作品『少年の心』の詩の大部分と、第二作目の『ボストンの北』のおよそ半分、さらにそれに続く詩集に収録されることになる多数の詩を書き上げた。

『少年の心』のなかの「草刈り」は、デリーでの叙情詩の最高傑作のひとつである。この作品で彼は、独自の声を発見した。率直でくだけた、それでいて巧妙かつ装われた言葉で綴られている（フロストを真に理解するには――自分自身も含め、何かを真に理解するには――信用するのと同じ程度に、信用しないことが多く求められる）。彼の数多の傑作のように「草刈り」は、それが描き出す端的で素朴な情景――この場合は乾草《ほしぐさ》とするために野の草を刈るひとりの男――にそぐわない、幻覚的とは言わないまでも、とても謎めいた作品となっている。読めば読むほど、より深遠でとらえどころがなくなっていく。

森のそばではただ一つの音しか聞こえなかった
それは地面に囁くわたしの長い大鎌であった。

大鎌の囁くのは何だったろう？　わたし自身もよくわからなかった。
たぶん、何か日光の暑さについてのことか、
何か、たぶん、音のないことについてか——
だからして大鎌は囁くばかりで話さなかったのだ。
それは怠惰な時間の恵みの夢でもなく、
または妖精の手でたやすく得られる夢でもなかった。
湿地の草を列にして倒していき、それには
なよなよした先の尖った花（淡《うす》いろの野生蘭）もまじり、
そしてきらきらした緑いろの蛇を脅《おびや》かす真剣な愛には
真実をこえたものは弱すぎるようにおもわれたであろう。
事実は労働の知るもっとも美しい夢である。
わたしの長い大鎌は囁いた、そしてあとにこれからつくる乾草《ほしぐさ》を残した。

（安藤一郎訳、『ディキンソン・フロスト・サンドバーグ詩集（世界詩人全集12）』新潮社、一二〇―一頁）

わたしたちはもはや詩に指南を求めることはまずないが、世界に対する詩人の洞察が、科学者のそれよりいかに精緻で鋭いかをここに読み取ることができる。フロストは、心理学者や神経生物学者たちが帰納的な証拠を示すよりずっと前から、現在「身体化された認知」と呼ばれるものの本質と、「フロー」

と呼ばれるあの精神の鋭くなった状態の意味を理解していた。彼の言う草を刈る者とは、ぼんやりと描かれた農民、田園的な戯画ではない。彼は農民であり、音もない暑い夏の日に過酷な作業を行うひとりの人間である。彼は「怠惰な時間」や「たやすく得られる黄金」を求めているのではない。その心はひたすら労働――草を刈る身体のリズム、両手に持つ道具の重み、身の回りに積み重ねられてゆく草の山――に向けられている。彼は労働を超えたもっと壮大な真実を追求していたのではない。労働こそが真実なのである。

事実は労働の知るもっとも美しい夢である。

この一節は謎めいている。言葉以上、あるいは以下の意味付けを拒むところにこの句の力がある。だがこの一節においても詩全体においても、フロストが生きることと知ること双方における、行動の重要性について言わんとしていることが明らかであろう。わたしたちを世界に参加させる作業を通じてのみ、わたしたちは存在というもの、そして「事実」の真の理解に近づくのである。それは、言葉に置き換えられる理解ではない。明瞭に表現することはできない。単なる囁きにすぎない。それを聞くには、その音のなる場所に限りなく近づかなければならない。労働とは肉体的なものであれ精神的なものであれ、物事を成し遂げる手段以上のものなのである。それは一種の内省であり、何も介さず世界と直接向き合う方法でもある。行動は認識を介在せず、わたしたちを物事の本質に近づける。わたしたちを大地へと結び付けるのだとフロストはほのめかす、愛が人と人とを結び付けるように。超越論へのアンチテーゼとして労働こそがわたしたちをあるべき場所に導いてくれるものなのだ。

フロストは労働の詩人である。彼は、活動中に自己意識が周囲の世界へと溶け込む啓示的な瞬間に常に立ち帰ってくる——彼はこの瞬間のことを「仕事は命を賭した遊戯」と印象的に描写している。文芸評論家のリチャード・ポイリエは、その著書『ロバート・フロスト　知の仕事』において、重労働の本質と重労働がいかに本質的かについてのフロストの見解をすぐれた感性で次のように評している。「たとえば草刈りやリンゴの収穫といった、彼の詩に描かれる過酷な労働はすべて、現実の核心にある展望や夢や神話といったものまで突き進むことができるものであり、生活が根本的に不安定で、単なる実際的な所有をとるに足らないことだとみなせる者にとって、明確な形をなす」。そのような努力によって得られた知識は、夢と同じようにぼんやりとしてとらえどころがない。しかし、「神話的な傾向のあるこういった知識は、食べ物や金銭といった表面的にはより具体的な成果よりも永続的である」。肉体と精神をもって自ら、あるいは人と共同で務めを果たすとき、わたしたちは通常、現実的な目標を定めている。わたしたちの目は、労働の成果をとらえている——おそらく家畜に与える乾草の山であろう。しかし、自分自身とその立場をより深く理解するに至るのは、労働自体を通じてである。乾草ではなく、草刈りにこそ真に意味があるのである。

道具を持つ歓び

フロストは、技術が発達する前の遠い昔を夢想しているのではない。彼は「かたくなに信頼する／近代科学の福音を」という状態になる者たちには軽くあしらわれていたが、科学者や発明家たちには親近感を抱いていた。ひとりの詩人として、彼らに相通ずる精神と探求心とを分かち持っていた。彼らはみな現世における神秘の探求者であり、事象から意味を導き出す発掘者であった。彼らはひとり残らず、ポイリエの言うところの「人の夢想能力を拡張する」労働に従事していた。フロストにとって「事実」の最も優れた価値とは――世界の理解を得たものであれ、芸術に表現されたものであれ、ツールや発明のなかに表われるものであれ――個々人の知の領域を広げる能力に在るのであり、ゆえに認知、活動、想像への新たな道を開くのである。フロストは晩年の長編詩「キティ・ホーク」のなかで、ライト兄弟の飛行を「未知のかなたへ／崇高のかなたへ」と讃えている。兄弟は彼ら自身の「路を／無限の状態」で切り拓くと同時に、飛行とそれが与える無限の感覚をわたしたちに提示してくれた。

技術は、生産のための仕事にとって重要であるほどに、知の仕事にとっても重要である。人間の身体とは、生来の、あるがままの状態では弱いものだ。力、器用さ、感覚領域、予測や記憶の能力には限度がある。これらは、その限界にすぐに達してしまう。しかしわたしたちの身体は、それのみでは達成できない、目的を達成するために想像し、望み、計画することのできる精神をも包摂する。身体が成し得ることと精神が想像し得ることとの狭間にあるこの緊張こそが、技術を絶え間なく発展させ、形にしてきた。これこそが、人間を自らの拡張と自然の改変へと駆り立てるのである。技術とは、最近一部の作家や学者たちが言うような、わたしたちを「ポストヒューマン」あるいは「トランスヒューマン」にするものではない。それはわたしたちを人間とするものである。技術はわたしたちの本質のなかに備わっている。道具を通じて、わたしたちは夢を形にする。それを世界に送り出す。技術と芸術の違いは実用性の有無に起因するが、どちらも、人間特有の切なる願望から生み出されているという点では同じだ。

人間の身体に不向きな仕事は数多くあるが、そのひとつは草を刈ることである（信じないというのなら実際に試してほしい）。草刈り人が仕事をするためには、彼が草刈り人になるためには、彼の扱う道具、大鎌が必要である。草刈り人は当然のごとくその技能に長けていなければならない。道具は彼を草刈り人にし、その道具を使いこなす草刈り人の技能は、彼の世界を作り変える。世界は、彼が草刈り人として行動できる場所へと、湿地の草をなぎ倒すことができる場所へと変わる。この考察は、表面上は些いで同語反復的にさえ聞こえるかもしれないが、人生と自我の形成に関わる根幹を幾分突いている。

フランスの哲学者、モーリス・メルロ＝ポンティは、一九四五年に著した代表作『知覚の現象学』において、「身体は、われわれが世界を所有する普遍的な手段である」と述べている。わたしたちの肉体的構造――安定して直立二足歩行ができる構造、親指が対位置に付いたふたつの手、きまった見方で世界をとらえる目、暑さや寒さに対しある程度耐えられる仕組み――は、ある意味先んじて世界に対するわたしたちの認識を決定し、その後で世界についての意識的な思考を成型する。人が山を非常に高いとみなすのは、山が非常に高いからではなく、その形や高さへのわたしたちの認識が自らの体の構造に基づいて形成されているからである。石を特に武器とみなすのは、わたしたちの手や腕の特殊な構造が、石を拾い投げることを可能とするからである。知覚もまた、認知がそうであるように、身体化されているのだ。

したがって、新しい能力を獲得すれば必ず、わたしたちは身体的な力量を変化させるだけでなく、世界をも変化させることになる。海は泳ぐ人には門戸を広く開放し、一度も泳ぎを習ったことのない人にはそれを閉ざす。技能を習得するたびに、世界はより可能性を秘めた新しいものとして立ち現れる。それはより興味深いところとなり、そこに存在することでやりがいが高まる。これはおそらく、デカルトの心身二元論に異を唱えた一七世紀のオランダの哲学者スピノザが「人間の精神は非常に多くのことを知覚する能力があり、能力が向上するほどに、その身体は非常に多くの在り方で対処できるようになる」と記した言葉に内包されているだろう。ハーバード大学の物理学教授ジョン・エドワード・フースは、専門的な技能の習得に伴うこの再生成の証拠を示している。一〇年前、彼はイヌイット族の狩人などの、テクノロジーを用いない経路決定に熟達した人たちに触発された「環境を手がかりとしたナビゲーションを学ぶ自学自習プログラム」をはじめた。数ヶ月におよぶ野外での厳密な観察と実践を通じ、彼は独学で、夜間と日中の空から時刻を読み取り、雲と波の動きを判断し、木々が作り出す影を判読する方法を学んだ。彼は次のように回顧している。「こうした一年間の努力の後、ある事に気づきはじめました。世界の見方が歴然と変わったのです。太陽や星が違って見えました」。一種の「原始的経験主義」から得られた環境への認識の高まりにあって、彼は打ちのめされた。「人びとが神秘的な目覚めと呼ぶものに近かったのです」。

技術は、わたしたちの身体的な限界を超えた形での行動を可能にすると同時に、世界に対する認識と、その世界が意味するものを作り変える。技術の持つこの変容させる力は、周囲探索のための道具に最も顕著に認められ、科学者の顕微鏡や粒子加速器から、探検家のカヌー、宇宙船に至るまで幅広い。しかしその力はあらゆる道具のなかに宿っているのであり、日用品も例外ではない。わたしたちが道具によって新たな能力を得るたびに、世界はいままでとは異なる、より魅力的な場、さらに大きな機会を与える舞台となる。人間本来の可能性に文化の可能性が加味される。「ときとして」とメルロ＝ポンティは書く。「目指した目的に身体本来の手段では到達できないこともある。そうして必要に迫られたわたしたちは道具を作り出し、それによって身体の周囲には文化空間が立ち現れる」。使い込まれた優れた道具の価値は、それによって生産されたものだけにあるのではなく、わたしたちの内面に作り出されたものにもある。至上の技術は新しい分野を切り拓く。感覚的に理解しやすいと同時に、目的によりかなった世界――もっと居心地のよい世界――を与えてくれる。思慮深く、熟練した技術を用いて使えば、技術は生産と消費の手段をはるかに超えたものとなる。経験の手段となる。わたしたちが豊かで有意義な人生を送るためのさらなる方法を与えてくれる。

大鎌をさらに詳しく考察してみよう。単純だが巧妙な道具である。ローマ人がガリア人によって紀元前五〇〇年頃に発明されたもので、鍛錬された鉄またははがねの湾曲した刃が長い木製の棒、柄の先端に取り付けられている。柄には通常、真ん中あたりに小さな木の突起、取っ手がある。これがあることで、大鎌は両手で握って振り回せるようになる。大鎌は旧来の石器時代に発明された小鎌が変化したものだ。小鎌は大鎌よりも柄の短い切断道具で、初期の農耕の発展に続き、文化の発展にも重要な役割を果たした。大鎌がそれ自体で極めて重要なイノヴェーションとなった要因は、その長い柄により、農夫や労働者たちが立ったままで地面の草を刈ることができたことにある。乾草や穀物の収穫や草地の整備が、それ以前よりかなり早くできるようになった。農耕が大きく前進したのである。

大鎌は農場における労働者の生産性を向上させたが、その利益は収穫高では計り知れない。大鎌は機能的な道具で、草刈りという肉体労働には小鎌よりもはるかに適している。農夫は動きを止めたりかがんだりせずに普通の速度で歩けるうえ、両手も使え、上半身の力も存分に活かすことができる。大鎌は補助用具としての役割のみならず、それが可能とする熟練労働への門戸を広げる役目も担っていた。わたしたちはそこに、人類規模のテクノロジー――つまり個人の行動や知覚の領域を封じ込めずに、社会の生産能力を向上させる道具――の一例を見ることができる。まさにフロストが「草刈り」のなかで明言しているように、大鎌は、それを使う者の世界との関わりを深め、世界に対する理解を促している。鎌を振り回す草刈り人は、より多くを成し得るが、それと同時により多くのことを知る。その外観とは裏腹に、大鎌は、身体だけでなく精神の道具とも言えるのである。

だがすべての道具がそれほど機能的なわけではない。技能を要する行動を妨げるものもある。デジタル自動化技術は、わたしたちを世界に招き入れ、その知覚と可能性の幅を広げる新たな能力の開発に寄与するよりも、むしろたいていは逆の影響を及ぼす。それらは人を疎外するよう設計されている。世界からわたしたちを引き離すのである。それは他のあらゆる懸念を差し置いて、簡便性と効率性に重きを置いた近年のデザイン文化に限った結果ではない。わたしたちの個人的な生活において、コンピュータがメディア装置となり、ソフトウェアがわたしたちの注意を引き付けようと丹精にプラグラムされているという事実にも表れている。多くの人が経験から知っているように、コンピュータの画面は、人の興味を強く引き付ける。便利な機能だけでなく、多様性があるからだ。常時何かしらが進行していて、ほとんど労力を払わずにいつでも参加できる。だが画面は、その魅力や刺激をもってしても、希薄な環境である――素早く効率的で整然としていても、おぼろげな世界を見せるだけである。

それはゲーム、CADモデル、三次元地図のような拡張現実技術の応用例に見られる、綿密に構成された空間シミュレーション、さらには外科医などがロボット制御に使うツールなどにも当てはまる真実である。人工的な空間描写は、視覚や、少ないとはいえ聴覚にも刺激を与えるが、その他の感覚――触覚、嗅覚、味覚――を奪い去る傾向にあり、身体の動きを大幅に制限する。二〇一三年に発行された「サイエンス」誌のげっ歯動物の研究では、移動の際に使われる脳細胞は、動物がコンピュータで作った地形を進んでいるときのほうが、現実の環境で移動しているときよりもずっと不活発であることが示されている。「ニューロンの半分が休止してしまう」と、研究者のひとり、UCLA大学教授、神経生理学者のマヤンク・メータは説明する。彼は、精神活動の低下は、デジタル空間シミュレーションにおける「近接手がかり」――場所の手がかりを与える周囲の匂い、音、質感――の欠如に基づく可能性があると考えている。「地図はそれが示す現地ではない」とは、ポーランドの哲学者、アルフレッド・コージブスキーが言った有名な言葉だが、ヴァーチャルな描写も、それが示す現地ではない。ヴァーチャル・ワールドに入るとき、人は身体の大部分をそぎ落とすよう要求される。それは人の自由を奪う。人を衰弱させる。

世界の持つ意味も弱まる。合理化された環境に順応するにつれ、熱情的な人たちが世界に見ているものが見えなくなってしまう。GPSの命令に従っている運転者のように、わたしたちは目隠しをして旅をする。経験知の低下が生じるが、それは自然や文化が行動や知覚へ誘うことをやめた結果である。自己が成長し、発達できるのは、「環境とのあいだの摩擦」に立ち向かい、克服したときだけだと、アメリカ人の実用主義者ジョン・デューイは記している。「衝動性が端的に発動するのに必ず適していると いうような環境は、ちょうど敵意のある環境が衝動性を妨げ傷つけるのと同様、確かにその成長を阻んでいる。絶えず前進を促されているような衝動性はなんの考えもなく、なんの感動もなく、その軌道を

進むであろう」（鈴木司訳、『J・デューイ　芸術論　経験としての芸術』春秋社、六四―五頁）

わたしたちの時代はおそらく、物質的充足と技術的驚異の時代であろうが、目的のない暗闇の時代でもあるだろう。今世紀初頭からの一〇年を通じて、抑鬱や不安治療の処方薬を服用しているアメリカ人の数は約二五パーセント上昇した。いまやアメリカ人の成人の五人にひとりが定期的にそのような薬物療法を受けている。疾病対策予防センターの報告によれば、中年期のアメリカ人の自殺率は、この同じ一〇年間において三〇パーセント近く増加している。またアメリカの児童の一〇パーセント以上、高校生男子のおよそ二〇パーセントがADHDと診断されており、そのうちの三分の二が、治療のためリタリンやアデロールといった薬を服用している。人の欲求不満の理由はさまざまで、漠然と理解されているにすぎない。しかし、理由のひとつとして考えられるのは、摩擦のない実存を追求するうちに、わたしたちの生活する空間が不毛の地となってしまったことであろう。神経系の感覚を麻痺させる薬物は、人の生命維持に不可欠な動物的知覚中枢を抑制することで、人の存在を、抑圧された環境により適合するように萎縮させせているのである。

主人でも奴隷でもない

フロストのソネットもまた数多くの囁きのひとつとして、テクノロジーの倫理的危機への警告を唱える。草刈り人の大鎌にも残忍さが潜んでいる。それは無差別に優しい淡色の野生蘭である花をも草の茎とともに切り倒す。* 明るい緑色の蛇などの罪なき生き物を脅かす。もしテクノロジーがわたしたちの夢を実体化するならば、他も――たとえば力への意志、傲慢やそれを伴う無神経といった人間の組成のなかでも慈悲深さを欠いた本質をも実体化させるであろう。フロストは少し後で、この主題に立ち返っている。『少年のこころ』に描かれる草刈りについてのふたつ目の叙情詩、「花のひとむれ」である。この詩の語り手は、いままさに刈ったばかりの草の原にやって来て、飛び去る蝶を目で追いつつ、刈られた草間に残る小さな花の一群「大鎌が残しておいた」「踊っている舌のような花々」を発見する。

霧の中で草を刈った者はこのように花を惜しんだのだ、
咲くままにおくことによって、しかもわたしたちのためでなく、
またわたしたちのある想いを彼にひきつけるためでもなく、
ただ水辺における朝の喜びから。

（安藤一郎訳、『ディキンソン・フロスト・サンドバーグ詩集（世界詩人全集12）』新潮社、一二四頁）

道具を用いた作業は、決して単なる実際的なものではない、とフロストは特徴的な巧緻さで説く。そ

＊大鎌に秘められた破壊は、野生欄、塊茎《かいけい》のある植物が、ギリシャ語の睾丸《こうがん》（orkhis）に由来することを知る人にとっては、さらに象徴的な響きをもたらす。フロストは古典言語や文学に造詣が深く、死神と大鎌の世俗的イメージもよく知っていた。

れは常に倫理的選択を伴い、道徳的結果をもたらす。道具を使う者また作り出す者として、わたしたちには、技術を人道にかなったものにし、その怜悧な刃を思慮深く使う責務を負う。それらには警戒心と慎重さが必要なのである。

大鎌はいまでも世界各地の多くの自営農に活用されている。しかしもはや近代的農場では出番はない。近代的工場やオフィス、家の発展においてそうだったように、近代化した農場ではより複雑で効率的な装置の開発が必要とされる。一七八〇年代に脱穀機が発明され、一八三五年前後には動力刈取機、その数年後に乾し草を束ねる機械が登場し、一九世紀終盤に向け、商業ベースでコンバイン収穫機の生産がはじまった。以来数十年というもの、技術の進歩は速まるばかりで、今日、その傾向は農業のコンピュータ化という必然的な帰結を迎えつつある。大地を耕すという、トーマス・ジェファーソンが職業のうちでも最も活力に溢れ有徳とした作業は、ほぼ完全なまでに機械に明け渡された。農業労働者は、「ドローン・トラクター」やロボットシステムなどに取って代わられ、それらはセンサーや衛星信号、ソフトウェアを使い、畑に種を蒔き、肥料をやり、草をむしり、作物を収穫して包装し、さらには牛の乳を搾り、他の家畜の番をする。開発途上のものに、牧草地で群れを誘導する羊飼いロボットがある。たとえ大鎌が工業化された農地でいまだに囁いていたとしても、傍らでそれを聞く者はひとりもいない。

手道具はその親和性ゆえに、人にその使用について責任を持つよう促してくれる。なぜなら、わたしたちはその道具を身体の延長、身体の一部と感じ、それが突き付ける倫理的選択に深く関わらざるを得ないからである。大鎌自体が花を切るか残すかを選択するのではなく、その選択をするのは草刈り人である。道具を巧みに使うようになるにつれ、道具に対する責任感は自然と強まる。未熟な草刈り人にとって、大鎌は両の手のなかで異物のように感じられるかもしれない。熟練の草刈り人にとっては、手と大鎌は一体となるだろう。力量は道具とその使用者との結び付きを強める。この身体と倫理の絡み合いは、テクノロジーがますます複雑になるなかでも消えることはないだろう。一九二七年、歴史的な大西洋単独横断飛行に成功したチャールズ・リンドバーグは報告のなかで、飛行機と彼自身があたかもひとつの存在であるかのように述べた。「われわれは大西洋横断飛行を成功させました。「わたし」がでもなく、「それ」がでもありません」。飛行機は多くの部品で構成された複雑なシステムだが、熟練したパイロットにとって、それは依然として手道具の本質的な性質を持つものなのだ。「湿地の草をなぎ倒す愛」はまた、操縦桿と方向舵を握る男にとっての、雲海に分け入る愛でもある。

自動化が道具と使用者との結び付きを弱めるのは、コンピュータ制御システムが複雑だからではなく、その技術が人にほんのわずかな行為しか要求しないからである。その動き方の秘密はコードのなかに隠している。必要最小限を超えたオペレータの関与をいっさい拒絶する。使用にあたっての技能の鍛錬を妨げる。自動化は麻酔と同じ結果をもたらすのである。もはやわたしたちは道具が身体の一部だと感じることはない。一九六〇年、心理学者でありエンジニアでもあるJ・C・R・リックライダーは有名となった「人とコンピュータの共生」という論文のなかで、テクノロジーとの関わり方の変化について詳しく考察している。「過去の人と機械の関係では、人間のオペレータが主導権を握り、指示し統合し、基準を作った。システムの機械部品は単なる機能的拡張にすぎず、まず人間の腕の、次に人間の目の役割を果たした」。コンピュータの登場はそのすべてを変えたという。「『機械による拡張』の時代は終わり、機械が人に取って代わる、自動化の時代が到来した。残された人間たちは、むしろ機械を助けるためにいるのであって、助けられるためではない」。あらゆるものの自動化が進めば進むほど、テクノロジーを人間の制御や影響力の及ばない、一種のなだめにくい異質の力とみなしやすくなっている。その進化の過程を改めようとする試みは無駄に思える。わたしたちは、オンのスイッチを押し、予め定められた道をたどるのである。

そのような従属的な姿勢をとることとは、理解できるとはいえ、進歩を管理する責任の回避である。ロボット型収穫機には、運転席に人は座らないかもしれないが、それは簡易な大鎌とまったく同様に、人間の意識的思考の産物である。わたしたちは、手道具とは異なり、機械と一体化していると思わないだろう。しかし、倫理的観点からすれば、機械がわたしたちの意思の延長として働いていることに変わりはない。機械の意志はわたしたちの意志である。ロボットが明るい緑色の蛇を脅かした（あるいはもっと酷いことをした）とすれば、やはりわたしたちに責任がある。それと同時にさらに重い責任をも回避している。それは自己を確立するための状況を管理する責任である。コンピュータシステムやソフトウェアがわたしたちの生活や世界を形づくるのにますます重要な役割を果たしてきている現在、わたしたちはそれらの設計や使用の判断に——進歩の勢いがわたしたちの選択肢を奪う前に——よりいっそう深く関与しなければならない。わたしたちは自ら作り出すものについて慎重でなければならないのである。

もしそれを馬鹿げたこと、あるいは無益なことと思うならば、それはメタファーに惑わされているからだ。わたしたちは人とテクノロジーとの関係を、胴体と四肢の、あるいは同等の関係とさえもみることはせず、主人と奴隷の関係とみなしてきた。この考えははるか昔に遡る。それは西洋の哲学思想の幕開けとともに開花し、ラングドン・ウィナーが述べたように、元は古代アテナイ文明に由来する。アリストテレスは、著書『政治学』の冒頭で家政について述べており、奴隷と道具は本質的に等価であり、前者は「生命のある装置」として、後者は「生命のない装置」として家長に仕え働くと主張している。もし道具が何らかの命を宿したとすれば、それはすぐに奴隷労働者に取って代わることができる、とアリストテレスは断定した。「従者を必要としない支配者と、奴隷を必要としない主人を想定できる唯一の条件がある」とし、コンピュータによる自動化や機械学習までをも予測していた。「その条件とは、「生命のない」装置がそれぞれ、命令や知的な予測でもって自らの仕事ができるようになることであろう」。それは、「糸巻きが自ら布地を織り上げ、プレクトラムが自らハープを奏でるようになることであろう」。

奴隷としての道具という概念は、それ以来わたしたちの考え方に影響を与え続けている。それは苦しい労役からの解放という夢を繰り返し社会に蘇らせる。一八九一年にオスカー・ワイルドはこう書いている。「すべての非知的労働、つまり単調で退屈な、うんざりする様なものと対峙しなければならない、不快な環境をともなう労働はすべて機械によってなされねばならない」。「機械的奴隷制、機械を奴隷とすることに、わたしたちの未来はかかっている」。ジョン・メイナード・ケインズは一九三〇年のエッセイで、機械の奴隷が人類を「生存への闘争」から救い、わたしたちを「経済的幸せの境地」へといざなってくれると予想している。「マザー・ジョーンズ」誌のコラムニスト、ケヴィン・ドラムも二〇一三年、「最終的にはロボット化による余暇と思索のための楽園が到来する」と断定している。二〇四〇年までに、わたしたちのコンピュータの奴隷――「疲れを知らず、決して不機嫌にならず、絶対にミスをしない」――が、わたしたちを労働から解放し、新たな楽園へといざなってくれるだろうと予想する。「何でも自分のやりたいことをして過ごすことができる。それは勉強かもしれないし、ビデオゲームかもしれない。すべては本人次第だ」。

役割の逆転に伴い、メタファーもテクノロジーをめぐる社会の悪夢を告げる。思想は広がり、テクノロジー奴隷への依存度が高まるにつれ、ついには人間そのものが奴隷と化してゆく。一八世紀以来、社会評論家たちは判で押したように、工場の機械化を労働者を奴隷の境遇に追いやるものとして描いている。マルクスとエンゲルスは、著書『共産党宣言』のなかで「労働大衆」について、「毎日毎時間、機械の奴隷にされている」と書いた。今日では人びとは、使用する家電製品やガジェットの奴隷のようだと始終文句を口にしている。「ハイテクデヴァイスは人に力を与えることもある」と二〇一二年発行の「エコノミスト」誌は「スマートフォンの奴隷」という記事で述べた。「しかしほとんどの人たちにとって、家来のはずの存在が主人と化している」。さらに劇的なのは、ロボットの決起という発想、人工知能を備えたコンピュータ自らが奴隷から人間の主人へと変貌を遂げるというものが、この一世紀というもの未来のディストピアファンタジーの主題となっていることである。「ロボット」という言葉自体は、一九二〇年にSF作家が作り出したもので、チェコ語の奴隷を意味する〝robota〟に由来する。

主人―奴隷のメタファーは、倫理的に示唆するものが多いだけでなく、人びとのテクノロジーに対する見方をゆがめている。道具は自身とは切り離されたものだという認識を強め、所有する機器には人とは違う独自の役目があると思わせる。テクノロジーによってわたしたちが成し得ることではなく、むしろ製品として本来備わっている品質――機能性、効率性、斬新性、スタイル――でもって評価しはじめる。新しい、洗練されている、速度が速いといった理由で機器を選び、世界とさらにつながることができる、経験や認知の裾野を広げてくれるといった理由では選ばない。単なるテクノロジーの消費者となるのである。

このメタファーは、テクノロジーとその進化に対する短絡的かつ宿命論的な視点を社会に植え付けようとしている。もし装置を、わたしたちの奴隷として働くもの、常にわたしたちの最大利益のために働くものと仮定すれば、テクノロジーを制限しようとするいかなる試みも擁護するのは難しくなる。ひとつ進歩するたびにわたしたちにはさらなる自由が与えられ、ユートピアでないにしても、少なくともその時点で可能な最良の世界に大きく前進する。わたしたちは、どんな失敗も次のイノヴェーションで速やかに修正されると自らに言い聞かせる。進歩するに任せておけば、途中で引き起こした問題の解決策も自然と解決されていくはずである。「テクノロジーは中立ではないが、人間の文化に関して非常に強い前向きな力となる」。ある専門家はこう書き、近ごろシリコンヴァレーで共有されている利己的なイデオロギーをあらわにした。「わたしたちにはテクノロジーを拡大させる倫理的義務がある。なぜならそれは機会を拡大するからだ」。倫理的義務感は自動化の進展とともに強まり、同時に、最も有能な装置、アリストテレスが予想した、わたしたちを労働から解放してくれる奴隷を提供するのだ。

テクノロジーを、自己回復的で自律した善行のための力と信じ込むことは魅力的である。未来を楽観的に考えることができると同時に、そんな未来に対する責任から解放される。とりわけ、省力化、自動システムの利益優先による効果、そのようなシステムを制御するコンピュータにより法外な富を築いた者たちの利益にかなっている。この考え方から、新興財閥家たちを華々しい主役とした英雄談を生むそれは近年の雇用喪失は不運ではあるが、慈善の意思溢れる企業がコンピュータ化した奴隷という必要悪を作り出すことで、人類を解放するというものだ。起業家、投資家としても成功しており、同時にシリコンヴァレーで最も有名な思想家でもあるピーター・ティールは、「ロボット工学革命は、基本的に人びとの仕事を奪うことになる」と述べたが、急いで付け加えた。「それによって人びとは解放され、他の多くのことができるようになる」。解放されるという言葉は、解雇されるという言葉よりもはるかに耳障りがいい。

このような壮大な未来主義を冷淡に見る向きもある。歴史が思い起こさせるように、テクノロジーを活用して労働者を解放するという大げさな修辞は、往々にして労働への蔑視を覆い隠す。完全自由主義であり政府に業を煮やしているようなテクノロジー界の大立者が、失業者大衆に自己実現のための余暇の時間を与えようと資金を供給するという、大規模な富の再配分計画に同意するとは信じがたい。たとえ社会が自動化で得た成果の公平な分配のための魔法の呪文や魔法のアルゴリズムを発案したとしても、ケインズが思い描いた「経済的至福」にいくらかでも似たものが訪れるか大いに疑問がある。

ハンナ・アレントは、著書『人間の条件』の先見的一節において、自動化が約束するユートピアが実現したとしても、そこはおそらく、少しも楽園とは感じられず、それどころか残酷な悪戯に似たものであろうと述べている。彼女は、現代社会は総体的に「労働社会」として組成されてきており、賃金を得るために働き、その賃金を使うことは、人びとが自己を決定づけ、その価値を測る方法であるという。遠い過去に「より崇高で意味のある活動力」として敬われたもののほとんどは、脇へ押しやられたか忘れ去られ、「生計という観点ではなく、労働という観点から自身の行う行為を考えるただ孤独な個人だけが残されている」。「労働の『つらさや困難』から解放される」という人類の変わらぬ望みをかなえるテクノロジーは、この時点で屈折したものになる。それはわたしたちをさらに深い不安の苦行の場へと追い込む。アレントは自動化が突き付けるのは、「労働のない労働者の社会という見通し、つまり、労働者に残された唯一の行動力が存在しない社会である。もちろん、これ以上悪い状態はあり得ないであろう」と結ぶ。ユートピア的理想論は、ただの自己暗示だと認識していたのである。

問い

数ヶ月前、わたしはある小さな大学の構内で、そこの仕事を依頼されていたフリーランスの写真家に出遭った。彼は所在なげに木の下にたたずみ、太陽を遮る仕事の邪魔になる雲が過ぎ去るのを待ち構えていた。かさばる三脚の上に大型のフィルムカメラを設置しており、目に留まったのはそれがあまりにも時代遅れだったからだ。わたしは彼にフィルムを使っている理由を尋ねた。彼は、数年前は積極的にデジタル写真撮影を受け入れていたと言った。フィルムカメラと暗室を、デジタルカメラと最新の画像処理ソフトウェア搭載のコンピュータに取り替えたという。しかし、数ヶ月後には元に戻した。機器の操作性や解像度、画像の精密さに不満があったからではない。それは彼の仕事の進め方を変えたからだった。

フィルム撮影と現像にはつきものの制約――費用、労力、不確実性――は、彼を慎重に仕事を進めようという気にさせ、シャッターを押すときは、落ち着いてよく考え、身体の感覚を研ぎ澄ます。写真を撮る前に、採光、色彩、フレーミング、配図に気を配り、頭のなかでその一枚を構成する。シャッターを押す最適の一瞬を辛抱強く待つ。デジタルカメラなら、仕事をより速くこなすことができる。次から次へと大量に撮影し、後からコンピュータでより分け、最もよさそうなものを抜き出して微調整する。構成の作業は写真を撮った後に行われた。当初彼はその変化に夢中だった。だが、出来栄えには落胆した。画像に味気なさを感じた。フィルムは、ものの見方、認識の仕方をより精緻にさせ、そのことによって、がより豊かで芸術性に富む、より感動を与える写真になるということに気づいた。そうして古いテクノロジーに戻ったのである。

この写真家は微塵もコンピュータに反感を抱いていなかった。活動や自律性の損失への漠たる懸念に突き動かされたわけではなかった。復権運動などしていなかった。彼は仕事のための最善の道具——最も洗練された満足のいく仕事を可能とする道具を望んだだけである。彼が気づいたのは、最新の見事に自動化された便利な道具が、必ずしも最良の選択ではないということだった。彼をラッダイトになぞらえたらきっと憤慨するだろうが、最新テクノロジーの放棄という彼の決断は、少なくとも仕事のある段階でそうすることは反逆であり、激しい怒りと暴力を除けば、かつて英国の機械破壊者がとった行動に似ている。ラッダイトがそうだったように、テクノロジーについての判断とは、働き方や生き方に関わる判断でもあることを彼は知っていた——そしてその判断を他人任せにしたり、進歩の勢いに流されたりせずに、自らコントロールしたのである。一歩退き、テクノロジーについて批判的に考えたのだった。

社会全体として、わたしたちはそのような行動を疑わしく思いはじめている。無知や怠慢あるいは小心から、ラッダイトを風刺し後進性の象徴とする。新しい道具を拒み、古い道具を好む者は誰であれ、合理性でなく感情で選ぶ懐古主義者だと責める。しかし、真の感情的な誤信は、新しいものは常に古いものより人の目的や意図にかなうと仮定することなのである。それは子どもの目線、疑うことを知らない無邪気な者のそれでしかない。ある道具が他を凌ぐものになるのは、その目新しさとは何ら関係がない。問題は、それがいかにわたしたちを拡張するか、あるいは縮小するのか、いかに自然や文化や相互のわたしたちの経験を形作るかということなのである。日々の暮らしを実感させる選択権を進歩と呼ばれる壮大な抽象的概念に譲り渡すのは、愚かなことなのだ。

テクノロジーは文明の柱であり栄光だ。同時に、わたしたちが自らに課した試練でもある。人生において何が大事か、そして人間とは何であるかが常に問われるのだ。自動化は、人間の存在の最も奥深い領域にまで浸透しつつあり、リスクは深まっている。わたしたちはテクノロジーの流れに身を任せ、どこまでも運ばれていくこともできるし、それに逆らうこともできる。発明に抗うことは、発明を拒絶することではない。それは発明をつつましいものとし、進歩を地に着いたものとすることである。「抵抗は無駄だ」は、まことしやかにスター・トレックで使われる技術者好みの決めぜりふである。しかし、真実は逆である。抵抗は決して無駄ではない。わたしたちの活力の起源が、エマーソンが説くように「活動的な精神」であるならば、わたしたちの最大の義務とは、その精神を弱め、あるいは削ごうとする制度的、商業的、技術的な力に抵抗することなのである。

わたしたちの最も注目すべきことのひとつは、最も見落としやすいもののひとつでもある。現実とぶつかるたびに、わたしたちは世界への理解を深め、いままで以上に世界と一体化する。課題に全力で取り組むなかで、わたしたちは労働の終焉に期待してしまうかもしれない。しかし、フロストの見た通り、わたしたちが何者であるかを決めるのは労働——手段——なのである。自動化は、目的を意味から切り離す。それは求めるものを得やすくはするが、知るという労働からわたしたちを遠ざける。わたしたちは「画面内の存在」と化すなかで、存在論的な問い疑問に直面している。わたしたちの本質は、いままでもわたしたちの知ることのなかにあるのだろうか？　それともいまやわたしたちは、欲しているものによって規定されるだけで満足しているのだろうか？

『オートメーション・バカ』より
二〇一四年

スナップチャット候補者

　バラク・オバマはこの夏ソーシャルメディアで世間をあっと言わせた。八月一四日金曜日の蒸し暑いワシントンの週末に、ホワイトハウスが新しく開設したSpotifyのアカウントで二種類のプレイリストを公開したのだ。ひとつは夜バージョン、もうひとつは昼バージョン。大統領の選曲は予想範囲内のものとはいえ感じがよく、往年のロックとソウルが入り混じった洗練されたミックスとなっていた。連動するブログ記事によれば、「特定のテーマ」に沿ったものを含め、今後さらに多くのプレイリストを公開するという。

　さらにその二週間後の八月三一日の夜、オバマはこの国一番のインスタグラマーになった。環境政策を訴えるためアラスカに向かう途中で、大統領はエア・フォース・ワンの窓から山並みの写真を撮り、いま人気の写真共有ネットワークに投稿したのだ。「やあみんな、バラクです」というキャプションを添えて。「これから数日この美しい州をまわってアラスカの人びとと会い、暮らしぶりについて聞く予定なんだ。写真をみんなとシェアできることを楽しみにしているよ」。この写真は数千人ものユーザーから「いいね！」がつけられた。

　二〇〇八年のいわゆるフェイスブック選挙以来、オバマはソーシャルメディアを使って有権者とつながった先駆者だった。だがその彼も今年の候補者たちにはとても太刀打ちできないだろう。ヒラリー・

クリントン陣営は、六月、Spotifyでプレイリストを公開した。「勇気」「闘士」「より強く」「信じる」といった方針そのままの選曲だった。テッド・クルーズはペリスコープで自分の動向をライブ配信している。マルコ・ルビオは「Snapchat Stories」を配信している。ランド・ポールとリンゼー・グラムはユーチューブで間抜けなビデオを公開している。気難しい年寄りのバーニー・サンダースですらフェイスブックで二〇〇万人近い友達を集め、「ニューヨーク・タイムズ」紙から「ソーシャルメディアのキング」というニックネームを献上されている。

そしてドナルド・トランプがいる。サンダースがキングなら、トランプは神だ。生まれながらのトロール［インターネットの掲示板などで迷惑行為を繰り返す人］で、ここぞというときに怒りをかきたてる発言をするのが得意な彼は、グーグルニュースのアルゴリズムに最適化された初めての大統領候補である。最近の選挙運動週間のはじまりに行った典型的なツイートでは、クリントンの側近フーマ・アベディンを、「安全保障上のリスク」だの「変態のゲス野郎、アンソニー・ウェイナーの妻」だのと揶揄していた。あきれるほど愚劣なこうしたメッセージにより、トランプは膨大なウェブオーディエンスを引きつけているだけでなく——ツイッターだけで四〇〇万人のフォロワーがいる——記者や評論家たちに喰いつくべき新たな餌を与えている。トランプはオンライン上の議論を制する最善の方法は情報を提供するのではなく、挑発することだとわかっているのだ。

トランプの輝きはやがて色あせるかもしれないが——ネット上の有名人は往々にして短命だ——今年彼が示した議題を支配する能力は、いかにソーシャルメディアが政治議論を変えつつあるかについて多くのことを語っている。インターネットがスマートフォンの画面の大きさに縮小されるのにしたがい、国民的な対話も縮小することがわかってきた。メッセージは媒体に適合せざるを得ないのだ。

過去一〇〇年のあいだに、新しいメディアが選挙の形を変えたことが二度あった。一九二〇年代、ラジオが候補者の身体を奪い、声のみを残した。全国キャンペーンはずっと身近なものになり、大きな会場や駅前でわめくことに慣れていた政治家たちは、気がつくと自分の家で家族に向かってしゃべっていた。大勢の支持者を駆り立てた荒々しい発言は、居間やキッチンで聞くと不快な叫び声のような印象を与えた。自宅でラジオを囲む一般国民は、扇動家ではなく慈愛に満ちた政治家を望んだ。心地よい炉辺談話の達人、フランクリン・ルーズベルトこそ新しいメディアが見つけた理想的なメッセンジャーだった。

一九六〇年代に入り、テレビは少なくとも二次元上では候補者たちに身体を返還した。コマ落ちと無情なクローズアップを特徴とするテレビは、サウンドバイトやきれいな歯、くつろいだ態度に重点を置いた。イメージがすべてになり、政治家と有名人のあいだの境界があいまいになった。テレビの時代に最初に成功した候補者はジョン・ケネディだが、テレビを完璧に利用したのはロナルド・レーガンとビル・クリントンである。生まれながらの役者である彼らはその姿を実際以上に堂々と見せながらも、家庭的なイメージを打ち出すことに成功した。ふたりはまさにテレビにうってつけだった。

多くの人がスマホでニュースを見て娯楽を探すいま、わたしたちは現代の選挙戦が技術的に大きく変わる三度目の転換期に立ち会っている。大統領選もソーシャルメディアのただのひとつのストリームにすぎなくなりつつある。その素早く浅い流れは、ほかのすべてのストリームと絡み合いながら人びとのデヴァイスのなかを流れていく。この変化はスピーチの内容や論調をはじめ、政治家が有権者とコミュニケーションをとる方法を変えている。だがそれだけではない。国が未来の指導者に何を望み、何を期待するかも変えつつある。ラジオやテレビが候補者に要求していたのが、名詞でいること——自らを安定感のある首尾一貫した人物に見せること——だったとしたら、ソーシャルメディアが強いているのは、動詞でいること、活動の原動力であることだ。ソーシャルメディアには権威や敬意は蓄積しない。一瞬ごとに新たに獲得しなければならない。最新のツイートでしか評価されないのだ。

いま重要なのは、イメージよりもむしろ個性だと言える。だが、トランプ現象が示しているように、機能するのはある特定の個性である——絶えず気が散っている人の注意を引くほど大きく、無数の小さなメディア容器にぴったり入るほど小さなものでなくてはならない。あるいはスナップチャット的個性と呼ぶのが一番かもしれない。常に注意して見ている必要はなく、一定の間隔で突然目に飛び込んでくるものだ。

ソーシャルメディアは示唆に富んだものより細切れのもの、熟慮より断片的なものを好む。道理よりも情緒を重んじる。メッセージが感情的であればあるほど素早く広まり、移り気な世間の目をより長く引きつける。ラジオが登場する以前の時代への回帰なのか、いまは冷静な理論家より熱しやすいポピュリストのほうが魅力的で、人を引きつけるようだ。ハートをもらい、ハッシュタグを付けられ、友達申請され、フォローされているのは不愛想なバーニーと毒舌のドナルドだ。「フィール・ザ・バーン（バーニーの熱を感じろ）」というフレーズがサンダース陣営のスローガンになったことになんの不思議があるだろうか？

感情的な訴えは政治に良い効果を及ぼす可能性もあるかもしれない。権利を奪われ幻滅した人びとにも政治への参加を促しうる。人びとの関心を不正や権力の乱用に向けさせ、いっときの感情的な結びつきが息の長い政治プロセスへの関与に深まる場合もある。だがソーシャルメディアの情緒主義には負の側面も存在する。トランプ人気は一般市民の不満や恐怖に乗じて、彼がメキシコ系移民に暴言を吐いた直後に火がついた。扇動家の昔からの戦術で、それが機能したのだ。トランプの選挙活動は茶番にすぎないのかもしれないが、情熱的ではあっても中身のないソーシャルメディア向きの候補は個人崇拝の格好の対象になりうる、ということを示唆してもいる。

新しいメディアが登場すると、ベテランの政治家は必ず四苦八苦する。彼らは古いメディアのルールで動くからだ。一九六〇年に行われたニクソン対ケネディの討論をラジオで聴いていた人たちはニクソンが勝ったと思った。だがテレビで見ていたそれよりはるかに多い視聴者は、明らかにケネディが勝者だと考えた。ニクソンの誤算は自分がまだラジオの時代にいると思っていたことだ。視聴者は彼の言葉に集中し、どう見えるかは気にしないだろうと考えたのだ。カメラが自分を見つめていることに気づかず、上唇の上にかいた汗が自分の言葉をかき消していたとは知る由もなかっただろう。

似たような惰性がいまエスタブリッシュメントの候補者たちの歩みを止めている。彼らはテレビ選挙の慣習にしたがい続けている。テレビが選挙の論点を確立し、レースを一連の整ったストーリーとしてパッケージし、有権者の候補者に対する見方を形作ると考えている。候補者たちはオンラインのメッセージを管理するデジタル担当のチームを持っているだろうが、多くはソーシャルメディアを選挙戦における推進力というより、テレビの補足版、自分たちのメッセージやイメージを補強する手段だとみなしている。

これはとりわけ、当初の本命ヒラリー・クリントンとジェブ・ブッシュに当てはまる。ふたりともネット上では安全策をとっていて、テレビで論争となるような地雷を踏むのを避け、信頼できる公僕というイメージを押し出そうとしている。ブッシュのさまざまなソーシャルメディアのフィードは付け足しのような印象を受ける。動向を紹介し、支持者へ賞賛の言葉を送り、自分のショップへのリンクを張っている。やっていないのはニュースを発信することだ。ヒラリーの投稿も同様に味気ないものだ。彼女のフェイスブックのフィードとツイッターのフィードはほぼ同じで、両方とも目的はフォロワーたちに彼女に対してほんわかと温かい気持ちを持たせることのようだ。ヒラリーの苦境は見ていて痛ましい。彼女は何年もかけて自身の刺々しい性格をやわらげようとしていたが、まだ荒い部分があることに気づいたようだ。アップビートで軽快なヒラリーのプレイリストは、ポップスよりもパンクに近い選挙戦のなかでは時代錯誤なものに聞こえる。

報道機関も新しいメディアの到来に馴染むのに手こずっているようだ。日々の「ニュースサイクル」を持っているテレビは選挙戦に芝居がかったリズムを与えている。毎日が争いから危機、解決へと変化していくドラマの一幕だ。選挙戦は「物語」で、そこには「筋書き」がある。だがソーシャルメディアは違う。断片化されたメッセージや会話では、ほとんどプロットにはならない。文学的スタイルで言えば意識の流れで、ウィリアム・サッカレーというよりウィリアム・バロウズに近い。しかし、テレビの時代に取り残された記者や評論家は、ツイッターやフェイスブックにあがっている雑多な情報を筋の通った物語に仕立てようとしている。そのせいでいまの選挙戦の報道がしばしば大衆の反応とずれているように映るのだ。

七月、トランプがジョン・マケインを攻撃したときのことを考えてみよう。「彼は戦争の英雄ではない」と、トランプはアイオワで行ったスピーチで言った。「わたしは捕虜にならなかった人物が好きだ」。かつての選挙戦では、戦争捕虜として拷問を受けた退役軍人をこのように下劣に批判すれば、大きな「失態」だとみなされ、ただちに断罪、悔悛、贖罪の物語が作られた。この馴染みのある筋書きでは、候補者はまず責め立てられ、心からの謝罪をするよう要求され、その謝罪が真摯なものだったどうか慎重に判断されたあと、許しを与えられるか舞台から降りることを命じられるかが決められる。そこからまた新しい物語がはじまる。

ニュースメディアはトランプの攻撃をこのとおりに扱った。あきれ返ったマスコミはそのような失態は集中砲火に値すると考え、活字媒体でもテレビでも、傲慢なトランプを律儀に非難した。「マケインへの中傷でトランプの選挙戦に終止符？」と「ニューズウィーク」誌が大見出しで疑問を投げかけたが、メディアが驚いたことに、そのような物語は展開されなかった。謝罪どころかトランプは攻撃を続けた。ツイートは積み重なり、有権者の関心はより新たなものへと引きつけられ、ドラマは第一幕で終わった。ソーシャルメディアを手にしたことで、わたしたちは選挙戦の次のステージに足を踏み入れたのかもしれない。ソーシャルメディアはさらに、レースの演出において従来のメディアの力を大幅にそいでいる。キャスターたちは物語を語るのではなく、ツイートを読まされているのだ。

よく言われているようにインターネットは「民主化」を促進する力であり、二〇一六年の大統領選をこれまで見てきたところによれば、その点は証明されていると言えるだろう。だが、重要なのはどのような民主主義が奨励されているのかという点だ。初期のデジタル信奉者は、インターネットはニュース番組のプロデューサーをはじめとするメディアの門番から人びとを自由にし、これまでより深い国民的対話を生むと期待していた。わたしたち市民が議論の主導権を握る。ネットで政策方針書を読み、多様な視点を模索し、活発な政策論争を行う。そうしてわたしたちは鍛えられていく。

これは魅力的な考えだったが、人間性と通信媒体両方に対する理想的な見方を反映しているにすぎなかった。ブログの全盛期だった一〇年前でさえ、インターネットメディアには群集心理を誘発する兆候があった。人びとは見出しや投稿メッセージをざっと読み、自分たちの偏向を補強する情報を探して反対意見を遠ざけた。情報収集は多元的というより単一的だった。二〇一〇年の「パースペクティヴズ・オン・ポリティックス」誌に掲載されたある論文で執筆者たちが結論づけているように、「ブロガーは同じイデオロギーの持ち主と結びつきやすく、ブログ読者は自らの元々の視点を強化するブログに引きつけられる」。インターネットが参加を促すのはたしかだが、参加者は「認知的協和という隔絶された繭のなか」に閉じこもってしまうのだ。

だがそれほど驚くことではないだろう。インターネットはマスメディアが——特にラジオのトーク番組とケーブルテレビのニュース番組が——長年にわたって行ってきた分極化をさらに強化したにすぎない。意外なのは、ソーシャルメディアが従来のメディアより包括的で支配的で統合的であることだ。フェイスブック、ツイッター、グーグルといった企業が運営しているソーシャルメディアは、わたしたちが受け取るメッセージだけでなく、わたしたちの反応をも規制している。彼らはアプリや情報フィルタリング機能を通じてわたしたちの議論を形作っているのだ。

フェイスブックに行くと、同社のニュースフィードのアルゴリズムによって選ばれた滝のようなメッセージを目にすることになり、それに対する反応の方法も用意されている。いいね！ ボタンを押すこともできるし、そのメッセージを友達とシェアすることもできれば、短いコメントを付けることもできる。ツイッターのメッセージについても、リプライやリツイート、ハートマークのボタンが与えられており、思いはごく限られた文字数で表さなければならない。グーグルニュースの見出しは、最新の記事を読むように強調され、ほかのプラットフォームでシェアできるようにさまざまなボタンが並んでいる。どのソーシャルネットワークも、わたしたちが何を見るか、どう反応するかの両面で、このような制約を課している。その制限は公共の利益とはほぼ関係がない。ネットワークを運営する企業の商業的利益とプログラミングの限界を反映しているだけだ。

ソーシャルメディアの型にはまった性質は、対人コミュニケーションを簡素化し、迅速化しているから、友人間での気軽なやり取りには適している。インスタグラムにアップされた自撮り写真を評価するのに、ハートマークをクリックするのは最適な方法だろう。だがそれが政治の話となれば、その制約は致命的になる。政治議論がテンプレートやルーティンから何かを得ることはめったにない。それが最も有意義になるのは、綿密な論理、細部への気配り、細やかで終わりのない批判的思考を伴うときだ。しかし、ソーシャルメディアはそうしたものを促すより妨げる傾向にある。

今後一年にわたって、大統領選は投票日に向けものすごい速さで進んでいく。わたしたちは誰もが

――有権者も、マスメディアも、候補者も――ソーシャルメディアの時代に国政選挙がどのように展開するかを学ぶことになる。新しい門番に守られた門がかつてなく狭いことを発見することになるかもしれない。

「ポリティコ・マガジン」誌より
二〇一五年

ロボットがこれからも人間を必要とする理由

「人類は、造られたのではなく生まれついたことを恥じている」と、哲学者のギュンター・アンダースは一九五六年に述べた。機械の性能が上がるにつれて、わたしたち人間の恥は深まるばかりである。

わたしたちは日々、コンピュータの優位性を思い知らされている。自動運転車は注意散漫になることも、ほかの車にキレることもない。自動列車は速度超過を起こさない。工場のロボットはサボらない。アルゴリズムには、医師や会計士、弁護士の判断を曇らせるような認知バイアスはない。迅速かつ正確に仕事をこなすコンピュータに比べたら、人間はへまばかりしている怠け者に見える。

ならば明らかであろう。ヒューマンエラーをなくす最善の方法とは、人の手を排除することである。しかし、いかに流行りといえども、その前提自体が間違いだ。人間を人間から解放するというわたしたちの願望は、誤った考えの上に成り立っている。わたしたちはコンピュータの能力を過大評価すると同時に、人間の才能を軽んじているのである。

その理由はすぐにわかるだろう。人間がミスを起こしやすいがために起きた大惨事についてはひとつ残らず耳に入ってくる——技師がバルブを開け忘れたために爆発した化学工場、パイロットが操縦桿の操作を誤ったせいで墜落した飛行機——が、人間が経験をもとに事故を防いだり危険を和らげたりしたことについては聞くことがない。パイロットや医師などの専門職の人びとは日々、思いもよらない危機を冷静に切り抜けているのに、ほとんど評価されない。日常生活のなかでさえ、わたしたちは最も賢いコンピュータの能力をはるかに凌ぐ見事な洞察力と技能を働かせている。グーグルは、自動運転車が起こした事故の少なさについてはすぐに教えてくれるが、そこに同乗していた予備のドライバーが危険を回避するためにハンドルを操作しなければならなかった回数を知らせたりはしない。

コンピュータは指示にしたがうのは得意だが、即興的なことには対応できない。それは、コンピュータ科学者ヘクター・レヴェックの言葉を借りれば、「得意分野以外はからきしダメ」な「サヴァン症候群」に似ている。その才能は、プログラミングされた範囲内にとどまる。一方、人間の技能はそんなふうに制限されていない。ガンの群れの衝突でエンジンが停止したエアバスA三二〇機をハドソン川に着水させた、サリー・サレンバーガー機長を考えてみるといい。現実世界での豊富な経験から生まれるそのような直感は、計算の及ばないものである。コンピュータに「驚く」という能力が備わっていたならば、わたしたち人間に驚いていることだろう。

わたしたちは自分たちの欠点を大きく感じる一方、コンピュータを確実なものとみなしている。そのプログラミングされた安定感は、人間の要領の悪さとはまったく違う完璧な理想のように映る。わたしたちが忘れているのは、人間社会にある機械は人間の手によって作られているということだ。仕事を機械に任せても、人の力とそのミスの可能性は排除されない。それは機械の働きのなかに潜在しており、何かが失敗したときになって初めて現れる。コンピュータは壊れる。バグがある。ハッキングされる。そして世に送り出されると、プログラマーが想定していなかった事態に直面する。コンピュータが完璧に作動するのは、完璧でなくなるまでのことなのである。

ヒューマンエラーが原因とされる大惨事は、実のところ、技術的不備によって生じたものや、それによって事態が悪化したものが多い。二〇〇九年に起きたリオデジャネイロ発パリ行きのエールフランス四四七便墜落事故を考えてみよう。大西洋上空で暴風雨のなかを飛行中、機体の対気速度計が凍結して作動しなくなった。速度データが入ってこなくなったため、自動操縦システムは計測不能に陥った。システムは停止し、いきなりパイロットが制御を任された。緊張の続く状況で不意打ちをくらい、操縦士たちはミスを繰り返した。飛行機は乗員・乗客二二八名を乗せたまま、海面に突っ込んでいった。

この墜落事故は、科学者がオートメーション・パラドックスと呼ぶ現象の悲劇的な実例だ。コンピュータが仕事を引き継ぐと、労働者はほとんどすることがなくなる。注意散漫になる。実践の場を失い、技能が衰える。そしてコンピュータが動かなくなると、人間はうろたえる。ヒューマンエラーを排除するためのソフトウェアが結局、ヒューマンエラーをより起こりやすくするのである。

二〇一三年、アメリカ連邦航空局は、自動制御への過度の依存が航空機事故の大きな要因になっているとし、パイロットが手動で操縦する機会を増やすよう航空会社に勧告した。当局の調査では、いま以上に操縦の安全性を高める最良の方法は、責務をある程度コンピュータから人間に戻すことではないかと言われている。人間と機械が協働する場合、オートメーション化を進めることが必ずしも望ましいとは限らないのである。

それは、工場オートメーション化の先駆者であるトヨタ自動車が身をもって得た教訓である。近年、同社は不具合を直すために何百万台もの車両をリコールする事態となり、収益は減少し、品質に対する輝かしい評判に傷がついた。いままでは、その生産上の問題は、人間の洞察力や能力が失われたことに起因すると考えられている。「人の手による技能を磨き、さらに発展させるために、われわれはより堅実に、基本に戻る必要がある」と、トヨタのある幹部は「ブルームバーグニュース」に語った。同社は現在、日本の工場内のロボットの一部を熟練工と交代させている。職人が生産ラインに復帰しはじめている。

わたしたち、コンピュータと人間は、仲間なのである。どんな不測の事態にも対処できる自動システムがエンジニアによって開発されたとしても——複合的な作業に関して言えばまずありえない話だが——それに完全に取って代わられるのは何年も先のことだろう。航空機産業においては、現在稼働している何千機もの飛行機——どの機体もコックピットにパイロットがいるものとして設計されている——を新しいものに替える、あるいは改良するには何十年もかかるだろう。鉄道や自動車についても同じことが言える。基礎構造は一夜では変わらないのである。

コンピュータというものは、人間の代替品ではなく、わたしたち人間を補完してくれるパートナーだと考えるべきなのだろう。ソフトウェアは決まり切った退屈な作業をしたり、人のミスを回避するよう支援したりするのには非常に役立つが、人間の多面的な能力や理性的な判断にはとうてい及ばない。面倒な仕事への関与を減らそうと突き進んだ場合、失いかねないのは、わたしたちと機械の一線を画する直感やインスピレーションである。

人間の創意工夫や技術革新、周到な法制度や規制のおかげで、この世界は以前よりもずっと事故が起こりにくくなった。コンピュータは、その進歩を持続させるための助けとなる。今月起きたアムトラック脱線事故を含む近年の列車事故は、速度制御システムが稼働していれば防げたかもしれない。ドライバーの眠気を感知して危険を知らせる自動車用ソフトウェアは、衝突を回避できる。診断アルゴリズムは医師に役立つ情報を届けて予見に疑問を投げかけ、結果として患者へのよりよい治療につながる。

完全にオートメーション化された社会を夢見る危険性は、こういった地味な進歩を緊急性が低い――投資価値も低い――と思わせてしまうところにある。ユートピアが角を曲がったすぐそこにあるなら、わざわざ少しずつ進まなくてもいいじゃないか？

「ニューヨーク・タイムズ」紙より
二〇一五年

一九九七年春、米国議会図書館は意欲的な展示を開始した。所蔵品のなかで歴史的に最も重要な数百点を紹介するもので、なかでも目を引いたのは独立宣言の「草稿」だった。トーマス・ジェファーソンの整然たるペン書きの草案に、ジョン・アダムズやベンジャミン・フランクリンなど、建国の父たちによる編集が加えられている。取り消し線、挿入、変更、そのような修正は、議論や歩み寄りの過程を目に見える形で写し出している。この四ページの草稿は、歴史家にとって有益なのはもちろんだが、一般の人が見ても、まさに国が生まれようとするときのドラマがひしひしと伝わってくる。

さて、独立宣言が現代に書かれていたとしたら？　紙にインクではなく、ほぼ間違いなくコンピュータの画面上で作成され、Eメールやネット上でのファイル交換を通じて電子的に編集されているだろう。運がよければ、現代のジェファーソンは変更履歴をオンにして、修正が進むごとにプリントアウトを残しておくということもあるかもしれない。一般的なコンピュータのフォントは、手書き文字の表現力にはかなわないが、少なくとも誰が何を書いたかはわかる。だが、デジタルファイルは技術標準の変更によって消去されたり、読めなくなったりする可能性が高い。それに、書いてあることはわかっても、ドキュメントそのものが読む者の心を揺さぶることはあまりない。

歴史家のアビー・スミス・ラムゼイはこの議会図書館の展示を手がけたキュレーターのひとりで、その経験をもとに『もはやわたしたちがそうではなくなると』を書いた。これは、文化的記憶に関する幅広い思索である。「現在と過去との物理的なつながりは、時とともに劣化する紙という媒体を通じて不思議と築かれている」と彼女は述べる。しかし、文化遺産が物理的なモノではなく無味乾燥なデータベースに格納されるようになると、その「理屈抜きに感じられる歴史との顕著なつながり」は、すべて失われることはないにしても、ずっと弱まるかもしれない。ラムゼイの著書はきわめて重大な問いを突きつけてくる。わたしたちが理解したり作り出したり経験したりしたものがますます、実体のないビットとしてクラウドに記録されるようになるなかで、わたしたちが後世に遺すものとはいったい何だろうか？

記憶とはあくまで精神現象で、脳内にだけ存在する空気のように希薄なものだとわたしたちは思いがちだ。しかし、科学者たちによると、記憶や回想には五感や感情までもが大きな役割を果たしているという。動物における記憶力とは、この世界を生き抜いたり理解したりする手段として発達したらしく、その能力はいまでも肉体や物質的環境と密接な関係を保っている。少し散歩をするだけでも記憶のアーカイブは開かれると研究結果は示している。

ラムゼイは説得力のあるアナロジーを使って、記憶の具体性を強調している。最高の記憶装置はこの世界そのものだということをあらためてわたしたちに思い出させる。自然は物質に歴史を埋め込む。一九世紀、地球や恒星をつぶさに観察することで自然界の記憶を読み取れると科学者たちが認識すると、わたしたちは宇宙とそのなかにおけるわたしたちの位置についてより深く理解できるようになった。地質学者は、露出した岩石の層が地球の進化について語っていることを発見した。生物学者は、化石化した動植物が生命の進化の秘密を明かしていると知った。天文学者は、望遠鏡を覗くことによって、はるか彼方を見渡せるだけでなく、はるか昔にまで遡り、生命の起源を垣間見ることができると気づいた。そういった発見を通じ、人びとは「法科学的想像力」の存在を明らかにし、向上させてきたとラムゼイは語る。この精緻で独創的な思考様式は、物から意味を読み取ることに高度に順応したものだ。わたしたちはこの想像力を用いて、人類の歴史や文化を正しく理解し評価する。要するに、情報の記録や保存、共有に用いるテクノロジーこそが、その社会が後世に遺すものが豊かになるか貧弱になるかを大きく左右するのである。マーシャル・マクルーハンの有名な金言をもじって言うなら、メディアは記憶《メモリー》である。

洞窟壁画だろうと、フェイスブックの投稿だろうと、わたしたち人間は自分の経験を記録することにいつも熱心だ。しかし、その記録を後世に伝えるために保護しようという意気込みには欠けている。どの媒体技術を選ぶかにおいて、人は昔から永続性よりも伝達性に重きを置く傾向にある。目の前のニーズに気をとられるあまり、耐用年数の長い媒体よりも速く簡単に情報伝達できるものを選んでしまう。というわけで、重い粘土板は軽い巻物に、ゆっくり運ばれる手紙は瞬時に伝わるEメールに取って代わられる。洞窟壁画が何千年も持ちこたえるにしても、フェイスブックの投稿ならもっとたくさんの「いいね！」をもっと速く得ることができるだろう。

物理的な記録をすべてデジタルの代替品に替えようと躍起になっているいまは、かつてないほど広範なメディアの転換点にあると言える。恩恵はたくさんあるが、損失も同様だ。「デジタル化された記録はいつでもどこからでもアクセスできるが、想像できないほど脆弱だ」とラムゼイは述べる。「際限なく範囲を広げられるが、本質的に安定性を欠く」。もちろん、どんな媒体もやがては朽ちる。粘土板にはひびが入り、紙はぼろぼろになる。現在がこれまでと違うのは、文化的記憶が複雑で変わり続ける技術システムに埋め込まれているという点である。そのシステムに少しでも変更が加えられると、記録されたものは読めなくなるかもしれない。書籍なら棚の上に数百年置かれていたものでも読むことができる。解読するのに必要なのは人間の目だけだ。しかし、デジタルファイルの場合は面倒なことになる。情報を解読するのにコンピュータが必要なため、オペレーティングシステムやアプリケーションソフトウェア、文書標準が改訂されるたびに、情報が消えたり意味不明なものに変わったりする可能性がある。

わたしたちはみな、デジタルのはかなさを経験している。ウェブページは日に日に変わり、以前のバージョンの痕跡はほとんどなくなるか、あとかたもなく消滅してしまう。ハイパーリンクは「ページが見つかりません」という癪に障るメッセージとともに行き止まりになる。インターネットサービスやソーシャルメディアのサイトはある日突然終了し、それとともにデータも消える。時代遅れのソフトでフロッピーディスクに保存したファイルを開こうという人には、幸運を祈るとしか言いようがない。油断していると、「二十一世紀の歴史は大規模な空白や忘却だらけになってしまう」とラムゼイは警告する。

ラムゼイは、わたしたちが生きる「はかないデジタル世界」の危険について疑う余地はないとしているが、悲観論者ではない。文化遺産が主に実体のないビットでしか残らないとしても、子孫のために残すのは可能だと考えている。だが、それにはまず、現状に満足している状態を打開し、貴重なデータの長期的な保護について真剣な取り組みをはじめるべきだと強調する。デジタル保存に適した新たな図書館やアーカイブのシステムを、公的機関、民間企業、非営利セクターにまたがって築く必要があるだろう。どのデータを保存すべきで、どれは廃棄してもよいのか、それを決定するための周到に配慮された手順も必要だ。また、わたしたちの文化遺産の管理を、後世ではなく利益を重視する少数の営利企業の手に渡してしまわぬよう、万全の策を講じる必要もあるだろう。

ここに挙げたのは将来に備えた提言である。しかしわたしたちは、バーチャル化された未来への道をたどりつつも、形あるものが持つ永続的な価値を見失ってはいけない。雄弁に物語る物体そのものの場所がこの世界に必ず存在するよう、わたしたちは努めなければならないのだ。

「ワシントン・ポスト」紙より
二〇一六年

ダイダロスの使命

いかなる翼を駆って天に昇ったのか？

――ウィリアム・ブレイク

一

二〇〇八年、ウィスコンシン大学のメディカルスクールで教鞭を執る形成外科医のサミュエル・O・プーアは、「腕から翼への転移の形態的原理」と題する論文を学術雑誌「ジャーナル・オブ・ハンド・サージェリー」に発表した。進化論や解剖学にもとづく証拠を挙げながら、現代の再建手術の技術――骨癒合《こつゆごう》や皮膚、筋肉の移植など――を用いて「ヒトの腕からヒトの翼を作る」実現可能な方法を紹介するものだった。プーアの推測によれば、その翼は、人間を地面から持ち上げる揚力を生み出すことはできないが、それでも「たとえば、飛べない鳥の機能しない翼を再現するような、表面的体裁を整える」可能性はあるという。

わたしたちは昔から鳥の持つ翼を羨んできた。天使からスーパーヒーローまで、鳥と人間の交配種は、神話、伝説、芸術に欠かせないものとなっている。九世紀には、アンダルシアの名高い発明家、アッバース・イブン・フィルナスが木材や絹を使って一対の翼を作り、それを背中にくくりつけ、体の他の部分を羽で覆い、岬から飛び立った。先駆者のイカロスと同じ運命を辿るのは避けられたが、見ていた人によると、「堕落して背中をひどく痛めた」。レオナルド・ダ・ヴィンチは、オーニソプターと呼ばれる、翼を有する人力飛行機械の設計図をいくつもスケッチした。バットマンの尖った翼のケープは、ポップカルチャーの天空を浮遊している。映画『バードマン』は二〇一五年のアカデミー賞で作品賞を獲得した。「レッドブルはあなたに翼を授ける」と、エナジードリンクの広告は請け合う。

プーア博士は自分の論文を思考実験と考えており、次のような忠告で締めくくった。「人間は人間のまま、地上にとどまり、空を飛ぶという難題について考えを巡らせ、研究するべきである。そして、鳥は鳥のまま、天使は天使のままにしておくべきである」。しかし、彼の警告を誰もが受け入れたわけではなかった。急進的な人間強化《ヒューマン・エンハンスメント》や人間超越主義《トランスヒューマニズム》の提唱者たちは、その論文にインスピレーションを見出した。トランスヒューマニズムの人気ブログの著者は、外科的技術と人工筋肉や遺伝子操作を組み合わせることで、動くヒトの翼を作ることがもうすぐできるようになるかもしれないと書いた。「多くの人間たちが空を飛べたらと望んできた。その望みを叶えるのに道徳的に間違っていることは何もない」。この投稿は七〇〇件以上のコメントを得た。典型的なのは「翼が欲しい！！！！！！！！！！！」というもの。「物心ついたときからずっと、自分の羽に風を感じたいと願ってきた」というのもあった。

二

二〇〇六年刊行のエッセイ集のタイトルを『首のたるみが気になるの』としたとき、ノーラ・エフロンはベストセラー間違いなしだと思った。肉がだぶついたり皺が寄ったり、筋張ったりたるんだりと、首というのは長らく自分の体で気に入らない部位のナンバーワンだった。だが、不満や失望を感じるのはそこだけではない。弱った毛包から黄ばんだ足の爪、忘れっぽい脳から便秘まで、体はわたしたちに欠陥や機能不全があることを気づかせようと決心しているようである。人間が他の動物と違うのは、自分の体を、まるでそれが自分から切り離された物体であるかのように批評的に観察できるところだ。いまでは自身をデカルト主義者〔精神と物質が独立して存在するものであるという物心二元論〕とみなす人は少ないだろうが、身体組織と自我を区別している点においては、わたしたちは二元論者のままである。そしてこのように自分の体を道具として見られるからこそ、自らの欲望や理想に合わせて人体を作り変えたり改良したりする方法を考えることができる。わたしたちの頭は常に、自分の体の新たな青写真を描いているのである。

身体改造というと、原始的な文化――鼻に骨を通した未開人というステレオタイプなイメージ――と結びつけて考えがちだが、それは自己満足な空想で、他者を蔑み、自分は進んだ文明人だとうぬぼれているにすぎない。体をいじることに関して、わたしたちはどんなに野蛮な祖先も未熟者に思えてしまうようなことをしている。メスを入れて鼻の整形、腹部形成、豊胸、植毛、顔の皺取り、ヒップアップ手術、脂肪吸引など、美容外科手術は枚挙にいとまがない。ブラシやケミカルピーリングで皮膚を滑らかにし、ボトックス注射やヒアルロン酸注入で皺を隠す。ホワイトニングやラミネートベニア、インプラントや歯列矯正で笑顔を輝かせる。タトゥーを入れ、ピアスをし、スカリフィケーション〔ケロイドを利用したボディアート〕を施す。薬を飲むなどして、気分を微調整し、思考を研ぎ澄まし、筋肉を増強し、妊娠をコントロールし、性力と悦びを高める。目的が装飾であれ機能であれ、人間の体を自然な状態から変えるためにテクノロジーを用いるのがトランスヒューマンであるならば、わたしたちはみなすでにトランスヒューマンなのである。

だが、現在の身体改造は、いかに優れて見えようとも、まだほんの序の口だ。自らを変容、増強させる人間の能力は、ロボット工学や生体電子工学、遺伝子工学、薬理学といった分野の科学的進歩と技術的進歩が融合することで、今後数十年のあいだに飛躍的に拡張されるだろう。これまでの身体改造は、装飾や治療を目的とするものが多かった。外見をよくしたり、病気やけがによる損傷を修復したりするのに用いられていた。人体の自然の限界を超えるための手段として施されることはめったになかった。しかし、これからは違ってくるだろう。バイオテクノロジーとして広く知られる分野の発展により、人間はいまよりも強く、賢く、健康になり、より鋭い感覚と優れた心身を有するようになるはずだ。人間超越主義者《トランスヒューマニスト》が沸き立つのも無理はない。二一世紀の終わりごろには、人間であることの意味が現在とは大きく変わっているだろう。

戦争と医学は、ヒューマン・エンハンスメントのるつぼである。このふたつには差し迫った必要性があり、資金もふんだんに注ぎ込まれる。軍事研究者たちは、近年の義肢の性能向上を受け、兵士の体力、敏捷性、持久力を高める、いわゆるアイアンマン・スーツ——軍服のなかに着用する人工的な外骨格——をテストしている。最新のものを着用すると、兵士はフル装備の状態で一マイル（約一六〇〇メートル）を四分で走ることができる。さらに高性能なバイオニック鎧の試作品は、視力や状況認識を強化し、可動性や筋力を高めながら体温調節するもので、アメリカ特殊作戦軍によってテストされている。人間と機械の融合はかなり進んでいるのだ。

それは頭脳についても当てはまる。二〇一四年、米軍の研究開発部門であるDARPAは、ヒューマン・エンハンスメントの最先端の研究に取りかかるため、資金を豊富に注ぎ込んで生物科学室を立ち上げた。この新しい研究室が手がける対象は幅広く、戦場内外での知的技能の強化を目的とした野心的な神経工学プロジェクトが多数含まれる。研究室によれば、進行中のものには、「新しい記憶の形成や既存の記憶の検索を促進する」脳インプラントや、「複雑な機械をコントロールするのに必要な規模と速度で……神経系から確実に情報を抽出する」神経インターフェース、脳とコンピュータ間の標準化された高速データ通信を可能にする、数センチの神経「モデム」などがある。

神経科学者たちは、人間の意識や思考を理解するまでには至っていないが、DARPAのプロジェクトが示すように、認知機能や感覚機能の多くを逆行解析することに成功している。脳についての知識が広がれば、思考処理を操作、強化するツールを設計する可能性も広がる。音の波長を電気信号に変えて脳内の聴覚神経に伝達する人工内耳は、すでに何万という人びとに聴力を与えている。二〇一三年には、人工網膜が米国食品医薬局に初めて認可された。これは、小型のデジタルカメラを視神経につなぐことによって視覚障害者に視力を与えるものである。ケース・ウェスタン・リザーヴ大学の研究者たちは、脳の機能をつかさどるドーパミンのような神経伝達物質のレベルをモニター、調整する脳内チップの開発を進めている。チップはすでにマウスを使った実験では成功しており、精神状態の「家庭用サーモスタット」のように機能するという話である。

こういった多くの神経デバイスはまだ開発の初期段階にあり、その大半は病人や障害者の支援を目的としている。しかし、神経工学は急速に発展しており、健康な人びとが新しい魅惑的な能力を得るためにインプラントやインターフェースを使うようになるときが来ると信じるに足る根拠は充分にある。「分子生物学や神経科学、物質科学の進歩により、やがてはより小型で性能や安定性が高く、エネルギー効率に優れたインプラントがほぼ間違いなく実現するだろう」と、脳科学者のゲアリー・マーカスとクリストフ・コッホは二〇一四年の「ウォール・ストリート・ジャーナル」紙の記事で述べた。「テクノロジーが充分に進歩すれば、インプラントは、あくまで治療を目的とするものから、健康な、言うなれば「正常」な人びとの遂行能力を向上させるものへと変化していくだろう」。そういったものを用いることで、記憶力、集中力、認知力、気質を改善することができ、最終的には神経回路の構築を自動化することで、身体および知的能力の発達も促進されるという。

これらの事例はすべて、より大きな真実、トランスヒューマニストのプロジェクトの中核にある一点を指し示している。人類は、形態の上でも機能の上でも、生物学的な制約を受けるということだ。人類の進化のペースは非常にゆっくりとしている。しかし、機械や電子工学で体の機能を増強すれば、その変化のスピードを加速できる。生理的適応の時間の尺度を、自然の状態の何千年という単位から、十年、数年、さらにはほんの数カ月で展開されるテクノロジー的尺度に変えるのである。人間の観点からすれば、生物学は変化というより静止状態を対象としているものだ。しかし、テクノロジーの観点に立つと、静止状態のものは何もない。今日はまだ初歩的なものが、明日には画期的なものになっているかもしれないのである。

三

人工装具やインプラントなどによってもたらされる変化は、目に見える形で展開されるだろう。ツールとその使用者の境界があいまいになると、人間はSF作家が好んで言うところのサイボーグに変わる。より難解なのは、細胞内および細胞間の化学反応の操作によって生じる、顕微鏡でしか見えない変化だろう。神経科学の進歩により、精神の働きをさらに制御できる新世代の向精神薬が生まれた。記憶は変形しやすい――思い出すたびに変化しているようだ――という最近の発見を活かし、記憶形成にかかわる化学物質をブロックすることで、思い起こされる不快な記憶を削除あるいは書き換えできる薬の実験も行われている。二〇一五年に学術雑誌「生物学的精神医学」に発表されたオランダ人心理学者ふたりの研究によると、同種の「健忘」薬で、感情的な意味合いを持つ特定の記憶を取り除き、根深い恐怖症――たとえばクモ恐怖症や対人恐怖症など――を消し去ることができるかもしれないという。

同じように製薬研究から生まれたものに、学習促進、知能向上の薬がある。ニューロンの活動を加速させたり、外部からの脳信号を抑制したり、神経細胞間の新しい結合を刺激したりするものである。このいわゆるスマートドラッグあるいはニューロエンハンサーは、脳インプラントと同様に、医薬用として考えられている――ダウン症の子どものよりよい学校生活を支援するため、あるいは老人の精神荒廃を阻止するため――が、高い知能を持つ人をより賢くする可能性も秘めている。ここ数年は、アデロールやプロビジルといったADHDや不眠症の治療薬が、集中力を高め、生産性を上げる目的で、学生や専門職の人びとに利用されている。認知機能向上のための新薬が出回れば、やはりあちこちで「適応外使用」がなされるだろう。最終的には、入念に検証された重篤な副作用のないニューロエンハンサーの一般使用も認められるはずである。強化された知能の経済的、社会的メリットは、いかに狭く考えても、医療上、道徳上の懸念に勝る。美容外科とともに、整形神経学も消費者の選択肢のひとつになるだろう。

そして、遺伝子工学がある。話題の遺伝子編集ツール「CRISPR」は、細菌の免疫システムに由来するもので、わずか数年のあいだにゲノム研究を一変させた。以前よりずっと速く正確に、そしてはるかに低コストで遺伝コードの書き換えができるようになった。CRISPRは、簡単に言うと、遺伝子上の標的DNA配列を特定し、細菌酵素を用いてその配列を切断、その後新たな配列をそこに接合するというものだ。挿入される遺伝物質は、同一種のものである必要はない。異なる種からとったDNA断片を混ぜたり組み合わせたりすることで、キマイラ［ギリシア神話に登場する、ライオンの頭とヤギの胴とヘビの尾を持つ怪獣］を現実世界で創造できる。

大学や企業の何千人もの研究者が――非職業的バイオハッカーは言うに及ばず――CRISPRを用いて実験を進めており、遺伝子編集は「猛スピード」で進んでいる、とカリフォルニア大学の生化学者であり、CRISPR開発を担ったジェニファー・ダウドナは言う。これまで以上に包括的なゲノム地図とCRISPRにより、遺伝子治療の可能性が広がり、疾患を引き起こすDNA上の突然変異や異常を修復する新たな方法がもたらされることが期待されており、移植可能な人間の臓器をブタなど他の動物の体内で育てることも可能になるかもしれない。またCRISPRは、個人または人類全体のレベルで、遺伝子工学を用いてさまざまなエンハンスメントを実現できる時代へとわたしたちを一歩前進させた。翼を持つことも夢ではなくなったのである。

トランスヒューマニストはテクノロジー狂だが、テクノロジー狂は最も信頼できる未来の案内人ではない。彼らの考察は、SF小説的空想に陥りがちだ。大々的に喧伝されているバイオテクノロジーのなかには、実現しなかったり、期待外れに終わったりするものがあるだろう。成功までに予測以上の時間がかかるものもあるだろう。イノベーション研究家のポール・ナイチンゲールとポール・マーティンが学術雑誌「バイオテクノロジーの動向」の記事で指摘したように、科学の飛躍的進歩を実用的なテクノロジーに移行させるのは、依然として考えられているよりも「困難で、時間もコストもかかる」ことが多い。市場に出す前に臨床試験や微調整を何年もかけて行う医療や医薬品の分野は特にそうである。CRISPRはすでにヤギやサルなど哺乳類の改良に用いられている――中国の研究者たちは通常の二倍の筋肉量を持つビーグル犬を作り出した――が、勝手な実験が禁じられている以上、人間を対象とした臨床試験はまだだいぶ先になると考えられている。

しかし、バイオテクノロジーに懐疑的な目を向け、不老不死やデザイナーベビー、スーパー人工知能に関する希望的観測を話半分に聞いたとしても、わたしたち人類の前に大きな変化が待ち受けているのは明らかだ。これは仮説ではなく、何より歴史に証明されている。このわずか一〇年のあいだに、バイオテクノロジーの多くの分野、特にゲノム学やコンピュータ関連の分野は目覚ましい発展を遂げているのである。勢いはとどまるところを知らず、そのスピードは鈍化するよりいっそう速まると考えられる。革命的なヒューマン・エンハンスメント技術は、二〇年先だろうが五〇年先だろうが必ず登場し、それに続いて現在のわたしたちには想像もつかないような新しい技術も現れるはずだ。

一九二三年、イギリスの生物学者J・B・S・ホールデンは、ケンブリッジ大学の異端者協会の聴衆を前に、科学が将来どのように人類を方向づけていくかについて講演した。彼の見解は、慎重な姿勢を見せていたにしても、楽観的だった。「暮らしをますます複合的で、人工的で、可能性豊かな」ものにするであろう物理学の進歩について概説した。化学者はまもなく「生活に快適さを加え、より高度な能力の発現を促す」精神活性化合物を発見するだろうと述べた。しかし、生物科学こそが最大の変化をもたらすものだと彼は予測した。身体機能や脳の仕組み、遺伝メカニズムの理解が進んだことで、自分の肉体や精神の状態を「人間が徐々に克服していく」準備が整ったということだった。「われわれはすでに、かなりの程度まで動物を作り変えることができる。それと同じ原理を人間にも応用できるようになるのは時間の問題だと思われる」。

人類への適用の境界に関しては、社会は科学者や技術者にしたがうとホールデンは確信していた。「未来の科学者たちは、ダイダロスの孤独な姿にますます似ていくだろう。自らの恐ろしい使命に気づき、それを誇りに思うのだ」と締めくくった。

四

レブロン・ジェームズは刺青の男だ。このNBAスター選手は、四〇ものタトゥーで全身を覆っており、それぞれが彼の信念や人生のある側面を象徴している。「CHOSEN1（選ばれし者）」というフレーズは、太いゴシック体の文字で背中の上部に彫られている。胸部には、マンティコア——人間の顔にライオンの体、さらには翼を持つ神話上の獣——が大胸筋いっぱいに描かれている。上腕二頭筋にあるのは「この世での行いは永遠にこだまする」というモットーで、これは映画『グラディエーター』でラッセル・クロウが演じたマキシマスの言葉である。タトゥーはつい最近まで、飲んだくれの船乗りや奇態な見世物師、囚人の印であり、悪趣味で、グロテスクとさえ思われていたが、いまではどこでも見かけるものになった。アメリカ人は年に一〇億ドルを優に超す金額をタトゥーの店で使い、若者の三分の一は少なくともひとつはタトゥーを入れている。そしてジェームズなどの有名人は、精緻で刺激的な墨を入れ、自分をブランド化することに誇りを持っている。タブーが主流になったのである。

これは、身体改造が頻繁に辿る道である。最初わたしたちはそれを見てたじろぐものの、次第に慣れていき、やがて受け入れる。ホールデンは講演で、社会は人間を改造しようとする新しい試みを最初は必ず拒否するものだと認めている。

火の利用から飛行まで、偉大な発明のなかで神への侮辱とされなかったものはなかった。しかし、物理的あるいは化学的発明がすべて神への冒瀆であるなら、生物学的発明はすべて背徳である。ほとんどのものが、いかなる国の者であれそれを初めて見聞きする者の目に、俗悪で自然に反するものとして映るだろう。

時が経てば、受け止め方は変わる。慣れが不快さを取り除く。背徳と考えられていたものは救済や改良と見なされ、まともなもの、さらには自然なものとさえ思われるようになる。社会ののけ者だった変身する人間が、先駆者、ヒーローになる。

タトゥーに対する社会意識の変化は、そういった文化的適応のありふれた一例である。これより多くを物語ってくれるのは、性別適合手術——一般的に行われているなかで最も抜本的な身体改造——の受け止め方の変移だろう。自由意志による性転換手術は少なくとも、まがりなりにも去勢を行っていた古代世代にまで遡れるが、外科技術やホルモン療法の進歩により、性転換が技術的に実用化されるようになったのは、一九三〇年代に入ってからのことである。二〇世紀半ばまでは性転換手術は珍しく、医学的にも物議を醸し、法的な壁もあった。アメリカでは性転換者はよくて変人、悪ければ性的錯綜者と思われることが多かった。しかし、そういった烙印は二〇世紀後半にかけて消えていった。性別適合治療の技術が高度になるとともに一般化され、社会的認識や規範が変化したからである。今日では、性転換者はいまだ偏見にさらされているとはいえ、性転換のための処置は、外科的なものであれ化学的なものであれ、不幸な医学的障害の治療ではなく、自身の体をその真のアイデンティティと一致させるための方法だと考えられるようになってきている。オリンピックの金メダリスト、ブルース・ジェンナーが二〇一五年春にケイトリン・ジェンナーとしてカミングアウトしたときは、メディアの喝采を受け、大統領からも称賛された。

エール大学の歴史学者ジョアン・マイロウィッツは、性転換の歴史にはそのときどきの時世が映し出されると著書『セックスの変化』のなかで述べている。「科学と医学の権威の高まり」を証明するだけでなく、「自己表現や自己改善、自己変革に高い価値を置く現代の自我という新しい概念の誕生も明らかにしている」。ジェンダーの認識は生物学というより個人の性向の問題である、生まれつき二分割されるのではなく多様な可能性があるという考え方は、文化や科学の分野でいまだに論争を呼んでいる。しかし、それを容認する人びとが、特に若者のあいだで増えていることからわかるのは、科学によって身体的外見や機能に新しい力をもたらされると、わたしたちは人間の自然の姿を、生物学的に定められたものではなく、適応性のあるもの、社会的および個人的に定義された構成体として再定義したがるということである。バイオテクノロジーの進歩に不安を覚えても、結局はそれを歓迎する。なぜならば、こうあるべきと思う姿に自分を作り変える、より多くの自由を与えてくれるからである。

トランスヒューマニズムは「人間主義《ヒューマニズム》の拡張」であると、オックスフォード大学の哲学教授で、急進的なヒューマン・エンハンスメント擁護者の筆頭であるニック・ボストロムは主張する。「合理的な手段で人間の体調や外的環境を改善するのと同じように、そういった手段を用いてわれわれ自身を、つまり人体を改善することもできる。そうすることでわれわれは、教育や文化の発展といった従来の人間主義的な方法に縛られずにすむ。技術的手段を用いて、最終的には、「人間」として捉えているものを超えることもできるだろう」。ボストロムの見解では、トランスヒューマニズムがもたらす最大の利益は、「人間の可能性」が拡張されることで、「情報に基づいた各人の希望に沿って、自分自身やその暮らしを形作る」より多くの自由が手に入ることである。トランスヒューマニズムは、自然から人間を解放するものだというのである。

他のトランスヒューマニストのなかには、人間主義の流れを汲むものとしてその信念を描くのに、若干異なる論法を用いている人たちもいる。急進的なエンハンスメントの最大の利益は、人類の最も根源的な自然を超越することではなく、むしろそれを充足することだという論理である。「自己の再構築」は、「人間特有の行動で、人間の定義に役立つものだ」と、デューク大学の生命倫理学者であるアレン・ブキャナンは著書『人間を超える』のなかで述べている。「人間は自らの必要性や好みに応じ、周囲の環境をたびたび作り変えている。そうすることで、必然的にわれわれ自身をも作り変えている。われわれが生み出す新しい環境は、社会的慣行や文化、生態、さらにはわれわれのアイデンティティーをも作り変える」。現在が唯一これまでと違うのは、と彼は続ける。「史上初めて、「意図的に」、そして「科学的に情報を得た方法」で自分自身を変えられることである」。わたしたちは啓蒙思想を細胞のなかにまで広められるようになったというわけだ。

急進的なヒューマン・エンハンスメントを批判する人びと――バイオ保守派と言われることが多い――は、まったく逆の見解で、トランスヒューマニズムはヒューマニズムの対極にあると主張する。人間の自然な姿を根本的に変えることは、人類を高みに導くのではなく、むしろ卑しめ、滅ぼすことにさえなるだろうと力説する。この反論のなかには実際的な主張がいくつかある。生命をいじくり回すことで研究者はパンドラの箱を開ける危険を冒し、不注意から生物学的あるいは環境的大惨事を引き起こしうる、と彼らは注意を促している。また、エンハンスメントの高額な手術やテクノロジーは、経済的あるいは政治的に力をもつエリートしか利用できないだろうとも指摘している。社会は最終的にふたつの階層に分断され、ふつうの庶民は、超人となった少数の独裁者層の支配下に置かれるだろう。並はずれた知的および身体的能力を得ることで、人生に喜びや満足感を与えてくれる活動への興味を失ってしまう可能性も懸念される。ニュージーランドの哲学者、ニコラス・エイガーの言う「自己疎外」に苦しむことになるのだ。

しかし、反トランスヒューマニズムの論拠の根底にあるのは、授けられたままの生命を尊ぶというロマンティックな信仰である。人間には強みと弱みの両方の源になる本質が備わっている、とバイオ保守派は信じている。人間の本質は、神から与えられたのであれ、進化のなかで生じたのであれ、唯一の授かり物として大切に育まれ守られるべきであるという考えだ。「天性のものに束縛されない人間の自由という展望には、どこか魅力的な、興奮すら感じさせるものがある」と、ハーバード大学教授のマイケル・J・サンデルは『完全な人間を目指さなくてもよい理由』のなかで述べている。「しかし、その自由の展望には欠陥がある。与えられた命に対する感謝の念を払いのけ、自分自身の意思以外は何も認めず、振り向きもしなくなる危険があるのだ」。バイオ保守派らは、彼らが言うところの誤った功利主義的ユートピア主義に対して、謙虚であれと忠告する。

トランスヒューマニストもバイオ保守派も、大きな問題と格闘している。つまり、わたしたちは何者なのか？　わたしたちの運命とは何なのか？　ということだ。しかし、彼らの議論はあくまで副次的なものである。ヒューマニズムの意味や人類の運命をめぐる知的論争は、自己表現や自己認識の新たな手段を与えられた際の人びとの反応にはあまり影響を及ぼさないだろう。大衆はトランスヒューマニズムを大きな倫理運動や政治運動、あるいは人類史上のターニングポイントだとは考えず、むしろさまざまな可能性がある一連の製品やサービスとして受け入れるはずだからである。自分や自分の人生に欠けていると感じるものが何であろうと、人は利用できるあらゆる手段を講じてそれを手に入れようとする。美や知性、才能、地位の基準が変化すれば、ヒューマン・エンハンスメントを警戒している人でさえ、世の中の流れに抵抗するのは難しくなるだろう。それがわたしたちをどこに導くことになるにせよ、人間の本質を変えるという試みは、人間の本質に支配されるのだ。

わたしたちはツールの製作者であると同時に、神話の創作者でもある。バイオテクノロジーによって、わたしたちはこれらふたつの本能を融合させ、いまの身体といまの暮らしを、心に浮かべるイメージにより近づけられるようになる。トランスヒューマニズムの行き着く先はパラドックスである。科学者や医師、エンジニア、プログラマーが人間の体や精神を強化、拡張しようと行っている論理的な仕事は、人間をより合理的なレベルに導きはしないだろう。むしろ、神話的な存在に引き戻す可能性がある。わたしたちは新しいツールを使い、夢の自分を現実へ引き寄せようとするのだから。キリスト教や異教の図像が独特の表現方法で見事に融合し、すべてがポップカルチャー感覚で濾過されたレブロン・ジェームズのボディアートは、ひとつの予兆のように感じられる。

「空を飛びたい！」とイカロスは迷宮で叫ぶ。「飛べるさ」と父で発明家のダイダロスは答える。これは昔の話だが、わたしたちはいまもそのなかにいて、それぞれの役を演じているのである。

五

二〇一五年春、日暮れが迫るある土曜の夕方、有名なロッククライマーのディーン・ポッターは、ガールフレンドのジェン・ラップと相棒のグラハム・ハントと、グレイシャー・ポイント・ロード沿いの駐車区域からタフト・ポイントまで歩いた。ヨセミテ渓谷のマーセド川を九〇〇メートル上方から見下ろす断崖絶壁である。ポッターとハントはベースジャンプ［パラシュートで降下するスポーツ］をするところだった。ウイングスーツを着て岩棚の突端付近から飛び降り、四〇〇メートルほど谷を滑空してから、ロスト・ブラザーと呼ばれる露頭に近い稜線上のくぼみを通過する。それから、パラシュートを開いて谷底の開けた場所に着陸するつもりだった。ラップは見守りと写真撮影を担当する。

ベースジャンプはエクストリームスポーツのなかでも特に過激なもののひとつで、国立公園では禁止されている。しかし、ハントとポッターはルールなど気にもとめない根っからの命知らずだった。過去何年と、ヨセミテ渓谷を象徴するハーフドームを含め、渓谷じゅうの崖や峰から飛び降りていたし、タフト・ポイントからのウイングスーツを着てのジャンプも、ふたり一緒であれ単独であれ何度か経験があった。その日のルートは危険なものだった――くぼみは狭いし、向かい風だった――が、ふたりは自分たちの技量と装備に自信を持っていた。ポッターは二〇一一年にスイスのアイガー北壁から八〇〇〇メートル近く飛んで、ウイングスーツ着用のベースジャンプの世界最長飛行を記録し、ナショナル・ジオグラフィック制作のドキュメンタリー『空を飛べた男』でも取り上げられた。ハントもまた、屈指のジャンパーとして知られていた。

世界で初めてウイングスーツを着て飛んだのは、アッバース・イブン・フィルナスを除けば、フランツ・ライヒェルトである。パリで仕立屋を営んでいたウィーン出身の彼は、独自の「パラシュート・スーツ」――翼のついた衣を彼はそう呼んだ――をデザインして縫い上げた。一九一二年二月四日、ライヒェルトはエッフェル塔から飛び降りてそれを試した。スーツはうまく機能せず、彼は墜落して死亡した。それから八〇年以上後のこと、バードマン・インターナショナルというフィンランドの企業が信頼性の高いウイングスーツの製造を開始し、スカイダイバーやベースジャンパーに販売するようになった。軽量で高密度のナイロンでできた現代のウイングスーツは、ジャンパーの全身を鞘のように覆い、両腕と胴体のあいだにふたつの翼、そして両脚のあいだにもうひとつ別の翼を作る。人体の表面積を大きく拡張することによって揚力が生まれ、肩や腰、ひざの微妙な動きで軌道をコントロールしながら、数分間下方に滑空できる。ウイングスーツを着用すると、時速一六〇キロメートル以上に達することがよくあり、実際に飛んでいるような高揚した気分が味わえるという。

ポッターとハントは七時ごろにタフト・ポイント近くのスタート地点に到着し、ウイングスーツのジッパーを上げた。ポッターが最初に飛び、そのすぐあとをハントが追い、ラップは数メートル離れたところから写真を撮った。ふたりのジャンパーは石のように落ちていき、数秒後、スーツが風をはらんだ。ふたりの体は浮かび上がり、翼をいっぱいに広げて山の空を滑るように飛んだ。その姿はまるで、鮮やかな色をした巨大な二羽の鳥のようだった。「人間の体で飛べると考えるなんてクレイジーだと思うところもある」と、ポッターは数年前に「ニューヨーク・タイムズ」紙の記者に語っていた。「でも、人間はみな空を飛べるという夢を持ち続けてきたんだとも思う。その夢を追いかけてもいいじゃないか？そうすることで、違う次元に行けるかもしれないだろう」。

ジェン・ラップは写真を撮り続けたが、やがてポッターとハントがくぼみを通過し、姿が見えなくなった。ドスンという音が二、三度聞こえたような気がしたが、パラシュートが開いただけだろうと彼女は自分に言い聞かせた。そして無事に着地したというメールが届くのを待った。何も来なかった。スマホは沈黙していた。翌朝、パークレンジャーがふたりの遺体を回収した。

二〇一六年

謝辞

この本の第一部に収集されている七九の投稿は、二〇〇五年から二〇一五年のあいだにわたしのブログ、ラフ・タイプに掲載されたものだ。これらの多くは、短くしたり、さらに展開させたり、大幅に書き直したりして、本全体のスタイルや流れに沿ったものにした。その他にもいくつかの記事が他の出版物ですでに発表されている。

- 「見通しのよい世界を検証する」(初出タイトル：インターネットでは怠け者が得をし、リスクをとって行動するものが罰せられる」) ——「ガーディアン」誌
- 「「いま」性」(初出タイトル：「いま」という時代においてのニュース) ——「ニーマン・レポーツ」誌
- 「媒介《メディア》はマクルーハンである」——「ニュー・リパブリック」誌
- 「イノベーションのヒエラルキー」(初出タイトル：なぜしょうもないものにアクセスが集中するのか) ——「ウォール・ストリート・ジャーナル」誌
- 「最後に笑うはグーテンベルク?」(初出タイトル：本を燃やすのはまだ早い：印刷物の時代は続く) ——「ウォール・ストリート・ジャーナル」誌
- 「制御不能」(初出タイトル：コントロールの危機) ——『考える機械についてわたしたちが考える

べきこと』（ジョン・ブロックマン編）

・「われらのアルゴリズム、われわれ自身」（初出タイトル：操作者とは）——「ロサンゼルス・レヴュー・オヴ・ブックス」誌、

・「圧縮された時間」（初出タイトル：積もり積もった我慢）——『わたしたちは何について考えればよいのだろうか』（ジョン・ブロックマン編）

第二部の格言はすべてラフ・タイプからの引用だ。

第三部は以下の新聞、雑誌や本にさまざまな形で掲載されていたものを編集したものだ。

・「炎とフィラメント」——自著『クラウド化する世界—ビジネスモデル構築の大転換』のエピローグ

・「グーグルでバカになる?」——「アトランティック」誌

・「マザーグーグル」（初出タイトル：グーグルシンク）——「アトランティック」誌

・「静寂を求めて叫ぶ」（初出タイトル：耳が聞こえない）——「ニューリパブリック」誌

・「ハマる」——「ニューリパブリック」誌

・「過去形のポップス」——「ニューリパブリック」誌

・「読者の夢」——イギリス・ヴィンテージ社から出版された自著『手を止めて、これを読みなさい！』

・「生命、自由及びプライバシーの追求」（初出タイトル：自己追跡は自由への冒涜で、本当に危険なものだ）——「ウォール・ストリート・ジャーナル」紙

- 「ユートピアの図書館」――「テクノロジー・レビュー」誌
- 「マウンテンヴューの若者たち」（初出タイトル：グーグルで育つ）――「ナショナル・インタレスト」誌
- 「蔡倫の子どもたち」（初出タイトル：紙対ピクセル）――「ノーチラス」誌
- 「湿地の草をなぎ倒す愛」――自著『オートメーション・バカ――先端技術がわたしたちにしていること』の最終章
- 「ロボットがこれからも人間を必要とする理由」――「ザ・ニューヨーク・タイムズ」紙
- 「スナップチャット候補者」（初出タイトル：ソーシャルメディアが政治を壊している）――「ポリティコ・マガジン」誌
- 「ロスト・イン・ザ・クラウド」（初出タイトル：わたしたちの過去の文化がクラウドに消えるとき）――「ワシントン・ポスト」紙

最後の「ダイダロスの使命」は書き下ろしだ。

ドン・ペック、アイザック・チョティナー、シーラ・グレイザー、ライアン・セイガー、レイチェル・ドライ、ブライアン・バーグシュタイン、チャールズ・アーサー、ユスティーン・ローゼンタール、ミシェル・プリッドモア＝ブラウン、ルバ・オスターシェフスキー、ジェイムズ・ギブニー、ナタリー・シャトラー、パトリック・アペル、フランシス・マクミラン、ランディ・ローゼンバーグ、ゲイリー・ローゼン、ジェームス・ベネット、リサ・カリス、ウォーレン・バス、ジェイソン・ポンティン、パルール・セーガル、バーバラ・キセル、ルーカス・ウィットマン、ジョン・マクマートリー、グレッグ・ヴァイス、ニック・トンプソン、ルーク・ミッチェル、スティーヴ・エイミー・バーンスタイン、アート・クライナー、ライハン・サラム、ティム・ラヴィン、マイク・オーカット、スー・パラライラをはじめとする、多くの有能な編集者、校正者、ファクトチェック担当者と仕事ができた。本当に感謝している。

また、W・W・ノートン社のブレンダン・カリーに編集者として、ブロックマン社のジョン・ブロックマンにエージェントとして本書の刊行に携わっていただけて本当に幸いだ。最後に、わたしのブログに忍耐強く付き合ってくれた——朝の早い時間からスマホで記事を整理していたのも我慢してくれた——妻のアンに感謝させてほしい。てっきりもっと叱られるものだと思ってた。

訳者あとがき

本書は、ニコラス・G・カーの "*Utopia is Creepy and Other Provocations*" の全訳である。著者は、「ニューヨーク・タイムズ」紙をはじめとする有力紙誌への寄稿やブログ記事、『ネット・バカ』、『オートメーション・バカ』（青土社）などの著書を通じてテクノロジーと現代社会との関係を論じながら、わたしたちにさまざまな問いを投げかけている。

現代のネット社会について、皮肉とユーモアを織り交ぜながら軽快に切り込んでいる本書は、三部に分かれている。一部が著者のブログ「ラフ・タイプ」から抜粋した七九本の記事、二部がツイートっぽい考えや思い付きを書き出した五〇の格言、そして三部がこれまでに新聞雑誌、著書などで発表した記事となっている。二〇〇五年のブログ記事にはじまり、書き下ろしの二〇一六年の記事で締めくくられた、過去一〇年を網羅する年代記となっていると同時に、めまぐるしく移り変わる一〇年のインターネットの年代記にもなっている。数年前の記事を読み、過去を懐かしく振り返るひと時があるかもしれない。すべて独立した記事なので、興味があるものから先に読み進めてもいいだろう。時系列になってはいるものの、どこから読みはじめても楽しく読めるものとなっている。

著者の博学さには驚くばかりだ。SNSや検索エンジン、AI、ゲーム、電子書籍、音楽、映画まで、幅広い話題が取り上げられている。今回の大統領選挙を予見したかのような一年前に書かれた一編など、その鋭い洞察はたいへん興味深い。

テクノロジーの進歩はすさまじく、速さを増すばかりである。そのスピードに慣らされ、わたしたちの考え方や感じ方が変化しているという。没頭して本を読むといったことが難しくなり、すぐに集中力が途切れてしまう。そんな一冊の本を読み通すのが難しい時代のためにこの本が用意されたようである。

インターネットは民主化を促進する力と言われている。それは解放のテクノロジーで、わたしたちによりよい社会を、ユートピアをもたらしてくれる。そんな神話が聞こえてくる。たしかにテクノロジーの進歩により、わたしたちは多くの恩恵を受けている。だがそれと同時に、負の影響も受けている。著者は、わたしたちが見落としている、あるいは見落とすように仕向けられている数々の問題をさらけ出す。「参加」や「協働」などの言葉に惑わされ、自我を失っているのではないか。自分たちで築き上げていると考えている世界は、実は巧妙に設計された世界なのではないか。フェイスブックやツイッターなどで人とつながっているようで、実は何ともつながっていないのではないか。いまの文化は娯楽と依存の文化なのではないか。テクノロジーはユートピアではなくディストピアを築くのではないか。本書からはそういったことが考えさせられる。

原題は〝Utopia is creepy〟である。〝creepy〟は研究社新英和辞典には、「気味の悪い」、「むずむず（ぞくぞく）する」、「身の毛がよだつような」とある。原題を直訳すると、「薄気味悪いユートピア」となるであろうか。著者は、本書が「願わくば、主流とは異なる多彩なものが生まれるきっかけになって欲しい」と書く。そうなることを切に願う。

本文中［　］部分は訳者による註や補足、（　）は原著者による補足を示している。翻訳にあたっては、おおぜいの人たちにお世話になった。堤朝子さん、飯塚裕美さん、および青土社の篠原一平さんと梅原進吾さんには、特に感謝の意を表したい。ほんとうにありがとうございました。

二〇一六年一二月

増子久美
菅野楽章

【著者略歴】
ニコラス・G・カー（Nicholas G. Carr）
著述家。「ガーディアン」紙などでコラムを連載するほか、多くの有力紙誌に論考を発表。テクノロジーを中心とした社会的、文化的、経済的問題を論じる。著書に『ネット・バカ』『オートメーション・バカ』（青土社）、『クラウド化する世界』（翔泳社）などがある。

【訳者略歴】
増子久美（ましこ・ひさみ）
早稲田大学卒業。雑誌等でさまざまな記事の翻訳に従事。訳書にB・ゴールドエイカー『悪の製薬』（共訳・青土社）、D・ダウ『死刑囚弁護人』（共訳・河出書房新社）などがある。

菅野楽章（かんの・ともあき）
早稲田大学文化構想学部卒業。雑誌『WIRED』などで翻訳を手がけている。訳書にJ･クラカワー『ミズーラ』（亜紀書房）、B･E･エリス『帝国のベッドルーム』（河出書店新社）などがある。

ウェブに夢見るバカ
ネットで頭がいっぱいの人のための 96 章

2016 年 12 月 20 日　第一刷印刷
2016 年 12 月 30 日　第一刷発行

著　者　ニコラス・G・カー
訳　者　増子久美・菅野楽章

発行者　清水一人
発行所　青土社

〒 101-0051　東京都千代田区神田神保町 1-29　市瀬ビル
［電話］03-3291-9831（編集）　03-3294-7829（営業）
［振替］00190-7-192955

印刷・製本　シナノ印刷
装丁　竹中尚史

ISBN978-4-7917-6967-4　Printed in Japan